·2015年·
国家综合防灾减灾与可持续发展论坛文集

国家减灾委办公室
国家减灾委专家委员会 编

中国社会出版社

图书在版编目（CIP）数据

2015 年国家综合防灾减灾与可持续发展论坛文集 / 国家减灾委办公室，国家减灾委专家委员会编．—北京：中国社会出版社，2016.4

ISBN 978-7-5087-5297-6

Ⅰ．① 2… Ⅱ．①国… ②国… Ⅲ．①灾害防治—中国—文集 Ⅳ．① X4-53

中国版本图书馆 CIP 数据核字（2016）第 053468 号

书　　名： 2015 年国家综合防灾减灾与可持续发展论坛文集
主　　编： 国家减灾委办公室　国家减灾委专家委员会

出 版 人： 浦善新
终 审 人： 李　浩
责任编辑： 姜婷婷
策划编辑： 王秀梅　　**责任校对：** 朱文静

出版发行： 中国社会出版社　　**邮政编码：** 100032
通联方法： 北京市西城区二龙路甲 33 号
电　　话： 编辑部：（010）58124829
邮购部：（010）58124828
销售部：（010）58124845
传　真：（010）58124870
网　　址： www.shcbs.com.cn
shcbs.mca.gov.cn
经　　销： 各地新华书店

中国社会出版社天猫旗舰店

印刷装订： 中国电影出版社印刷厂
开　　本： 185mm × 260mm　1/16
印　　张： 21.75
字　　数： 400 千字
版　　次： 2016 年 4 月第 1 版
印　　次： 2016 年 4 月第 1 次印刷
定　　价： 60.00 元

中国社会出版社微信公众号

前　　言

2015年5月7日，由国家减灾委专家委员会主办的第六届“国家综合防灾减灾与可持续发展论坛”在北京成功举办。本届论坛深入分析了当前防灾减灾形势，探讨了推进防灾减灾救灾体制改革的举措，交流了第三届世界减灾大会成果，分享了防灾减灾科技创新成果，为防灾减灾政府决策提供了咨询建议。

本届论坛分为开幕式和专题论坛两部分，为期一天。开幕式上，民政部副部长、国家减灾委秘书长窦玉沛代表国家减灾委致辞，国家减灾委专家委员会主任秦大河院士、国家减灾委专家委员会副主任史培军教授和郑功成教授、世界气象组织天气与减灾服务司司长汤绪博士等4位专家就中国极端天气事件和灾害风险管理与适应、第三届世界减灾大会主要成果、我国防灾减灾投入现状与结构优化、多灾种早期预警的国际合作等内容作了主旨报告。论坛设立了防灾减灾救灾体制改革、新型城镇化与防灾减灾、防灾减灾技术与产业发展、社会力量参与防灾减灾等4个专题，共有44位专家在专题论坛上作了报告。来自国家减灾委成员单位、国家减灾委专家委、有关科研院所的200余名专家学者参加了交流和讨论。

为总结和展现与会专家的学术成果，国家减灾委专家委员会组织编辑了本届论坛文集。经过严格遴选，文集收录了灾害管理人员、科研人员、基层灾害工作者和公司企业人员的36篇论文，供灾害管理人员和防灾减灾科研人员参考。

由于编者水平有限，疏漏和不足之处在所难免，敬请读者批评指正。

编者

2016年2月

目　录

一、防灾减灾救灾体制改革

二、新型城镇化与防灾减灾

三、防灾减灾技术与产业发展

四、防灾减灾社会力量参与

一

防灾减灾救灾体制改革

气候变化与灾害风险管理

秦大河[1, 2]

（1. 中国气象局；2. 中国科学院冰冻圈科学国家重点实验室）

摘要 气候变化将影响极端天气气候事件的发生频率、强度、空间范围及持续时间，并可导致前所未有的极端天气气候事件和灾害。随着中国国民经济快速发展，生产规模日趋扩大，社会财富不断积累，天气气候灾害的损失和损害趋多趋重，已成为制约经济社会持续稳定发展的重要因素之一。本文基于中国极端天气气候事件和灾害风险管理与适应的最新研究进展，阐述了该领域的新认识和结论，涉及灾害风险管理与适应的重要性、极端天气气候事件变化和影响以及未来趋势、中国在灾害风险管理与适应方面的努力和成效，以及未来策略选择。

关键词 气候变化，极端天气气候事件，灾害风险管理，未来策略选择

1. 引言

中国是世界上极端天气气候事件及灾害最严重的国家之一。在全球气候变化的背景下，随着中国经济社会的快速发展以及资源、环境和生态压力的不断加剧，极端天气气候事件防范应对形势更加严峻复杂，自然灾害损失日益加重，已成为制约中国国民经济持续稳定发展的主要因素之一。因此，如何有效应对极端天气气候事件，加强灾害风险管理，确保人民群众的生命财产安全，已经引起了政府和社会的广泛关注。

在我国相关机构和学者的共同努力下，《中国极端天气气候事件和灾害风险管理与适应国家评估报告》在 2015 年正式出版[1]。报告分析了中国极端天气气

候事件和灾害的特点，评估了其影响以及灾害风险管理和适应相关问题，反映了国内外在极端天气气候事件和灾害风险管理与适应等方面的最新研究进展和成果，总结并提出了中国灾害风险管理的行动方向和策略选择。基于该报告，本文将阐述中国极端天气气候事件变化和灾害风险影响以及灾害风险管理的重要性，分析中国已采取的行动措施和成果以及未来的战略选择。

2. 灾害风险管理是适应气候变化不可或缺的重要组成部分

政府间气候变化专门委员会 (IPCC) 发布的第五次评估报告[2-4]，系统评估了气候变化自然科学、影响和适应以及减缓方面的最新成果。其中第一工作组报告指出，全球气候系统变暖毋庸置疑，而我国的变暖幅度明显高于全球。不断变化的气候可导致极端天气气候事件在频率、强度、空间范围、持续时间和发生时间上的变化，并能够导致前所未有的极端天气气候事件[5]。在此背景下，我国的极端天气事件在发生频率和强度等方面也发生了明显变化。

中国是全球气候变化的敏感区和脆弱区之一。1984—2013 年天气气候灾害造成的直接经济损失为年均 1888 亿元（按 2013 年的物价水平计算，直接经济损失年均为 2580 亿元），占同期 GDP 的 2.05%，损失最严重的 1991 年达到 6.28%。进入本世纪以来，2001—2013 年中国天气气候灾害直接经济损失与同期年均 GDP 的比值为 1.07%，而同期全球灾害的经济损失与各国 GDP 总和的比值为 0.14%，美国为 0.36%。中国天气气候灾害的直接经济损失相当于 GDP 的比重为全球平均水平的近 8 倍，为美国的 3 倍。中国灾害直接经济损失不仅远远超过世界平均水平，也超过美国等自然灾害严重的国家。

1998 年中国长江、松花江、珠江和闽江等主要江河水系发生了历史性特大洪涝灾害，波及全国 29 个省（自治区、直辖市），发生强度大、影响范围广、持续时间长，洪涝灾害损失严重。农田受灾面积共计 22.3 万平方公里，成灾面积 13.8 万平方公里，死亡 4150 人，房屋倒塌 685 万间，直接经济损失 2551 亿元。2014 年，超强台风“威马逊”是 1973 年以来登陆华南的最强台风，也是新中国成立以来登陆广东、广西的最强台风。受“威马逊”影响，广东、广西、海南和云南 4 省（自治区）超过 1100 万人受灾，88 人死亡（含失踪），直接经济损失 384 亿元，灾区电力、供水、道路、通信等基础设施损毁严重。2013 年 1 月，中国中东部地区先后出现 4 次范围较大的雾、霾天气，其影响范围、持续时间、强度为历史少见，雾、霾日数为 1961 年以来同期最多。平均每天的雾、霾覆盖范围达71.6万平方公里，其中1月22日雾、霾范围达222万平方公里，几乎覆盖了整个中东部地区。受雾、霾天气影响，中国中东部地区出现了大范围、持续性低能见度和重污染天气，持续雾、霾天气导致多地机场航班延误或取消，高速公路封闭，部分地区陆地交通及海上运输受到影响。

中国改革开放30多年来，经济快速发展，国内生产总值（GDP）位居世界第二，民生得到显著改善，但资源消耗巨大，能源利用效率低下，生态环境恶化，面临气候变化的严峻挑战，所以需要积极采取应对措施，主动减排温室气体和各种污染物，这是中国可持续发展的内在要求，也符合中华民族和世界人民长期发展的根本利益。

适应气候变化以及极端天气气候事件和灾害风险管理的水平，已成为衡量一个国家科技水平和综合国力的重要标志。应对气候变化以及防御极端天气气候事件和灾害，是一项关系到国家长治久安、人民安居乐业、人与自然和谐发展的紧迫而重大的战略任务，需要充分体现在国家政治、经济、社会和文化建设过程中，不断加强应对气候变化和防御极端天气气候事件和灾害的能力建设，不断增强技术研发能力，并积极借鉴先进技术经验。因此，把风险管理纳入到全球、区域和地方可持续发展战略之中，寻求人类社会与地球系统的协调发展，实现共同安全与健康生存途径，已成为当前和未来风险研究的重要领域。

3. 中国极端天气气候事件和灾害趋多趋强趋重

3.1 观测到的中国极端天气气候事件和灾害变化

中国极端天气气候事件具有种类多，频次高，阶段性和季节性明显，区域差异大，影响范围广的特点。近60年来，中国极端天气气候事件发生了显著变化，全国年平均最高气温值、最低气温值和高温日数均显著增加；全国平均冷昼日数略趋减少；区域性极端低温事件频次以每十年0.6次的速率明显下降；冰冻日数以每十年0.6天的速率显著减少；全国性寒潮平均每十年减少0.2次。暴雨频率增高，强度趋强，影响范围扩大。东北、华北和西南地区干旱化趋势明显。西北太平洋和南海生成的台风数呈下降趋势，但登陆中国台风的强度明显增强。沙尘暴频次呈波动性减少趋势，而中东部冬半年平均霾日显著增加，尤其是华北地区因霾导致能见度明显下降。

中国群发性或区域性极端天气气候事件频次增加，范围有所增大。1960—

2013 年，全国共发生 784 次十站以上单次群发性暴雨，平均每年 14.5 次，每年发生的群发性暴雨事件从 13.5 次增加到 17.3 次，增幅 28%；暴雨强度和范围也有所增大。同期区域性热浪年频次普遍增加，特别是长江中下游和华南区域 1997—2008 年热浪事件的年均频次，比 1976—1994 年的年均频次增加近 2 次。

极端天气气候事件会导致天气气候灾害。20 世纪 80 年代以来，中国天气气候灾害影响范围逐渐扩大，影响程度日趋严重，直接经济损失不断增加，但死亡人数持续下降。1984—2013 年，天气气候灾害平均每年造成直接经济损失 1888 亿元，相当于国内生产总值 GDP 的 2.05%，其中 1991 年最高，达 6.28%。2001—2013 年天气气候灾害年均直接经济损失相当于 GDP 的 1.07%。可见中国所有地区均遭受不同程度极端天气气候事件和灾害的威胁。随着天气气候灾害影响范围扩大和人口、经济总量增长，各类承灾体的暴露度不断增大。由于中国人口老龄化、高密度化和高流动性，社会财富的快速积累和防灾减灾基础薄弱，使各类天气气候灾害的承灾体的脆弱性也趋于增大。

3.2 未来极端天气气候事件和灾害风险变化趋势

基于最新情景预测，21 世纪全球气候继续呈现变暖趋势，对气候系统的影响仍将持续。预计 21 世纪中国的高温和强降水事件呈增多趋势。与 1986—2005 年相比，预计 21 世纪中期（2046—2065 年）和末期（2080—2099 年），中国暖时间增加，冷时间减少，高温日数增加，日最高气温最高值和日最低气温最低值均升高，高排放情景下的变幅更大。强降水时间频数增加，强度增强，强降水量占年降水量比重增大。全国范围内中雨、大雨和暴雨时间很可能显著增多，小雨发生频次相对减少。

随着未来气候变化幅度不断增大，到 21 世纪末中国高温、洪涝和干旱灾害风险加大。温室气体排放情景越高，高温、洪涝和干旱灾害风险越大。高排放情景下，中国高温致灾危险性在 21 世纪近期（2016—2035 年）、中期和后期逐渐增大，高温灾害风险趋于加大，较高级及以上高温灾害风险等级范围扩大。未来各时段洪涝灾害风险较高的地区主要位于中国中东部地区，21 世纪后期较高风险地区比 1986—2005 年有所减少，但高风险范围略有增加。华北、华东、东北中部和西南地区干旱灾害风险较大，到 21 世纪中后期，旱灾高风险范围显著增大。

21 世纪人口增加和财富积聚对天气气候灾害风险有叠加和放大效应。预计 2030 年中国总人口将达到 14.53 亿左右，65 岁及以上人口约 2.31 亿，城镇化率

68%。经济社会发展、人口增长及结构变化、城镇化水平提高，与未来高温、洪涝和干旱灾害增多增强相叠加，中国面临的天气气候灾害风险将进一步加大，经济损失进一步加重。

4. 中国灾害风险管理与适应措施取得了显著成效

针对在极端天气气候事件和灾害风险管理与适应方面所面临的严峻形势，中国制定和完善了相关的制度政策，开展了一系列的行动措施并取得了一些显著成效。制度建设方面，中国政府加强了极端天气气候事件和灾害风险管理体系建设，形成了以制定修订应急预案、建立健全防灾减灾体制机制和法制为主要内容的中国特色防灾减灾与应急管理的国家管理体系。能力建设方面，中国政府全面加强了极端天气气候事件和灾害监测预警、灾害风险防御工程，以及灾害应急救灾和灾后恢复重建等方面，初步形成了防灾、抗灾、救灾一体化的综合防灾减灾体系。保障措施方面，在注重传统领域风险防范的同时，加强了科技应急机制建设、人才培养体系建设，以及宣传教育体系建设。重点关注了与极端天气气候事件和灾害相关的水资源风险加剧、生态安全风险升级、健康安全风险加大等新问题，并采取了相应的防范措施。各级政府灾害风险管理能力和公众的风险意识明显提高，初步形成了全社会减轻灾害风险的氛围。建立健全协同运作和社会多元参与机制，加强防灾减灾国际合作，提高了国家应对极端天气气候事件与灾害的能力。

经过以上政策实施与行动方面的长期努力，目前中国在极端天气气候事件和灾害风险管理与适应上已取得了一些显著成效，具体表现在以下四个方面：首先，极端天气气候事件和灾害风险管理综合协调能力显著增强，确定了由国家减灾委等机构负责组织协调全国防灾减灾救灾的工作机制，进一步完善了灾害应急响应机制，并将极端天气气候事件和灾害风险管理纳入国家可持续发展的政策、计划和行动之中；其次，应对极端天气气候事件和天气气候灾害能力显著增强，及时、高效、有序地应对了多起极端天气气候事件和天气气候灾害，最大限度地减轻了经济损失和人员伤亡；再次，极端天气气候事件和灾害风险管理科技支撑能力显著增强，空间技术、数字化技术和网络化技术等方面的科研成果在防灾减灾工作中得到了进一步推广和应用；最后，社会公众对极端天气气候事件和灾害风险的防范意识显著增强。

中国在灾害风险管理方面仍然存在一些薄弱环节。一是对新风险和巨灾风险的关注、管理依然不足；二是管理体系不完善，部门职能分散重叠，协同合作有待加强；三是综合防灾减灾体系、机制、管理和能力建设仍面临诸多挑战；四是市场机制与风险转移机制缺失；五是国家对防灾减灾工作的科技支撑能力亟待加强，天气气候灾害监测和预警以及风险评估等能力仍有待进一步提升；六是全民防灾减灾教育不足，公众参与意识和能力仍有待提高。

5. 中国灾害风险管理与适应的策略选择

气候变化及由此带来的极端天气气候事件和灾害已成为全球可持续发展的重要威胁。中国是受气候变化影响最大的国家之一，适应和减缓气候变化，减轻天气气候灾害风险，是保障国家经济社会发展和人民生活的基本选择。中国未来在灾害风险管理和适应方面的战略如下：

降低气候风险与保障国家总体安全的策略设计。气候安全是国家安全体系和经济社会可持续发展战略的重要组成部分，是生态文明建设和实现中国梦的基本保障，是推进国家治理体系和治理能力现代化的重要内容，应当根据国家应对气候变化战略，确定中长期气候安全目标。中国将坚定不移地本着对中华民族福祉和人类长远发展高度负责的态度，积极应对气候变化和极端天气气候事件，并承担与中国发展阶段、能力和应负责任相符的国际义务，为保护全球气候环境和有效应对极端天气气候事件作出积极的贡献。应尽快组织编制和实施天气气候灾害风险管理与适应的国家综合规划，为国家天气气候灾害风险管理提供有力保障。同时，应对未来极端天气气候事件和灾害风险，还需要制定推进协同管理、分级应对并提高恢复能力的战略规划和政策体系。应尽快编制“国家天气气候灾害风险管理与适应规划”和“国家气候安全行动计划”，把灾害风险管理与适应协同、提升恢复能力、建设综合灾害风险治理体系三方面的战略作为规划的重要内容。

灾害风险管理与适应气候变化的协同策略。采取因地制宜的灾害风险管理和协同适应策略，加强区域协同和领域协同，夯实中国可持续发展的基础。农业、水资源、生态系统、能源、交通、国土、海洋、人居环境和健康等领域更易遭受极端天气气候事件和灾害的影响，未来适应气候变化需要协同考虑防灾减灾、节能减排、生态保护、扶贫开发等可持续发展的多重目标。在城镇化、农业发展和生态安全战略格局中进一步加强区域间灾害风险管理和适应策略的协同，为中国经济社会可持续发展提供有力保障。

提升恢复力的能力建设策略。加强适应规划、应急管理及防范天气气候灾害风险的基础设施建设，增强经济社会系统应对极端天气气候事件的恢复能力。软适应与硬适应并重，因地制宜实施发展型适应、增量型适应和转型适应，具体途径包括：加强适应气候变化与防灾减灾领域的决策协调，从机构设置、决策协调、政策立法、资金保障、科技研发等方面推动风险治理机制创新；制定国家和部门的适应规划，提升政府应对极端天气气候事件和灾害风险的处置能力；完善减灾与应急管理机制，加强天气气候灾害的监测、预警及预测能力；开展天气气候灾害风险评估与区划，实现应急管理向风险管理的转变；加强天气气候灾害风险防范基础设施建设等。

综合风险治理策略。综合风险治理体系建设是推进国家治理体系和治理能力现代化的重要内容。总结中国特色防灾减灾与应急管理经验，应当加强法制建设，不断健全天气气候灾害风险治理中的市场机制和社会合作机制，完善国家防灾减灾与应对气候变化的治理体系，实施并不断完善“政府主导、社会协同、公众参与、法制保障”的灾害防御体制机制。借鉴国际先进经验，建立社会保险、社会救助、商业保险和慈善捐赠相结合的多元灾害风险分担机制，形成由政府、企业与公众共同组成的区域综合减灾功能体系。

6. 结语

气候变化已经成为影响人类社会未来发展的重大问题并受到了全世界的关注。中国许多地区也不断出现极端天气气候事件，带来各种天气气候灾害，给人民群众和国家带来了巨大损失，预计未来的风险会更大。气候变化将影响极端天气气候事件的发生频率、强度、空间范围及持续时间，并可导致前所未有的极端天气气候事件。人类活动影响越强，对气候变化的影响就越大，造成的灾害就越深刻广泛，有些影响是不可逆的。

我国是世界上极端天气气候事件及灾害最严重的国家之一，面对这种严峻形势，需要我们大力推荐灾害风险管理与适应，完善综合体系、推进协同管理、强调分级应对、提高恢复能力，减轻极端事件带来的负面影响，加强风险管理，减少人员生命和财产损失，保障社会可持续发展，促进人与自然的和谐，降低气候变化带来的不利风险，建立一个更加繁荣、可持续的未来。

参考文献

[1] 秦大河 [主编].2015. 中国极端天气气候事件和灾害风险管理与适应国家评估报告. 北京：科学出版社。

[2] IPCC. 2013. Climate Change 2013: The Physical Science Basis. Contribution of Working Group I to the Fifth Assessment Report of the Intergovernmental Panel on Climate Change. In: Stocker T F, Qin D, Plattner G-K, Tignor M, Allen S K, Boschung J, Nauels A, Xia Y, Bex V and Midgley P M eds. Cambridge, UK, and New York, NY, USA: Cambridge University Press, doi:10.1017/CBO9781107415324.

[3] IPCC.2014a. Summary for Policymakers. In:Climate Change 2014: Impacts, Adaptation, and Vulnerability. Contribution of Working Group II to the Fifth Assessment Report of the Intergovernmental Panel on Climate Change. Cambridge University Press, Cambridge, United Kingdom and New York, NY, USA.

[4] IPCC. 2014b.Climate Change 2014:Mitigation of Climate Change. Contribution of Working Group II to the Fifth Assessment Report of the Intergovernmental Panel on Climate Change. Cambridge University Press, Cambridge, United Kingdom and New York, NY, USA,2014.

[5] IPCC SREX. 2012. Managing the risks of extreme events and disasters to advance climate change adaptation. A special report of working groups I and II of the Intergovernmental Panel on Climate Change. Cambridge, UK and New York, NY, USA: Cambridge University Press.

"12·31" 上海外滩踩踏事件的调查与思考

闪淳昌[1, 2]

（1. 国家减灾委专家委员会；2. 国务院应急管理专家组）

摘要 "12·31" 外滩陈毅广场拥挤踩踏事件是一起对群众性活动预防准备不足、现场管理不力、应对处置不当而引发的拥挤踩踏并造成重大伤亡和严重后果的公共安全责任事件，教训极其深刻，应当认真总结，切实提高我国城市公共安全管理水平。

关键词 踩踏事件，调查，思考，公共安全，应急管理

2014 年 12 月 31 日 23 时 35 分，上海市黄浦区外滩在群众自发进行的迎新年活动中发生拥挤踩踏事件。这起事件发生在敏感时间（新年之夜辞旧迎新的时刻）、敏感地点（上海外滩陈毅广场）、敏感人群（伤亡主体是青年人和外地人），后果极其严重，社会影响极其恶劣，教训极其深刻。

踩踏事件发生后，习近平总书记立即作出重要指示，要求上海市全力以赴救治伤员，做好各项善后工作，抓紧调查事件原因，深刻汲取教训。春节、元宵节将至，不少地方都有一些群众聚集娱乐活动，各地一定要把人民群众生命财产安全放在第一位，精心组织安排，确保安全措施到位，坚决避免类似事件发生。李克强总理也就伤员救治和加强安全管理作出批示，要求千方百计减少因伤死亡，精心安抚家属，各有关部门要督促各地切实做好节日期间人员密集场所的安全管理，落实各项防范保障措施，严防重特大事件发生，确保人民群众生命安全和社会稳定。

在上海市委、市政府的领导下，迅速成立了上海市"12·31"外滩陈毅广场拥挤踩踏事件联合调查组，我应上海市人民政府的邀请参加了调查工作。联合调查组依据《中华人民共和国突发事件应对法》和《上海市实施〈中华人民共和国突发事件应对法〉办法》等有关法律法规，通过现场勘查、调查取证、专家论证、综合分析等，紧张而有秩序地开展了调查工作，并于 2015 年 1 月 21 日全文

发布了《“12 · 31”外滩陈毅广场拥挤踩踏事件调查报告》(以下简称调查报告)。应当讲，调查是认真负责的，结论是实事求是的，问责是严肃的，整改建议是具体可行的，工作效率是高的。

1. 领导干部思想麻痹是城市公共安全的最大隐患，安全责任落实不力是城市公共安全的最大威胁

上海是我国城市管理水平最好的现代化国际大都市之一，成功举办过2010年世博会等一系列重大活动，当时每天几十万人流没有出过问题，怎么现在还会发生这么严重的踩踏事件呢？调查报告认为：“对事发当晚外滩风景区特别是陈毅广场人员聚集的情况，黄浦区政府和相关部门领导思想麻痹，严重缺乏公共安全风险防范意识，对重点公共场所可能存在的大量人员聚集风险未作评估，预防和应对准备严重缺失，事发当晚预警不力、应对措施不当，是这起拥挤踩踏事件发生的主要原因。”大量事实证明，事故和灾难往往在人们思想麻痹、将其淡忘的时候就来临了。正像上海市委书记韩正同志所说，如果我们各级领导干部安全意识更强些，如果我们各项安全防范措施落实更到位，这起事件完全可以避免。

发生踩踏事件的主要因素是人员非常拥挤、人流涌动对冲，如果发生在坡道后果就尤为严重。这几个因素在“12 · 31”上海外滩踩踏事件中都出现了。陈毅广场是上海市人民群众和外来游客辞旧迎新、观赏新年倒计时的最佳标志性景点，是外滩风景区人员流量最大、密度最高的区域。但是，黄浦区政府和相关部门预防与准备严重缺失，黄浦公安分局编制的新年倒计时活动安全保卫工作方案，仅对外滩源新年倒计时活动进行了安全评估，未对外滩风景区安全风险进行专门评估。黄浦公安分局仅会同黄浦区市政委等有关部门在外滩风景区及南京路沿线布置了350名民警、108名城市管理和辅助人员、100名武警，安保人员配置严重不足(往年举办外滩灯光秀是7000多警力)。22时37分，外滩陈毅广场东南角北侧人行通道阶梯处的单向通行警戒带(当时警力仅有7名，后来也只有13名)被拥挤的人流冲破以后，现场值勤民警竭力维持秩序，但仍有大量市民游客逆行涌上观景平台。23时23分至33分，上下人流不断对冲后在阶梯中间形成僵持，继而形成“浪涌”。23时35分，僵持人流向下的压力陡增，造成阶梯底部有人失衡跌倒，继而引发多人摔倒、叠压，致使拥挤踩踏事件发生。

2. 缺乏对变更风险的研判与沟通是导致踩踏事件的重要原因

变更管理（MOC，Management of Change）是工业领域安全管理的基本概念，是20世纪90年代由美国化学工程师学会化工过程安全中心（CCPS）提出的，并将其作为化工安全管理的要素之一。由于不重视变更管理，1974年，英国Flixborough化工厂发生了泄漏爆炸事故，造成28人死亡、89人受伤，教训非常惨痛。变更管理的关键问题是，如何变更？变更是否安全？如何确保在变更实施过程中不会引入新的危害？是否将变更风险与相关人员沟通并进行培训，以使他们能够充分、准确地了解变更内容和安全事项。

2011年起，黄浦区政府、上海市旅游局和上海广播电视台连续三年在外滩风景区举办新年倒计时活动。鉴于在安全等方面存在一定的不可控因素，黄浦区政府经与上海市旅游局、上海广播电视台协商后，经向市政府请示，2015年新年倒计时活动改在外滩源举行，具体由黄浦区旅游局承办，并经黄浦公安分局作出了大型群众性活动安全许可决定书。从外滩到外滩源，一字之差，地点改变了，主办单位调整了，但是黄浦区政府及相关部门未能对变更风险进行全面评估和研判，缺乏应有认知，导致判断失误，而且新年倒计时活动变更信息的宣传严重不到位。我们在调查中，许多上海的同志都不知道外滩源在哪？外滩灯光秀与外滩源灯光秀有什么区别？所以大量市民游客认为外滩风景区仍会举办新年倒计时活动，像往年一样聚集到上海外滩，这是这起踩踏事件发生的又一重要原因。如果此次上海外滩的跨年活动切实加强了科学的“变更管理”，对变更风险进行全面评估和控制，并把变更风险及时向公众宣传告知到位，踩踏事件就不一定会发生或伤亡程度不一定那么严重。

那么外滩灯光秀改为外滩源灯光秀，这样重要的变更信息为什么没有及时向公众沟通呢？这里既有思想认识问题，也有如何运用现代通信技术手段的问题。广大人民群众既是我们保护的主体，也是搞好公共安全依靠的主体。但是，有些领导同志在新时期忘记了依靠群众的好传统，也缺乏依法保障公民的意识，没有充分保障群众的知情权、参与权、表达权和监督权。直至12月30日，黄浦区旅游局才对外正式发布了新年倒计时活动信息，对“外滩”与“外滩源”的区别没有特别提醒和广泛宣传，信息公告不及时、不到位、不充分。其实，只要黄浦区政府及相关部门的领导有与公众沟通的意识，通过广播电视、短信群发、广播车、互联网等现代通信手段是完全可以把变更信息及时、正确地告知广大公众的。遗憾的是我们不少领导同志没有这种群众意识和沟通意识。党的十八届四中全会强调，坚持以公开为常态、不公开为例外原则，推进决策公开、执行公开、管理公开、服务公开、结果公开。这是必须牢记的。

实践证明，“变更管理”及变更风险对于公共安全管理具有重要的借鉴意义。如公路上车辆变线时、飞机在起飞或降落时、企业关停并转时等最容易发生事故。如果进一步拓展和延伸，现在我们国家处于工业化、城镇化、信息化的转型、转轨、转变时期、快速发展期和矛盾凸显期，经济体制深刻变革，社会结构深刻变动，利益格局深刻调整，人们思想观念深刻变化，再加上民族、宗教等问题的影响，国内外敌对势力的破坏，不稳定、不确定、不安全因素肯定增加，我们应当予以高度重视。

3. 动态监控、信息沟通、及时研判和预警不够是事态发展、恶化的重要原因

事件发生当晚外滩风景区人员流量的变化情况通过外滩区域的视频监控是基本掌握的。事发当晚20时起，外滩风景区人员进多出少，大量市民游客涌向外滩观景平台，呈现人员逐步聚集态势。20时27分，上海市公安局指挥中心要求黄浦公安分局指挥中心每半小时上报外滩风景区和南京路步行街人员流量情况。20时31分，上海市公安局主要领导致电黄浦区副区长兼公安局长周正，要求重视外滩风景区人员流量情况，落实安保措施。22时，上海市公安局副局长陈臻、俞烈、陆民在市局指挥中心大厅，通过视频监控查看外滩风景区等区域人员流量情况。陈臻通过视频电话提示周正，外滩风景区人员已经很多，要求其进行安全评估，如有增加警力等需求及时提出。对此，黄浦公安分局未提出需求，特别是身为黄浦区副区长兼公安局长的周正同志对12月31日当晚监测到的人员流量变化情况风险评估不足，未及时提出预警，应对处置措施不力，也未及时向本级政府主要领导和上级主管部门报送突发事件信息，对上级主管部门的要求执行不力。

现在，有的领导同志过于自负，不知深浅、不知利害，没有确立早发现、早报告、早研判、早处置、早解决的理念和应急处置原则。但事态的发展是不以个人意志为转移的，结果小事拖大、大事拖炸。根据上海市通信管理局、上海市公安局、地铁运营企业（即申通集团）等部门单位提供的数据综合分析，事发当晚外滩风景区的人员流量，20时至21时约12万人，21时至22时约16万人，22

时至23时约24万人，23时至事件发生时约31万人。如果及时加强监控和研判，及时增加警力，采取交通管制，并通过广播车、短信群发等手段及时向外滩公众预警，这个事件链也会被斩断。实践证明，当灾难和危机迫在眉睫或正在发生的时候，每个指挥人员的行动是否正确合理，往往就决定了危机处置的成败，关系到党和政府的公信力，关系到人民生命财产的安全，当然也关系到他们个人的前途。所以，必须准确判断、科学决策、快速处置，建立健全源头治理、动态监控、应急处置相结合的机制。

4. 坚持实事求是，权责一致，公开公正，依法依纪的原则，严肃行政问责，认真回应社会关切

鉴于上海外滩踩踏事件是一起对群众性活动预防准备不足、现场管理不力、应对处置不当而引发的拥挤踩踏并造成重大伤亡和严重后果的公共安全责任事件。上海市委、市政府决定对周伟（市委委员，黄浦区区委书记）给予撤销党内职务处分，对彭崧（黄浦区区委副书记、区长）给予撤销党内职务、行政撤职处分，对周正（黄浦区副区长，黄浦公安分局党委书记、局长）给予撤销党内职务、行政撤职处分。此外，对吴成（黄浦区区委常委、副区长）等8位同志分别给予撤职、记大过、严重警告等处分。《中华人民共和国突发事件应对法》明确规定："国家建立统一领导、综合协调、分类管理、分级负责、属地管理为主的应急管理体制。""县级人民政府对本行政区域内突发事件的应对工作负责。"但是，这些领导同志贯彻落实国家和本市有关突发事件应急管理工作的法律法规不力，对辖区内相关部门履行突发事件应急管理工作职责不到位的问题失察。在抓干部守土有责、守土尽责的教育管理上失责。未严格落实中办、国办关于"严格执行24小时专人值班和领导带班制度"的要求。未能及时了解事发情况并及时赶到事发现场。特别是周伟、彭崧同志，本应是人民群众的"守夜人"，结果事发当夜在参加新年倒计时活动后，违反中央八项规定精神，公款吃喝，造成十分恶劣的社会影响，当然应当严肃处理。

那么这次为什么不叫踩踏事故而叫踩踏事件呢？为什么问责没有问责到上海市领导呢？其实事故与事件没有什么本质区别。《中华人民共和国突发事件应对法》把我国的突发事件分为自然灾害、事故灾难、公共卫生事件和社会安全事件四大类，事故灾难也是突发事件。考虑到这次事件不是发生在生产经营活动过程中，也不是有组织的大规模群众性活动，所以没有叫事故。但不管是事故，还是

事件，都要依法依规实事求是地查清原因，吸取教训，严肃问责。

实行突发事件应急管理行政问责，要根据政府及其部门管理职责、个人岗位职责和突发事件应急预案的责任分工，确定行政机关及其工作人员在突发事件应急管理中的责任，坚持权责一致、惩教结合、公开公正、实事求是、依法依纪，把问责的要求贯穿于突发事件的预防与准备、监测与预警和应急管理的全过程，并与改进工作紧密结合，督促各级行政机关及其工作人员更好地履行职责，进一步提高突发事件应急管理工作的能力和水平。经查，2014年12月19日、24日，上海市公安局先后召开两次党委会议，专题研究部署元旦春节安保维稳工作。12月25日、28日，又召开各公安分局领导专题会议，转发公安部《关于切实做好2015年元旦春节期间安保维稳工作的通知》，就做好元旦春节安保维稳工作提出明确要求。12月30日，上海市公安局主要领导在安保维稳工作动员部署视频会上强调，上海中心的亮灯和灯光秀仪式可能造成陆家嘴、外滩等相关区域短时间内游客大量聚集，要按照“一活动一方案”“一点一方案”的要求，制定周密的安保工作方案和应急处置预案，加强活动现场警力配置。事发当晚20时31分，上海市公安局主要领导还致电周正，要求重视外滩风景区人员流量情况，落实安保措施。此外，多年来在问责过程中都有一个统筹考虑，一般来讲，如果发生一次伤亡10—29人的重大事故，可能要对县处级领导干部问责；如果发生一次伤亡30人以上的特大事故，可能要对地厅级领导干部问责；如果发生一次伤亡100人以上的特别重大事故，可能要对省部级领导干部问责。当然，这不是绝对的，还要具体情况具体分析。这次踩踏事件没有对上海市领导问责并不是说上海市领导没有领导责任。市委书记韩正同志说，这起事件，发生在群众高高兴兴迎接新年之际，发生在上海的重要地标外滩，36名年轻人失去了宝贵的生命，这是血的教训，极其惨痛，我们无比痛心、内疚、自责。市长杨雄同志等市领导也多次向上海市人民作了深刻检查，并要求举一反三，深刻吸取教训。总之，应当尽量处理好确责、履责、问责的关系，不能简单地按一些群众的情绪问责，也不能被互联网上有些舆论左右，应当实事求是，经得起历史检验。

5. 几点思考

调查报告提出了五点切实可行的整改建议：一是切实落实安全责任制，大力增强“红线”“底线”意识。二是切实加强对大人流场所和活动的安全管理，进一步落实和完善相关制度规定。三是切实加强监测预警，进一步提升突发事件防范能力。四是切实加强应急联动，进一步强化应急处置能力。五是切实加强宣教培训，进一步提升全社会公共安全意识和能力。这些建议不仅对上海市提高城市公共安全管理能力和水平有重要意义，对其他城市同样有借鉴意义。

5.1 坚持以人为本、科学发展、安全发展

习近平总书记强调："人命关天，发展决不能以牺牲人的生命为代价。这必须作为一条不可逾越的红线。"但这些年来，一些城市不同程度存在着重处置，轻预防；重效益，轻安全；重地上，轻地下；重表面，轻基础；重眼前，轻长远；重速度，轻质量；重产出，轻投入；重硬件，轻管理等问题。而现代城市灾难的突发性、复杂性、多样性、连锁性、集中性、严重性、放大性等特点越来越突出，城市脆弱性也越来越凸显。同时，我国又是高风险的城市和不设防的农村并存。为此，首先必须转变理念：即发展决不能以牺牲人的生命为代价；应当从举国救灾向举国减灾转变；从不惜一切代价应急处置向千方百计做好预防与应急准备转变，从政府包揽向政府主导、社会协同、公众参与、法制保障转变，并充分发挥市场机制作用。而且要坚持"底线"思维，立足于应对大灾、巨灾和危机，切实提高应急管理能力，包括加强以风险治理为核心的应急管理基础能力建设、监测预警能力建设、信息与指挥系统能力建设、应急救援队伍能力建设、物资保障能力建设、紧急运输能力建设、通信保障能力建设、恢复重建能力建设、科技与产业支撑能力建设和应急管理科普宣教能力建设等。

5.2 公共安全与应急管理应当融入智慧城市建设

智慧城市首先应当是安全城市。应当尽量采用先进的监测、预测、预警、预防和应急处置技术及设备。安全、和谐、幸福的城市关键是首先解决好人民群众的衣食住行、生老病死、安居乐业这 12 个字，应当实施互联网 + 衣食住行、生老病死、安居乐业。应当利用大数据加快构建城市统一的公共安全信息平台，完善指挥协调和情报信息共享机制，加强互联互通和信息共享，真正使应急资源备得有，找得到，调得快，用得好。应当推进决策公开、执行公开、管理公开、服务公开、结果公开，进一步加强信息发布和预警信息沟通，在重要场所设立显示屏和高音喇叭等安全提示设施，充分利用应急广播、新闻媒体、网络等平台发布预警信息和相关提示，规范引导市民游客采取合理避险措施。加强城市公共安全理论研究和实务研究，加强自然科学与社会科学等各类学科的融合，开展对旅游景点、商业设施、体育场馆、娱乐场所、公园、学校、地铁、机场、车站、码头

等人员密集场所和大人流场所及活动的科学研究，进而制定相关规定和标准。

5.3 深入学习和贯彻实施《突发事件应对法》

这次上海市人民政府依据《突发事件应对法》第六十二条的规定，履行职责，及时查明了踩踏事件的发生经过和原因，总结了突发事件应急处置工作的经验教训，制定了改进措施，并向国务院提出了调查报告，这是对贯彻实施《突发事件应对法》的一次非常有益的实践。但是，《突发事件应对法》确立的预防为主、预防与应急相结合的原则，建立统一指挥、反应灵敏、协调有序、运转高效的应急管理机制，有效应对突发事件的原则和公开透明等原则；统一领导、综合协调、分类管理、分级负责、属地为主的管理体制，预防与应急准备制度，特别是应急预案和风险评估制度，监测与预警制度，应急处置与救援制度，恢复重建制度，问责制度等在许多地方和部门并没有落实，需要重新学习，认真实施。与此同时，还需要抓紧制定和完善相关配套办法，比如目前我国对没有统一组织的群众性活动就缺乏明确的管理办法，一些行政部门又不能主动作为，甚至“因噎废食”，这就成为目前我国公共安全的薄弱环节和软肋。为此，上海市提出“有组织活动有预案，群众自发活动也要有预案”的要求，并正在制定相关规定。

5.4 把城市公共安全状况的根本好转，建立在加强基层基础管理、提高公众的忧患意识和自救互救能力的基础上

大量事实证明，事故往往在那些管理最薄弱、隐患最多又得不到治理的地方或单位爆发，灾难往往使那些最无准备、最困难的人群遭受最严重的伤害。所以，提高全民的忧患意识和风险意识，普及灾害中安全常识，提高公众的自救互救能力，是减少突发事件发生概率及其造成损失的最有效、最经济、最安全的办法。应当让公共安全与应急管理工作真正进社区、进学校、进企业、进农村、进机关、进家庭，使基层有机构、有预案、有队伍、有必要的应急物资储备、有科普宣传。要切实把安全责任逐级落实到基层、落实到岗位、落实到人头。而且，必须从娃娃抓起，切实加强大中小学安全教育。鼓励非政府组织积极有序地参与公共安全与应急管理。社会和谐人人有责，和谐社会才能人人共享。

5.5 提高各级领导应对突发事件的能力和水平

当危机迫在眉睫或正在发生时是最需要领导权威的，但现实生活中又往往最缺乏领导权威，而领导权威的缺失往往成为危机处理失败的开始，因为等待的过

程就是失败情绪发酵、蔓延的过程。这就要求各级领导在应对突发事件中要勇于负责，敢于决策，善于用改革的办法、创新的办法有效应对，做到准确判断、科学决策、快速处置，对上有报告，对下有行动，对有关地区和单位有通报、对社会和媒体有声音。目前，有些领导同志不同程度存在着对安全工作不想管、不想干、被动干、不作为和碰运气等想法。急需问责与奖励并行，制定一些激励的措施和办法。在突发事件应对过程中最能检验领导者的能力和素质，最能发现勇于负责、敢于担当的优秀人才。我们在有关制度和办法中，应当鼓励指挥员在危机处置中科学、冷静、果断决策，并在强化问责制的同时，对危机处置中考虑不周的言行予以"宽恕"，使他们敢于负责，敢于决策，在实践中不断提高应对突发事件的研判力、决策力、掌控力、协调力和舆论引导力。

参考文献

[1]《"12 · 31" 外滩陈毅广场拥挤踩踏事件调查报告》[上海]，2015 年 1 月 22 日，第一版。

[2] 中央人民政府网,《中华人民共和国突发事件应对法》。

"一带一路"综合防灾减灾思路探析

杨思全　关妍　李仪

（民政部国家减灾中心）

摘要　"一带一路"战略实施要重点实现政策沟通、设施联通、贸易畅通、资金融通和民心相通。"一带一路"途经亚洲、非洲和欧洲，其中亚洲区域是世界上灾害发生最为频繁、损失最为严重的地区。开展"一带一路"途经区域综合防灾减灾工作，不仅可以为工程投资和项目建设提供科学依据，为实现设施联通、贸易畅通和资金融通提供重要保障，也可为增进人民的友好往来，增进相互了解和传统友谊，实现政策沟通和民心相通提供新的渠道和平台。所以，做好沿线区域综合防灾减灾工作至关重要。本文以亚洲区域为例，系统分析了该区域的灾害形势与分布，以及减灾救灾能力建设现状，并提出了加强该区域防灾减灾能力建设的战略思路，重点要加强五方面的工作，即：编制"一带一路"综合防灾减灾规划，建立沿线国家灾害应急联动机制，开展沿线国家灾害综合风险分析与评价，建立沿线灾害综合数据库与信息服务平台，推动建立亚洲区域巨灾研究中心。

关键词　一带一路，防灾减灾，战略思路

1. "一带一路"战略概述

2013年9月和10月，国家主席习近平在出访中亚和东南亚国家期间，先后提出共建"丝绸之路经济带"和"21世纪海上丝绸之路"的重大倡议，得到国际社会高度关注。一带一路（the Silk Road Economic Belt and the 21st-Century Maritime Silk Road，简称One Belt One Road或Belt and Road，缩写OBOR或B&R）是丝绸之路经济带和21世纪海上丝绸之路的简称，是国家主席习近平分

别提出建设“新丝绸之路经济带”和“21世纪海上丝绸之路”的战略构想。

丝绸之路经济带战略在国内圈定新疆、陕西、甘肃、宁夏、青海、内蒙古、黑龙江、吉林、辽宁、广西、云南、西藏、重庆13省、区、市，在国外涵盖东南亚经济整合、涵盖东北亚经济整合，并最终融合在一起通向欧洲，形成欧亚大陆经济整合的大趋势。有三个重要走向，即：经中亚、俄罗斯到达欧洲（波罗的海）；经中亚、西亚至波斯湾、地中海；到东南亚、南亚、印度洋。21世纪海上丝绸之路经济带战略在国内圈定上海、福建、广东、浙江、海南5省市，并从海上连通欧、亚、非三个大陆和丝绸之路经济带战略形成一个海上、陆地的闭环。初步估算，“一带一路”沿线总人口约44亿人，经济总量约21万亿美元，分别约占全球的63%和29%[1]，有两条重要战略走向，即：从中国沿海港口过南海到印度洋，延伸至欧洲；从中国沿海港口过南海到南太平洋。

“一带一路”沿线各国资源禀赋各异，经济互补性较强，彼此合作潜力和空间很大。通过“一带一路”战略的实施，要重点实现政策沟通、设施联通、贸易畅通、资金融通、民心相通[2]。其中：加强政策沟通是“一带一路”建设的重要保障，基础设施互联互通是“一带一路”建设的优先领域，投资贸易合作是“一带一路”建设的重点内容，资金融通是“一带一路”建设的重要支撑，民心相通是“一带一路”建设的社会根基。“一带一路”战略构想意味着我国对外开放实现战略转变，有着极其深远的重要意义[3]。

首先，“一带一路”的战略构想顺应了我国对外开放区域结构转型的需要。众所周知，1978年召开的党的十一届三中全会开启了中国改革开放的历史征程。从1979年开始，我们先后建立了包括深圳等5个经济特区，开放和开发了14个沿海港口城市和上海浦东新区，相继开放了13个沿边、6个沿江和18个内陆省会城市，建立了众多的特殊政策园区。但显然，前期的对外开放重点在东南沿海，广东、福建、江苏、浙江、上海等省市成为了“领头羊”和最先的受益者，而广大的中西部地区始终扮演着“追随者”的角色，这在一定程度上造成了东、中、西部的区域失衡。“一带一路”尤其是“一带”起始于西部，也主要经过西部通向西亚和欧洲，这必将使得我国对外开放的地理格局发生重大调整，由中西部地区作为新的牵动者承担着开发与振兴占国土面积三分之二广大区域的重任，与东部地区一起承担着中国走出去的重任。

其次，“一带一路”战略构想顺应了中国要素流动转型和国际产业转移的需要。在改革开放初期，中国经济发展水平低下，我们亟须资本、技术和管理模式。因此，当初的对外开放主要是以引进外资、国外先进的技术和管理模式为主。不可否认，这些外资企业和外国资本对于推动中国的经济发展、技术进步和管理的现代化起到了很大作用。可以说，这是一次由发达国家主导的国际性产业大转移。而今，尽管国内仍然需要大规模有效投资和技术改造升级，但我们已经具备了要素输出的能力。

最后，“一带一路”战略构想顺应了国际经贸合作与经贸机制转型的需要。2001年，中国加入了WTO，成为世界贸易组织的成员。中国“入世”对我国经济的方方面面都产生了巨大影响。可以说，WTO这一被大多数成员国一致遵守的国家经贸机制，在一定程度上冲破了少数国家对中国经济的封锁。但是，国际经贸机制又在发生深刻变化并有新的动向。“一带一路”战略与中国自由贸易区战略是紧密联系的。有资料显示，目前我国在建自贸区，涉及32个国家和地区。在建的自由贸易区中，大部分是处于“一带一路”沿线上。因此，中国的自由贸易区战略必将随着“一带一路”战略的实施而得到落实和发展。

2.“一带一路”沿线国家灾害形势与分布

“一带一路”途经亚洲、欧洲和非洲三大洲。亚洲地区多山地、高原，地形复杂，东部季风气候典型、降水集中，中部干旱，为风沙源地，北部极地气候、多冻土，自然灾害种类多、发生频次高、灾害损失重，主要灾种包括地震、台风、海啸、火山爆发、干旱、高温、暴雨洪涝。非洲地区热带荒漠、热带草原占大部分，生态系统简单，自然灾害突出地表现为干旱和高温，其他自然灾害少有发生。欧洲地区降水平均，植被覆盖较好，位于板块内部，地质灾害较少，自然灾害主要包括台风、寒潮和火山喷发。鉴于此，本文重点分析“一带一路”途经亚洲区域国家灾害形势。

2.1 灾害总体情况

“一带一路”途经亚洲区域是世界上灾害发生最为频繁、损失最为严重的地区。据EMDAT数据库统计[4-5]，1994—2013年间，亚洲每年发生的自然灾害次数均占各大洲首位。亚洲因地震、海啸、台风、洪涝、地质、低温、风雹、火山等灾害导致的死亡人数均居各大洲之首（见图1），2000—2013年亚洲自然灾害死亡人数占全球的60.7%。

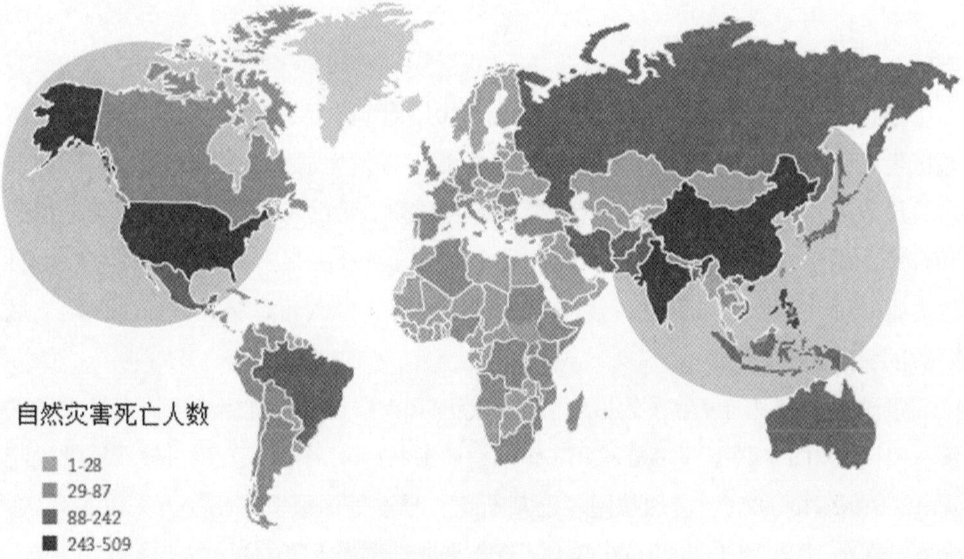

图 1　各洲 1994—2013 年自然灾害死亡人数

亚洲各国受自然灾害影响程度不一，1900—2013 年间，中国、印度、孟加拉国、朝鲜、印度尼西亚、日本、巴基斯坦、伊朗等国因灾死亡人口均在 10 万人以上。而直接经济损失主要分布在亚洲东、南部国家，及地震带周边国家（见图 2）。

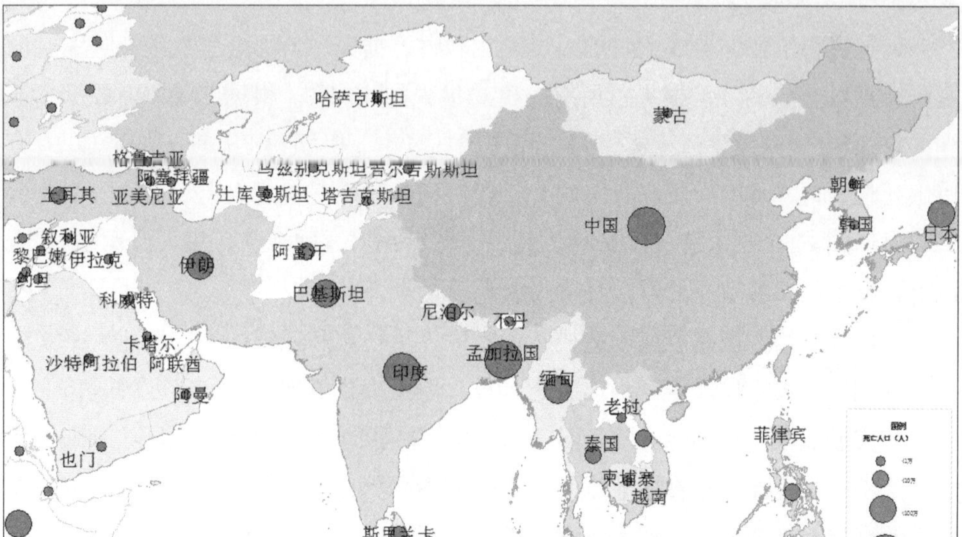

图 2　亚洲各国 1900—2013 年自然灾害损失分布图

2.2 主要灾害种类

根据EMDAT数据库统计[4]，1900—2013年间，洪涝、台风、地震是亚洲地区发生次数最多的自然灾害种类，占自然灾害发生总次数的67%；干旱和洪涝是导致死亡人口最多的灾害种类，占自然灾害总死亡人口的63%，其次是地震和台风；洪涝、地震、海啸和台风是造成直接经济损失最严重的灾害种类，占自然灾害总损失的93%。总之，洪涝、干旱、地震、台风和海啸灾害是亚洲影响最严重的灾害类型。

洪涝灾害是亚洲发生次数最多、影响范围和人口最多、直接经济损失最重的灾害。根据EMDAT数据，1900—2013年间，亚洲共有41个国家发生过较严重的洪涝灾害，在中国、印度、孟加拉国、巴基斯坦、日本等国家造成超过万人以上死亡，尤其是在中国死亡人口将近660万人，近年来亚洲洪涝灾害的死亡人口呈上升趋势。同时，洪涝灾害对泰国、朝鲜等国家也造成了百亿美元以上的直接经济损失。

干旱灾害是亚洲死亡人数最多的灾害。根据EMDAT数据，亚洲共有32个国家发生过干旱灾害，99.9%的死亡人口集中在印度、中国和孟加拉国，3国的死亡人口均达百万人以上。此外，伊朗的干旱灾害损失也比较严重，直接经济损失达10亿美元以上。

地震灾害给亚洲造成大量的人员死亡和财产损失，若加上其次生海啸灾害的影响，则其造成的经济损失占所有灾害总损失的45.4%。根据EMDAT数据，亚洲共有29个国家发生过地震灾害，在中国、日本、伊朗和巴基斯坦均造成10万以上死亡人口，其中中国和日本的直接经济损失达千亿美元以上。而地震引发的海啸对亚洲11个国家造成了影响，其中，印度尼西亚因海啸死亡人口达10万人以上，日本因海啸造成的直接经济损失超千亿美元。

台风灾害给亚洲东、南部造成了巨大的人员伤亡和经济损失。西北太平洋沿岸国家的台风灾害比印度洋沿岸更为严重，但是由于孟加拉国和印度的人口密度大、防灾减灾能力弱，这两个国家和中国因台风死亡人口都超过了10万人，而直接经济损失主要集中在西北太平洋沿岸的中国、日本、菲律宾和韩国，这4个国家的直接经济损失占亚洲台风灾害直接经济损失总量的79%以上。

3. “一带一路”沿线国家防灾减灾能力建设现状

“一带一路”途经亚洲是世界上自然灾害最为严重的区域，亚洲各国都十分重视防灾减灾能力建设工作。然而，由于各国经济发展水平不同，在防灾减灾的法律法规、管理体制、基础设施和技术支持等方面的能力建设差异较大。

3.1 法律法规

法规制度是灾害管理的依据和基础。建立和完善防灾减灾的法规制度是亚洲各国政府着手灾害管理的首要工作。在一定意义上，衡量一个国家的防灾减灾能力是高还是低，可以通过该国法规制度的完善程度来考察。换句话说，法规制度是判断一国减灾救灾能力的重要指标。亚洲大多数国家都制定了灾害管理的法律法规，其中一些国家不仅有一套完备的单项法规，也有一部能统领减灾系统工作全局的基本法律。这些法律对于灾害管理机构、程序、资金的筹集、救灾救助等作了明确规定，并以此作为建立其他减灾法规的基础和指导减灾活动的纲领。

各国在立法时间、内容、包含范围、实施程度等方面存在很大不同。相比而言，日本、韩国、印度等灾害比较多、有一定经济基础的国家，灾害管理立法层次比较高、体系比较健全；中亚国家，关于防灾减灾方面的专门立法相对较少，相关配套政策也不健全，法律法规的规范和约束作用发挥较弱。东南亚国家，法律法规的有无、完善程度也参差不齐。例如，印度尼西亚和泰国都有专门的国家灾害管理法；越南近 10 年来，每年因自然灾害死亡和失踪人数达 300 人左右，与此同时，自然灾害所造成的经济损失也不断增加，占国内生产总值的 1.5%。越南已制定《至 2020 年预防和减轻自然灾害国家战略》《气候变化国家战略》[6]；马来西亚虽然近年来多遭遇洪涝等灾害，但没有专门的灾害管理机构，也没有相关的灾害管理法律。总体来看，日本、韩国、印度等经济或区域大国较好，中亚国家一般，东南亚国家差别较大，其中印度尼西亚、新加坡、泰国较好，越南一般，马来西亚尚未颁布专门的灾害管理法律。各个国家具体能力评估依赖于其他指标与数据表现。

3.2 基础设施建设

亚洲各国在备灾、防灾、减灾的基础设施建设方面，各国间存在较大差距。其中，日、韩以及新加坡等发达国家，基础设施投入大，建设标准高，设施维护水平高，耐用性强，因此防灾减灾能力明显强于其他国家。发生灾害后，这些国家不仅损失小，而且还能利用发达的道路交通系统，迅速调集人力物力，支援灾区。但东南亚、南亚、西亚和中亚的多数国家，由于经济不发达，防灾减灾设施薄弱，投入资金少，在灾害面前脆弱性凸显，发生灾害后往往面临一系列的救援和应对困难。

尽管受制于经济发展水平的限制，但亚洲国家都非常重视防灾减灾工程建设，各国在力所能及的情况下，修建了一些重大工程设施。比如菲律宾圣洛克水利枢纽，新加坡滨海堤坝，文莱都东水坝，印度奥里萨邦的希拉库德水坝和苏特里杰河（象泉河）上的巴克拉水坝，泰国迈索埃坝、塔丹坝、巴帕南水闸枢纽截流坝，科隆泰丹水坝、正高兰坝等。其中，佳蒂格德大坝是印尼近年最大水利工程项目，中国水电建设集团公司参与建设。佳蒂格德水库控制流域面积将达 1414 平方公里，水库总容量约 100 亿立方米。水利电站预计装机容量 110MW，多年平均发电量约 4.5 亿千瓦 / 时，此电站能从根本上解决西爪哇省电能短缺等问题[7]。马来西亚巴贡水电站是该国最大的工程项目，中国水电集团参与承建。水库总库容 438 亿立方米，有效库容 192 亿立方米。设计装机容量 240 万千瓦，被称为东南亚的“三峡”项目[8]。

3.3 技术支撑能力

各国灾害监测预警能力各有不同。太平洋周边是地震、海啸、飓风（台风）频发的区域，也是很早建立了海啸预警的区域。1949 年成立的太平洋海啸预警中心，位于夏威夷檀香山附近，是目前全球唯一的多国海啸预警系统。1965 年，扩大参与国范围，包括日本、澳大利亚等环绕太平洋的 26 个国家都参与其中，中国也在 1983 年加入太平洋海啸预警中心的海啸预警系统[9]。太平洋海啸预警中心主要职能是收集太平洋海盆的地震波和海潮监测站探测到的信息，交换各国情报，评估能引发海啸的地震并发布海啸警报。其后，又相继建立若干区域或国家的海啸警报中心，如夏威夷海啸警报中心、阿拉斯加和西海岸海啸警报中心、日本海啸警报中心等。

2004 年，印尼附近海域发生里氏 9.2 级地震，其引发的印度洋大海啸，造成 14 个国家几十万人死亡。海啸促使国际社会加强合作，投资建设印度洋海啸预警系统。联合国教科文组织政府间海洋学委员会（海委会 / 教科文组织）协调印度洋沿岸各国共同建立印度洋海啸预警和减灾系统（IOTWS），进行印度洋海域的海啸预警和追踪。共有 28 个国家参与 IOTWS，耗资超过 4 亿美元，主要由澳大利亚、印尼和印度管理。2011 年 11 月，印度洋海啸预警系统正式启动。[10] 截至 2014 年年底，印度洋有 9 台深海海啸探测仪、101 台近海海平面测量仪和 148 台宽频带地震计，预警系统能够在地震发生 10 分钟内向相关国家的海啸预警机构发出警报。

亚洲一些比较大、灾害发生频繁的国家，也在努力建设灾害预警预报系统。日本、韩国和印度，都有比较成熟的灾害预警预报系统。日本在阪神大地震后大力开发的地震速报系统，可以看作是临震预警的典范。该系统利用地震波传播过程中纵波和横波的时间差，从收集到地震波开始即刻向铁路运输系统、广播电视系统和各都道府县、市町村的灾害预警对策本部和指挥中心发布预警信息，为公众最大限度地提供宝贵的逃生时间。在2011年的“3 · 11”东日本大地震中，该系统第一时间向正在运行的27列新干线列车发出预警信息，全部高速列车制动成功，避免了因地震造成车毁人亡的惨剧。同时，该系统还在25.8秒的时间内就通过全国所有的广播、电视播发了预报信息，为东京等地方赢得了半分钟的逃生时间，并在3分钟内发布了地震烈度分布图，为日本中央政府层面派出救援力量、开展有效救援提供了技术上的指导；随后又向沿海市町村发布海啸预警，为相关受影响的公众提供海啸预警服务，最大限度地发挥了预警预报的重要作用[10]。

4. “一带一路”综合防灾减灾战略思路

4.1 编制“一带一路”综合防灾减灾规划

“一带一路”沿线国家灾害种类多、发生风险高，社会经济水平差异大，防灾减灾整体能力偏弱，所以，自然灾害造成的经济损失和人员伤亡位居全球首位。作为全球灾害最为严重的区域，综合防灾减灾是“一带一路”沿线国家共同面对的挑战。“一带一路”战略要重点实现“五通”，即：政策沟通、设施联通、贸易畅通、资金融通、民心相通。综合防灾减灾可以为“五通”的实现提供新的产业、新的机制、新的依据、新的领域和重要的民意基础，是“一带一路”战略顺利实施的重要的保障之一。2015年4月25日发生的尼泊尔8.1级地震，再次印证了综合防灾减灾工作对于“一带一路”战略实施的重要性和迫切性。

目前，我国正值“十二五”与“十三五”的交替之年，国家和地方都在全面开展国民经济和社会发展第十三个五年发展规划的论证与制定工作，各行业部门也在制定行业十三五发展规划。最近，党的第十八届中央委员会第五次全体会议通过了《中共中央关于制定国民经济和社会发展第十三个五年规划的建议》(以下简称《规划建议》)[11]，对指导国家“十三五”规划纲要编制、引领“十三五”时期经济社会发展具有十分重要的意义。《规划建议》提出要以“一带一路”建设为引领，用发展新空间培育发展新动力，用发展新动力开拓发展新空间。对于防灾减灾，《规划建议》要求扩大对外援助规模，完善对外援助方式，扩大防灾减灾领域对外合作和援助。因此，我们要围绕国家外交总体部署，立足亚洲区域的严峻灾害形势和防灾减灾能力建设现状，在“一带一路”战略框架下，统筹国内外已有资源，挖掘各种资源潜力，研究制定《“一带一路”综合防灾减灾战略规划》，从顶层上明确未来一段时期内，面向我国周边国家防灾减灾工作方向、发展目标和重点任务。

4.2 建立沿线国家灾害应急联动机制

自然灾害具有强的自然特性，灾害的发生与自然地理条件、气候条件、地质条件等自然因素的区域特性密切相关，具有明显的区域特性和分布规律，不受行政界限和国界的限制，尤其是重特大地震、海啸、干旱、洪涝、沙漠化等自然灾害更是如此。所以，自然灾害风险防范能力建设要立足于灾害的区域性特点，统筹谋划，在区域防灾减灾的整体框架下开展，避免“信息壁垒、信息孤岛、重复建设”等现象的发生，有效提高灾害风险防范和应急的效率。《规划建议》提出要以区域发展总体战略为基础，强化区域服务功能，推荐重点地区一体化发展。所以，对于“一带一路”沿线主要国家的防灾减灾工作，也应立足于区域整体能力提升的实际需求，开展灾害应急联动和协同。

从灾害形势和防灾减灾能力建设现状来看，“一带一路”沿线主要国家在自然灾害方面几乎都具有灾害类型多、风险高和损失重的特点。由于受社会经济发展和对自然灾害认识水平的限制，不同国家在自然灾害风险防范、灾害应急和恢复重建等方面所具备的能力差异较大。经济基础好的国家，制度健全一些，资源和手段多一些，能力强一些。经济基础差的国家，制度欠缺一些，资源和手段少一些，能力弱一些。但是，自然灾害是一种区域性的事件，科学有效的应对方案不应受国界和行政边界的限制。所以，要提高“一带一路”沿线主要国家防灾减灾能力，就必须要制定“一带一路”沿线主要国家灾害应急联动机制，实现各国在应对自然灾害方面的协同与联动，共同提高区域灾害应对能力。

4.3 开展沿线国家灾害综合风险分析与评价

在全球气候变化的大背景下，亚洲区域灾害风险明显增加，突出表现为地震、洪涝、干旱、海啸等类型灾害。面对严峻的灾害形势，一些国际组织和国家都在积极开展灾害风险的分析与研究工作，但是有关风险评价的成果少之又少，甚至仅停留在研究和示范层面，不能用于指导地方开展灾害风险防范工作，而且有关灾害风险识别与评价和灾害风险信息的发布等工作，目前缺乏一套比较完整和成熟的技术和工作标准，甚至连指导性的文件都没有，这就给各国开展灾害风险评价造成许多的不便，因为每个国家的技术水平差异较大。所以，尽管我们知道亚洲区域各国灾害类型和大致的风险情况，但是这种了解还远不能满足“一带一路”战略实施的实际要求，还需要较为深入地了解沿线各国灾害风险程度和时空分布情况。

风险与投资相伴，有投资就有风险，如何将风险降至最低是提高投资效益的终极目标。在全面推进“一带一路”战略实施过程中，为保障各项投资的可行性与安全性，深入了解沿线各国灾害风险情况显得尤为重要。我们需要结合我国灾害风险识别与评价的技术筹备和相关案例，研究区域灾害综合风险识别方法，建立灾害综合风险评价体系，制定灾害综合风险评价的工作步骤，组织开展“一带一路”沿线主要国家灾害综合风险分析与评价工作，并编制区域层面、国家层面和社区层面三个层面的灾害综合风险评价图件。通过灾害综合风险评价工作的开展，摸清“一带一路”沿线主要国家灾害综合风险程度与空间分布，为设施联通有关工程投资建设提供科学依据，也为各国开展防灾备灾提供重要参考，为实现与沿线各国民心相通奠定坚实基础。

4.4 建立沿线灾害综合数据库与信息服务平台

自然灾害对人类的影响是全方位的，大大小小的自然灾害，如地震、洪灾、地质灾害、海啸、旱灾等都可以破坏人类的房屋建筑、农作物、交通道路和生命线工程等，产生次生灾害或流行病，影响自然资源、生态环境、基础设施、社会经济和宗教文化等全领域，直接或间接地威胁人类的生存和生命。灾害的复杂性不仅表现在成灾机理上，而且在影响和损失方面也表现出极其的复杂。所以，要制定科学、合理的灾害风险防范、灾害应急和恢复重建工作方案，就需要有丰富的灾害综合数据库支持，包括基础地理数据、社会经济统计数据、灾害历史案例数据、遥感影像本底数据、救灾物资筹备数据、基础设施建设数据等，这些数据可以为政府救灾决策提供重要的基础和支撑，同时也通过数据分析提取出的信息为社会公众服务。

面对“一带一路”沿线主要国家综合防灾减灾工作，为了提高灾害风险防范和应对能力，必须要建立一个面向沿线主要国家防灾减灾工作服务的灾害综合数据库管理系统，实现对沿线主要国家灾害的数据支撑。调研表明，目前在“一带一路”沿线的亚洲区域，还没有一个区域的灾害综合数据库系统，甚至多数国家也缺乏灾害综合数据库系统。同时，对于有关灾害风险信息、灾害损失信息和自救互救的基本技能等需要向社会公众发布的信息，尚缺乏一个可以支撑的信息服务平台，导致多数国家社会公众缺乏对所在地灾害风险情况、灾害发生后的损失情况、灾害自救互救基本技能和灾害基本知识的了解和认识。因此，有必要围绕“一带一路”战略实施，根据沿线主要国家灾害数据管理现状，研发建设“一带一路”沿线主要国家灾害综合数据库管理系统和灾害信息服务平台。

4.5 推动建立亚洲区域巨灾研究中心

长期以来，党中央、国务院十分重视防灾减灾工作。经过数年的发展，我国已经建立了完善的防灾减灾法律法规和行之有效的体制机制，制定了灾害应对工作预案，建立了较为完善的灾害监测、预警、评估等技术支撑体系，形成了较为稳定的防灾减灾队伍，在自然灾害风险防范、应急救助和恢复重建等方面积累了丰富的经验。在做好国内灾害应对的同时，我们也积极参与承担有关减灾救灾国际工作，并通过对外援助、技术交流、人员培训、项目合作等多种形式向其他国家分享我们的成果和经验，以期共同提高区域综合防灾减灾能力，充分体现了我国防灾减灾救灾的能力，也展示了良好的大国形象。

2005 年 12 月 12 日，温家宝总理在第九次东盟与中日韩领导人会议上的讲话提出中国将建立亚洲区域巨灾研究中心[12]，与东亚各国共同加强能力建设，提高应对重大自然灾害的效率和水平。亚洲区域巨灾研究中心是我们向“一带一路”沿线主要国家提供技术支持和信息服务的一个重要平台，可发挥六方面作用，一是制定成员国之间的减灾救灾互助战略和机制，协调各国在防灾、减灾、救灾问题上的快速行动，提高灾难预防和救助反应的速度与效率；二是培训、储备专业人员参与各国防灾减灾能力评估、紧急援助、灾后恢复与重建等工作；三是进行信息交流，建立防灾减灾信息网络共享平台；四是编制减灾评估报告，帮助成员国政府及公众提升减灾防灾的意识和能力；五是发布预警信息，协助受灾国做好灾害准备；六是参与有关国际组织举办的活动，促成更多的国际组织、机构在该地区投入救灾行动。

参考文献

[1] 百度百科。

[2] “一带一路”战略的意义、机遇与挑战，人民网. 2015-04-02.

[3] 授权发布：推动共建丝绸之路经济带和 21 世纪海上丝绸之路的愿景与行动 . 新华社

【引用日期 2015-06-27】。

[4] EM-DAT: The OFDA/CRED International Disaster Database..http://www.emdat.be/. Université Catholique de Louvain - Brussels – Belgium.

[5] CRED（Centre for Research on the Epidemiology of Disasters）,The Human Cost OF Natural Disasters 2015: A Global Perspective.

[6] 越南之声广播电台国家对外广播频道 . 东盟致力于提高应对自然灾害能力 , 2013.5.30.

[7] 国际日报（印尼），中水电兴建印尼最大水利工程佳蒂格德大坝，2011.5.21.

[8] 国务院国资委 . 中国水电承建的马来西亚巴贡水电站下闸蓄水 , 2010-10-18.

[9] 太平洋海啸预警中心，百度百科。

[10] 国务院应急管理办公室 . 突发事件应对工作案例：3 · 11 东日本大地震应对工作案例，2013.1.

[11]《中共中央关于制定国民经济和社会发展第十三个五年规划的建议》，2015 年 10 月 29 日中国共产党第十八届中央委员会第五次全体会议通过。

[12]《巩固深化合作　共创美好未来》，温家宝总理在第九次东盟与中日韩领导人会议上的讲话，2005 年 12 月 12 日，马来西亚吉隆坡。

我国巨灾保险制度建设路线图

王和

（中国人民财产保险股份有限公司）

摘要 在我国全面推进治理体系和能力现代化的背景下，需要构建巨灾风险管理的“新举国体制”，其核心是通过建立巨灾保险制度，充分发挥市场机制的作用，解决长期以来对财政资金的过度依赖。我国巨灾保险制度建设的条件已基本成熟，应围绕“五大难题”的解决，充分学习借鉴国外的先进实践，探索政府与市场合作型模式，采用分割处理的方法，求真务实地解决偿付能力问题，同时，依托“中国城乡居民住宅地震巨灾保险共保体”，有步骤地开展实施，进一步加快巨灾保险立法，完成顶层设计，为我国的巨灾风险管理提供制度基础。

关键词 巨灾，巨灾风险，巨灾保险制度

1. 我国巨灾风险管理的新形势

十八大之后，我国社会和经济发展进入“新常态”，对公共安全管理，也包括巨灾风险管理提出了新要求，在治理体系和治理能力现代化的大背景下，需要重新定义并构建“新举国体制”，即更好地发挥市场在资源配置中的决定性作用，最大限度地实现藏救灾能力于市场，藏重建能力于民，培育国民的风险意识，确保经济与财政的平稳运行。

从实现手段看，核心是通过调整政府与社会，政府与市场的关系，用“花钱买机制”的思路，建立“惠而不费”的行政管理新机制。

保险作为现代经济制度，具有较强的“社会性”和“市场性”，应当成为政府转型的有力“接手”和得力“助手”，政府需要关注并更好地发挥保险在现代社会管理，尤其是巨灾风险管理中的作用。

在公共安全管理领域。进一步理顺政府与社会和市场的关系，构建巨灾风险

管理的新架构，逐步将以巨灾保险为代表的市场机制“投影”并渗透到综合防灾减灾的各个领域，实现一种合作、分担和接替。

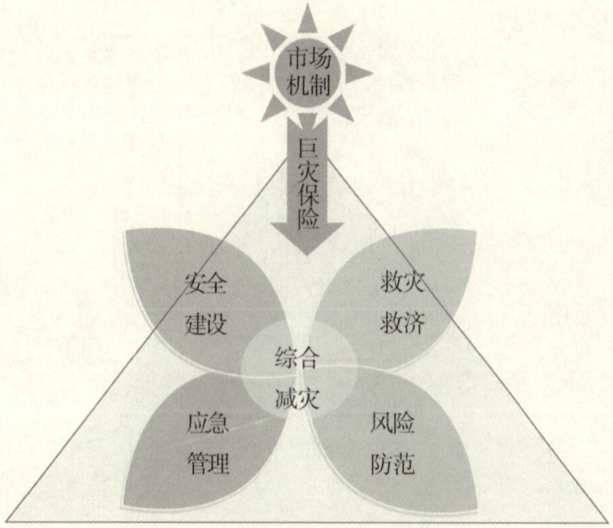

图 1　市场机制下的综合减灾示意图

在重建资金保障领域。建立更加公平和科学的损失补偿和重建资金市场化和社会化的积累机制，逐步减轻对财政资金的依赖，逐步实现重建资金保障在“一般巨灾损失”项下与财政资金的“替换”。

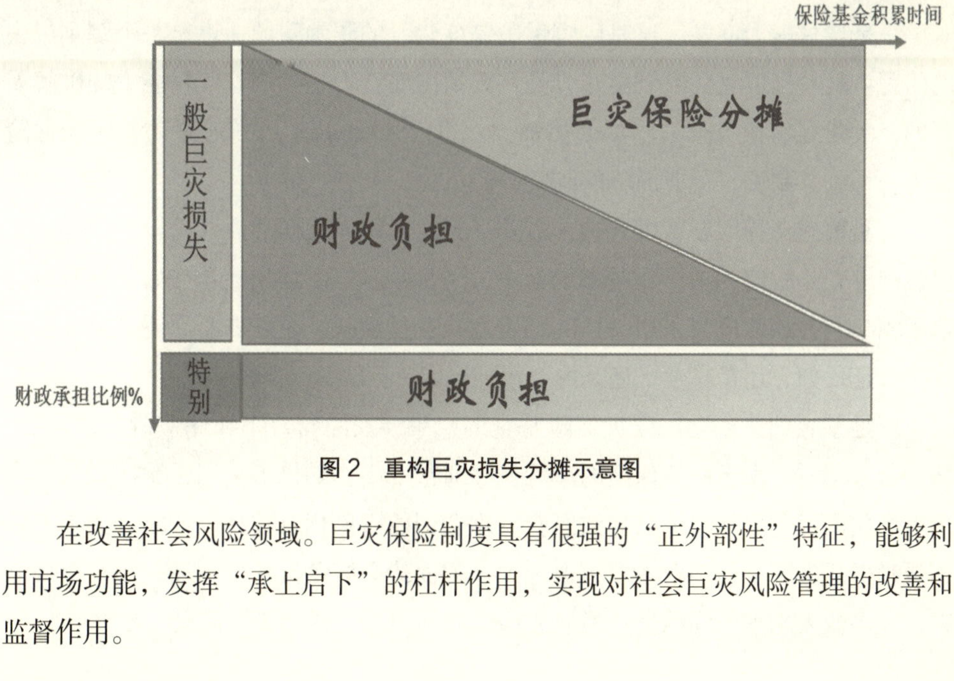

图 2　重构巨灾损失分摊示意图

在改善社会风险领域。巨灾保险制度具有很强的“正外部性”特征，能够利用市场功能，发挥“承上启下”的杠杆作用，实现对社会巨灾风险管理的改善和监督作用。

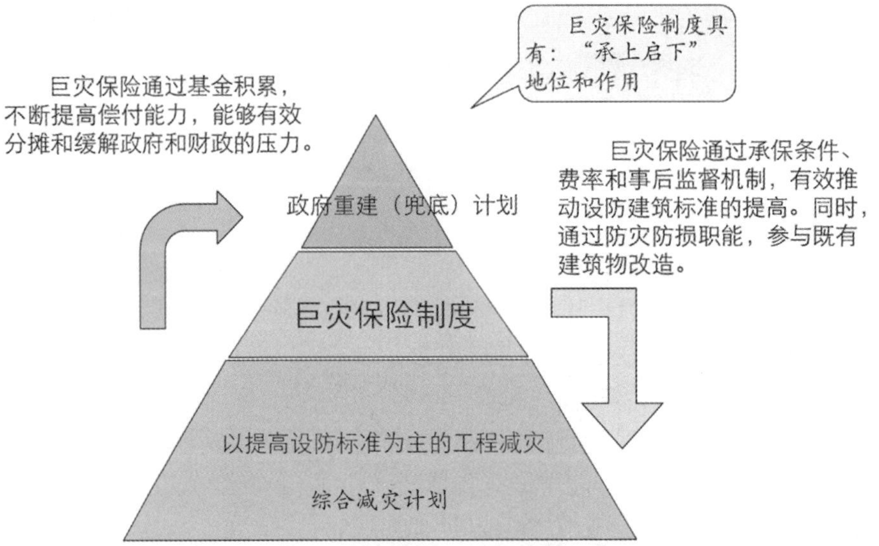

图3 巨灾保险制度功能示意图

2. 巨灾保险制度建设的五大难题

在各国巨灾保险制度建设中均面临着五大关键问题，也是难题，这些问题放到我国这样一个幅员辽阔，风险和差异较大国家的大背景下，显得更加特殊和复杂，而问题的解决也面临更大的挑战：

一是偿付能力问题。这是巨灾保险制度建设的瓶颈问题，也是一个绕不过去的问题。从各国巨灾保险制度建设的实践情况看，均是围绕着偿付能力的破解展开的，关键是解决并回答：如何能够"保得起，赔得起"，核心是防止巨灾保险作为一种公共制度，可能面临的制度破产风险！

二是模式选择问题。模式选择需要回答：采用什么样的模式建设我国的巨灾保险制度，是政府为主，还是市场为主，还是政府与市场相结合。如果是政府与市场相结合，那么应当采用怎样的结合方式，是强制，还是自愿，还是半强制的方式？是代办，还是自营，还是混合模式？

三是基金归集问题。巨灾保险基金的归集涉及经营效率和保险覆盖面问题，从经营效率看，由于巨灾保险的单均保费通常不高，如果不采用强制模式，而采用市场化的经营模式，势必导致经营管理费用的占比相对较高。同时，如果不采用强制模式，完全由消费者自主选择，一方面势必导致投保率不高，一旦出现巨灾，大多数人均得不到赔偿；另一方面也容易出现"逆选择"问题。

四是赔偿水平问题。由于我国的“基数”大，因此，面临的风险暴露也很大。所以，如果赔偿额度太低，则会导致巨灾保险制度缺乏吸引力。但如果赔偿额度提高，则可能面临着更大的偿付能力的压力，给制度运行带来巨大压力。

五是定价模式问题。从保险精算角度看，巨灾保险定价面临着数据不足和回归周期等技术难题。但从社会管理的角度看，首先是差异性问题，即巨灾保险是否需要实施地区差异化费率体系，核心是解决科学与互助的关系。其次是联动问题，即巨灾保险是否需要与建筑物标准挂钩，核心是解决促进建筑物水平提高。

3. 国外巨灾保险制度建设的实践

从各国专门化巨灾保险制度建设情况看，主要经验总结为：一是注重发挥政府和市场两方面的作用；二是注重建立比较完善的法律保障；三是注重巨灾基金的运作和管理；四是注重构建多层次风险共担机制；五是注重鼓励投保，扩大巨灾保险覆盖面。

从具体经验看，首先，在偿付能力方面，大多采用了“政府兜底 + 回调机制”，确保在极端情况下，保险赔偿不“开天窗”。第二，在模式选择方面，各国的具体实践不尽相同，但大多均采用了“政府与市场合作模式”，一方面通过政府支持，确保制度的信用；另一方面利用市场机制，确保制度效率。第三，在基金归集方面，各国结合实际，采用形式多样的方式，但均在一定程度上采用了“相对强制”的模式。第四，在赔偿水平方面，各国均采用了“保基本”，并根据基金的积累情况，以及社会经济水平而逐步提高。第五，在定价模式方面，在制度建设的初期，更多地采用“统一费率”模式，一方面能够更好地体现互助，另一方面也能够提高经营效率，在制度发展相对成熟之后，逐步地导入差异化的费率体系，同时，强化费率与建筑物标准和灾害治理联动机制。

4. 我国巨灾保险偿付能力解决思路

当前，我国巨灾保险制度建设面临的最突出的问题是偿付能力问题，为此，应当结合我国现阶段社会管理和经济发展的实际，采用更加务实的办法，即“以收定支，量力而行”。在制度建设初期应本着“低保障，广覆盖”的原则开展业务，同时，按照可能聚集的保险基金，在总量控制的基础上开展业务，确保安全性和稳定性，并在不断积累的过程中扩大保障范围。同时，从技术的角度看，应采用“分割处理”的模式，同时，在实施过程中，充分体现求真务实的精神。

分割处理：基本思路是“横纵分割，单位区隔”。从主体的角度看，风险可以在投保人、保险人和政府之间分配；从市场的角度看，风险可以在保险市场、再保险市场和资本市场之间分散；从技术的角度看，可以通过分层技术、回调机制、证券化、巨灾彩票等；从范围的角度看，不仅可以通过国内市场，还可以利用国际市场进行分散。

求真务实：财政出资问题，特别是相对贫困地区，可以采用“授信”的方式，甚至以提供紧急融资担保的方式解决。“击穿”的“兜底”可以通过地方立法，确立“回调机制”解决。最重要的是在开办的初期，可以根据实际情况，采用“量入为出，以收定支”的供给原则，循序渐进地推动制度建设。

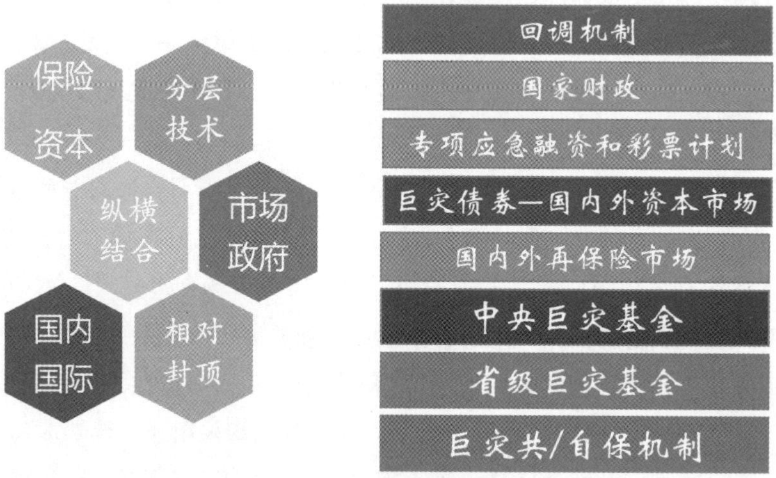

图4　巨灾保险偿付能力解决方案

5. 我国巨灾保险制度建设路线图

在“新国十条”的推动下，我国确定了巨灾保险制度建设的总体路线图，明确了制度建设的基本原则：（1）政府推动、政策引导；（2）适度统筹、市场运作；（3）风险共担、分级负担；（4）因地制宜、试点先行。确定了运行模式为政策鼓励支持、市场主导运作、基金统筹管理、损失逐级分担。具体为“三步走”计划：

第一步（2014—2015）：完成制度的顶层设计工作，完成课题报告，制定我国巨灾保险制度的总体思路和框架，鼓励有条件的地区先行先试。

第二步（2015—2017）：做好巨灾立法工作，计划以居民住宅地震保险作为我国巨灾保险制度的突破口，出台《地震巨灾保险条例》和成立住宅地震巨灾共保体。

第三步（2017—2020）：巨灾保险制度进入全面实施阶段，在住宅地震保险的基础上，推进多灾因的巨灾保险制度建设，并将其纳入国家综合防灾减灾体系。

在我国巨灾保险制度建设的过程中，要关注并处理好三个关系：一是正确处理好市场和政府的关系。通过市场运作、有效竞争和专业管理，提高制度效率。同时，充分发挥政府的作用，优化财政资源投放效率，弥补巨灾保险市场失灵。二是正确处理好中央和地方的关系。在中央、地方两个层面共同推进，逐步建立起“全国统筹安排，地方广泛参与，保障全面基本，兼顾差异需求”的巨灾保险制度。三是正确处理好长期和短期的关系。先行建立专项制度，再逐步扩展到多种自然灾害领域，最终建立起完备、成熟的巨灾保险制度。

同时，确定的制度建设的框架体系为以巨灾保险基金及其管理机构为基础，政府监督指导、商业保险机构进行风险管理。

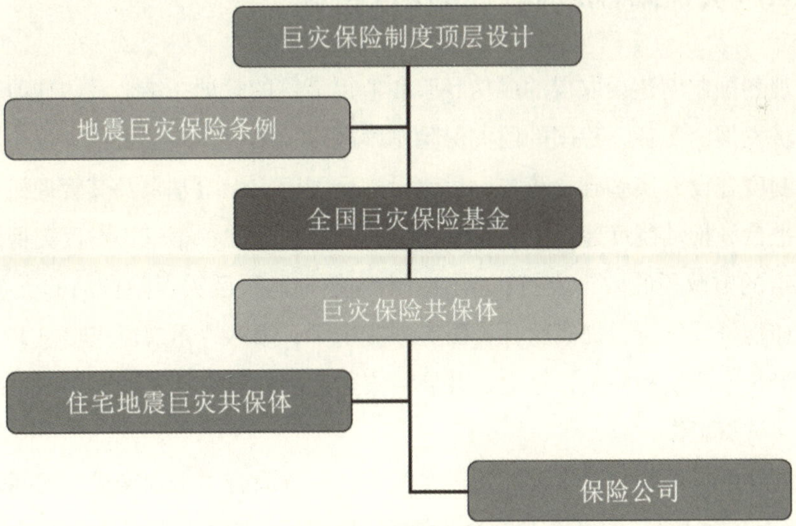

图 5　我国巨灾保险制度体系示意图

为了确保巨灾保险制度的落地，在中国保监会的指导下，保险行业完成了“中国城乡居民住宅地震巨灾保险共同体”的建设，为未来巨灾保险制度的实施奠定了良好基础。

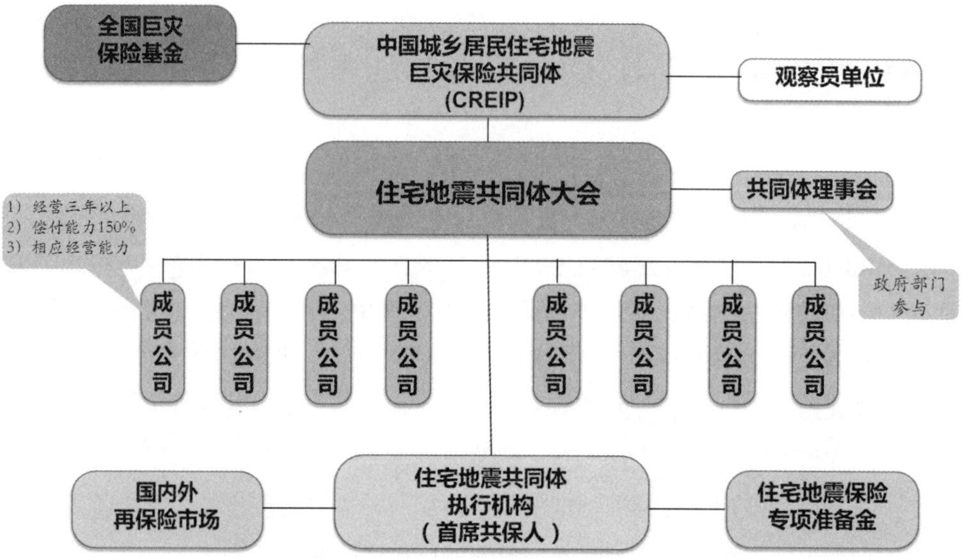

图6　我国城乡居民住宅地震巨灾保险共保体结构图

6. 我国巨灾保险制度建设的几点建议

纵观各国制度建设取得的成功经验和值得借鉴的教训，结合我国现阶段的社会和经济发展的实际，我国的巨灾保险制度建设，第一，应加快巨灾保险立法进程，为制度建设夯实基础；第二，尽快设立全国巨灾保险基金及其管理机构，通过这一平台，推动制度建设的相关工作以及制度的落地；第三，对巨灾保险制度给予一定的财政税收政策支持；第四，出台鼓励购买巨灾保险产品的支持政策；第五，加强资源整合，提高全社会防灾减灾水平；第六，重视巨灾信息共享以及巨灾预警技术研发和应用；第七，开展巨灾衍生品的研究和实践；第八，继续并加快推动试点工作。

从国外巨灾保险制度建设的先进实践看，一方面有“水到渠成”的问题，即需要一个与之相适应的经济和社会发展环境。另一方面也有“逐步完善”的问题。汶川地震已过去7年了，我国的巨灾保险制度建设工作应当抓紧推进，不能总是等到巨灾发生之后再来讨论巨灾保险制度的建设问题。

从我国经济和社会发展的现实情况看，已经基本具备了发展巨灾保险的条件，特别是在汶川地震之后，尤其是在十八大之后，从完善社会管理的角度看，需要建立我国的巨灾保险制度。

任何一个国家的巨灾保险制度均不是尽善尽美的，都有一个不断完善的过程，因此，决策，并迈出第一步是至关重要的!

参考文献

[1] 王和 . 地震保险制度研究 [M]. 北京：中国经济出版社，2013 年 2 月。

[2] 王和 . 中国巨灾保险制度丛书 [M]. 北京：中国金融出版社，2013 年 10 月。

[3] 王和 . 对建立我国巨灾保险制度的思考 [J]. 中国金融，2007 年第 7 期。

[4] 王和 . 中国地震保险方案研究 [J]. 保险研究，2008 年第 6 期。

[5] 王和 . 中国地震保险制度建设路线图 [J]. 中国金融，2008 年第 13 期。

[6] 王和 . 加快我国巨灾保险制度建设 [N]. 中国保险报，2006 年 7 月 17 日。

[7] 王和 . 我国巨灾保险制度建设迎来"第三个里程碑"[J]. 中国金融家，2014 年第 2 期。

[8] 王和 . 我国巨灾保险制度建设的若干问题 [N]. 中国保险报，2013 年 05 月 13 日。

[9] 王和 . 我国地震保险制度应与时俱进 [N].21 世纪经济报道，2013 年 1 月 7 日。

以学生为中心的完整自然灾害观教育观阐述

——基于中西部地区小学生自然灾害教育实践项目的评估

王东明[1]　韩自强[2]

（1. 民政部国家减灾中心；2. 四川大学－香港理工学院灾后重建与管理学院）

摘要　基于对深圳壹基金公益基金会实施的“儿童平安——减灾小课堂（2014 年）项目”实施情况评估结果，本研究提出学生灾害教育应以培养学生的“完整自然灾害观”为目标，操作上要遵循灾害教育的内在逻辑，依托知识技能传授努力提升学生的灾害风险意识以及在日常生活中将意识转化为自觉行动的能力。

关键词　灾害教育，完整自然灾害观，减灾小课堂，评估

1. 问题的提出

学校灾害教育是提高小学生灾害风险意识和应急避险能力的重要手段。（ISDR, 2008）围绕学校灾害教育目的、内容设计、提供方式、有效方法等主题，学界进行了有益的探索。蒋伟宁（2004）认为，灾害教育旨在提升公民对灾害的认知，培养公民良好的防灾素养，从而强化社会整体的防灾减灾能力；中小学生灾害教育则重在培养学生良好习惯，使之具备基本防灾素养——对灾害有全面的认识，了解灾前准备和紧急应变的重要性，且在遭遇灾害时能够选择合适的应变措施来减轻可能的灾害损失。张英、王民和谭秀华（2011）以灾害教育概念、内涵、形式、目的、实践等为基础，尝试构建灾害教育理论，并指出当前学校灾害教育教学中，教师讲解为主的教学方式占支配地位，不适应也不符合灾害教育的特点，难以达到灾害教育的目标与要求，应考虑增加体验式、探究式学习与防灾减灾演练。鲁航、王东明（2009）梳理了国内外灾害教

育研究的主要成果，并在简要比较中外研究内容、思路、方法的基础上，指出国内灾害教育研究主要集中在对学校灾害教育内容的讨论和对国外经验的学习借鉴方面，对社会其他角色，如家庭、社区、社会组织等在灾害教育中的作用重视不够，同时，在不同层次的学校教育中，以大学和初高中的灾害教育为主，而围绕小学灾害教育的研究成果较少，更毋庸提基于调查评估的实证研究。国外学者围绕国家、地方甚至少数试点学校等不同层面开展的灾害教育活动，实施了一些以评估为主的实证研究工作。Johnson etal.（2014）从供给角度着眼，研究了影响小学教师使用国家提供的灾害教育资源（如推荐书籍、电子资源等）的积极和消极因素。Boon et al.（2012）也是从供给角度，以残疾学生为关注对象，研究了国家的学校应急管理和教育政策对残疾学生权益保护的不足，通过政策梳理总结出国家政策很原则性地提出了学校在应急准备和管理中应关注残疾学生的特殊需求，而这些需求是什么以及采取哪些措施予以保障却没有明确，在学校实施中对残疾学生权益关注和资源的投入以及措施的采取也参差不齐。从需求（学生）的角度，Soffer et al.（2007）利用对以色列全国 2648 名五、六年级儿童的问卷调查数据，评估了针对小学生的三种灾害教育手段——讲座、演习、讲座 + 演习对学生减灾能力提升的效果，发现相对于没有接受灾害教育的对照组，接受任何一种形式教育的学生群体的减灾知识测量得分都有提高，而且参与“讲座 + 演习”的一组的知识得分最高，由此得出了面向小学生的灾害教育需要注重知识与实践结合这一结论。

综上，已有的研究成果多是从供给角度来开展的，缺乏以学生为中心的需求视角，即通过调查研究给出小学生从课堂灾害教育中收获了什么、产生了哪些改变等答案。本研究将从需求者视角，以一项由社会组织实施的小学生灾害教育实践的评估工作为基础，尝试提出一个适合于小学生灾害教育的新理念。

2. 一项有益的探索

2.1 项目背景

“儿童平安——减灾小课堂（2014 年）项目”（以下简称“减灾小课堂”）是深圳壹基金公益基金会（以下简称“壹基金”）与中国平安在 2013 年联合发起的公益项目，致力于提升灾害多发地区儿童应对灾害风险的能力。项目主要通过开发和实施灾害教育课程，开展减灾互动游戏和实地减灾小活动，激发儿童对于减灾活动的兴趣，培养儿童的风险识别意识和应急反应能力，同时为儿童提供减灾教育笔记本和儿童应急包，帮助儿童应对生活中常见的安全风险。

减灾小课堂是一套面向中西部灾害高发地区小学阶段儿童推出的灾害教育课程，每套5节课，可以让儿童学习一种自然灾害如何应对。具有以下三个特点：一是提供开放性课程。教师手册只是指导减灾小课堂的基本教案，还需要老师和志愿者进行针对性的补充设计，包括根据实际需求确定灾害类型，细化已有教学方案或开发新的教学方案，并根据儿童情况进行灵活调整等。二是进行参与式教学。每一节课都需要儿童参与甚至是主导才能顺利完成，包括儿童开展灾害认识游戏，实地调查校园环境，分析环境中的风险点，自主设计活动方案，独立完成减灾行动等。三是重视实践中应用。将一般性的灾害知识学习与具体环境分析相结合，发现环境中的问题并解决，比如开展应急疏散演练、建立减灾小分队、开展减灾宣传、消除风险点等。

在实施方面，"减灾小课堂"利用一套五节的课程体系，让儿童通过趣味游戏模拟灾害，了解灾害的原理和后果，在老师带领下勘察周边环境、利用所学知识辨别出环境中的风险，再设计和开展处理这些安全隐患的行动。通过学习这套课程，期望学生不仅将学习到与灾害相关的知识，还能提升儿童根据周边环境进行分析辨别、应急判断的能力，更能够培养儿童对防灾减灾问题的兴趣，以及团队协作配合的意识。

小课堂项目是多方参与实施的公益项目，其中壹基金负责项目产品的研发与管理，救助儿童会提供技术支持；妇源汇负责总体实施，主要通过在全国公开招募公益组织和志愿者，具体负责项目的实施与管理。由经过专业培训的学校教师和社会志愿者，在校内开展减灾小课堂。农村灾害高发地区的儿童参与教学，并自主设计和开展减灾活动。

受深圳壹基金公益基金会委托，由笔者任评估组长、来自民政部国家减灾中心、中国人民大学、北京师范大学、四川大学、西南财经大学等机构的研究人员组成的评估团队于2014年11月至2015年1月对"减灾小课堂项目"进行评估。评估工作的目的是发现项目实施取得的成果和影响，梳理总结项目实施经验，找出影响项目效果的主要问题和困难，并提出针对性项目改进建议。

2.2 评估方法

科学评估项目实施以来取得的效果，一方面对学生、教师和社会组织专职（全职负责该项目实施的工作人员）进行问卷调查；另一方面，为更好理解调查结果，还与他们进行了访谈座谈[①]。其中，重点是对学生和教师进行抽样调查，并采用参照组比较的方法来测量参加减灾小课堂的学生和教师的知识技能是否有所改善。受本次评估时间和资金约束，问卷调查采取了便利抽样的方法，即基于项目执行情况的监测数据，在对全部项目学校分为实施很好、实施较好、实施一般三个档次的基础上，结合妇源汇的项目实地监测工作，评估组从每个档次中选择5个学校，再采用"按规模大小成比例的概率抽样"（Probability Proportionate to Size Sampling，PPS）方法从每个学校中随机抽中3个开展"减灾小课堂"班级的所有学生进行问卷调查。在每个样本学校内，为样本班级选择参照班级（相同年级或上下差一级的非项目班级），为参与减灾小课堂授课的教师组选择对照组，对参照组班级的学生和教师进行相同的问卷调查。

实地评估阶段，评估组按照计划共实地评估了贵州、甘肃、重庆、云南、广西、湖南6个省（自治区、直辖市）的15所学校的45个班级的2462名小学生进行了问卷调查，回收有效问卷2462份（其中项目班级学生问卷2058份，对照组班级学生问卷404份）。

2.3 学生收获

据项目管理方的统计，减灾小课堂（2014年）项目实际覆盖班级646个，授课节数3230节，受益儿童24082名。[②] 实地评估工作组共对15所学校45个班级的2462名小学生进行了问卷调查，回收有效问卷2462份（其中参加减灾小课堂项目的班级学生问卷2058份，参照班级的学生问卷404份）。由于二、三年级的学生样本较少，而且是以参照班级学生为主（共计66个，其中二年级、三年级项目班级学生分别为11个、15个，参照班级学生分别为40个、0个），评估组为确保数据比较结果便于解释[③]，决定删除二、三年级学生样本，最终确定可用于分析的数据样本数量为2396份，具体构成见表1和表2。

① 限于篇幅，调查问卷和访谈提供不予展示，如读者需要，可向作者索要。

② 其中不含雅安和岷县的儿童服务站、雅安减灾示范校园项目覆盖的受益学生数量以及中国平安支教志愿者团队服务的学生数量。

③ 删除低年级样本后，参照班级和项目班级都是四、五、六年级，参照班级学生中六年级学生占主要比例，相比于项目班级学生，这种处理实际上是抬高了参照班级学生的竞争力，比较的结果更具有说服力。

表 1　项目班学生与参照班学生样本的年级构成比较

单位：份

	四年级	五年级	六年级	合计
项目班	631	826	601	2058
参照班	57	47	234	338
合计	688	873	835	2396

表 2　项目班学生与参照班学生样本的构成情况比较

	男生比例	父母照顾比例	住校比例
项目班	52.95%	74.11%	25.19%
参照班	52.68%	71.69%	13.13%
卡方检验	P=0.926	P=0.570	P=0.000

2.3.1　减灾小课堂的开展使得课堂教育成为项目班级学生获得自然灾害知识的第一渠道

无论是项目班级还是参照班级，都有超过 80% 的学生表示在课堂上学习过地震知识，卡方检验两者之间差异不显著。而对于暴雨洪水、滑坡、泥石流、火灾等灾害，项目班级学生表示在课堂上学习过相关知识的比例都显著高于参照班（见表 3）。

表 3　项目班学生与参照班学生在课堂上学习主要灾害知识的情况比较

N=2377	项目班	参照班	卡方检验
课堂上学习过地震	85.30%	84.52%	P= 0.710
课堂上学习过暴雨洪水	56.59%	35.42%	P=0.000
课堂上学习过滑坡	29.10%	19.94%	P=0.001
课堂上学习过泥石流	64.33%	25.60%	P=0.000
课堂上学习过火灾	81.87%	57.74%	P= 0.000

调查数据分析显示，在获得自然灾害知识的渠道上，50.35% 的项目班级学生表示主要通过课堂获得，而参照班学生则主要通过电视（比例为 55.56%），两者之间存在显著差异〔卡方检验 Pearson chi2(3)=87.0350，Pr=0.000〕。这个结果

说明，减灾小课堂的引入明显提升了课堂教育在小学生获得自然灾害知识方面的贡献（超过电视，成为第一渠道）。（见表4）

表4　项目班学生与参照班学生在获得自然灾害知识主要渠道的比较

单位：%

	电视	网络	课堂	家里人告知	合计
项目班	33.98	11.16	50.35	4.51	100
参照班	55.56	15.32	23.12	6.01	100
合计	37.04	11.75	46.49	4.73	100

2.3.2　项目班学生普遍认为，从减灾小课堂中学到了防灾减灾知识和技能，他们的灾害风险意识显著高于参照班学生，而减灾小课堂的第一节课是他们最感兴趣的内容

对参加减灾小课堂的学生来说，灾害教育中的技能培养和演练是他们印象最为深刻的内容。调查结果显示，项目班学生在回答从减灾小课堂中学到什么时，61.75%的学生选择“学会灾害来临时如何逃生”，50.99%的选择“知道如何消除灾害隐患”，50.18%选择“知道应对灾害需准备哪些东西”（见表5）。相比于技能培养和演练，学生灾害风险意识养成方面略显欠缺，43.54%的学生选择“认识了身边的灾害隐患”，31.98%的学生选择“认识到防灾减灾要从身边事情做起”。当然，项目班学生对减灾小课堂在灾害知识传递方面的作用予以了肯定，56.64%的学生选择通过减灾小课堂学习“知道什么是灾害”。

对学生的访谈情况也印证了上述调查结果，多数学生都自豪地表示自己学到了地震发生后的逃生技能，强调遇到灾害要冷静，找安全的地方躲避。盈江县第三小学的学生告诉评估人员，学了减灾小课堂后，遇到地震、火灾自己不再像以前那么害怕和慌乱了。

表5　项目班级学生从减灾小课堂中学到的内容构成

内容	比例（%）
知道什么是灾害	56.64
认识了身边的灾害隐患	43.54
指导如何消除灾害隐患	50.99
学会灾害来临时如何逃生	61.75

（续表）

内容	比例（%）
学会灾害发生后如何互助	38.00
知道应对灾害需要准备哪些东西	50.18
认识到防灾减灾要从身边事情做起	31.98
其他	8.49

虽然，减灾小课堂在向学生传授知识和技能方面的效果要明显高于对学生灾害风险意识的养成，但是将项目班学生与参照班学生比较发现，项目班学生的灾害风险意识仍然显著高于参照班学生。如表6所示，在问及是否担心学校遭受自然灾害时，74.58%的项目班学生给予肯定回答，显著高于参照班学生中65.18%的比例〔卡方检验 Pearson chi2(1)=12.9926，Pr=0.000〕。风险意识的提升也成为项目班学生继续学习灾害知识和技能的原动力。

表6　项目班学生与参照班学生担心学校遭受自然灾害情况的比较

单位：%

	担心	不担心	合计
项目班	74.58	25.42	100
参照班	65.18	34.82	100
合计	73.24	26.76	100

对于减灾小课堂的5节课内容，42.55%的学生表示对“认识和模拟自然灾害”（第一节课）最感兴趣，随后依次是实践活动（32.61%）、分析学校环境即绘制风险图（24.20%）、调查和了解环境（19.37%）、活动讨论和设计（17.60%），见表7。

这里需要说明的是，学生对减灾小课堂5节内容的评价结果，与截至调查时学生上了几节课没有直接关系，即使只选择已经上过至少4节课或上了全部5节课的学生样本来分析，结果与上述情况仍然一致。这个结果主要反映的是授课教师的教学效果，即在学生看来第一节课的授课效果最好。评估组通过查看地方社会组织和项目学校提交的授课日志，第一节课多是由参加过培训的社会组织专职人员或骨干教师教授，他们在教学准备、课堂组织和实施上都显著好于由其他教师和志愿者承担教学的情况。

表 7 项目班学生对减灾小课堂最感兴趣的内容

内容	比例（%）
认识和模拟自然灾害	42.55
调查和了解环境	19.37
分析环境（绘制风险图）	24.20
活动讨论和设计	17.60
实践活动	32.61

2.4 项目成功原因与不足之处

基于以上评估结果，可以说“减灾小课堂”项目取得了不错的成效。在评估者看来，减灾小课堂（2014 年）项目取得成功的原因是多方面的，比如项目吻合学校安全教育需求、较好地发挥了地方社会组织的优势、对项目实施了全过程管理和监测等。但是，其中最重要的一点在于，项目坚持以学生风险意识培养为核心，以知识和技能为抓手，强调小学生灾害教育应主动而为，努力营造有助于促进意识到行动转化的有利环境。同时，评估也发现，项目存在教师能力培训和教学辅助资源不够、课程内容满足不了学校安全教育需求、实施过程中的优秀产出没有高效分享等问题，其中最值得注意的一个问题是，在一些自然灾害风险低、灾害发生少的项目点，学生缺乏直接的灾害经历，现实生活中对所学知识和技能基本没有运用，他们将减灾小课堂当成一门有趣味的课程来参加。从实际效果来看，这样对学生自身防灾减灾意识的形成帮助不大，更无须谈论转化为（遭受突发灾害情况下的）自觉行动了。

防灾减灾作为我国国情教育、安全教育的不可或缺内容，应是每一位中国公民必须从小学习的常识，是学生培养的一项基本素养要求。“减灾小课堂”项目在灾害多方易发地区的实施效果要好于灾害少发区，这既体现了减灾小课堂项目具有针对性强的特征，又反映了妨碍其在全国其他地区推广的瓶颈所在，项目在内容设计上还明显存在“视野窄”的问题——紧扣“灾害”而漠视了“自然”，风险意识的提升不仅要重视通过学生对灾害的直接认识和经历这一路径来实现，还要注重通过培养学生将自然灾害、社会事故、生产安全等各类风险与自身日常生活建立有效联系的能力来实现。公平地来说，这一不足与项目的实施周期要求（5 节课）、与学校已开设课程（如自然与社会、科学等）的区分要求等有密切关系。单就从灾害教育的效果角度来看，减灾小课堂项目还可以进一步改进。在提出具体的改进措施后，笔者再整体审视减灾小课堂的项目设计，一个有关学生课堂灾害教育的理念逐渐成形，这就是“完整自然灾害观”。

3. 完整自然灾害观基本内容

支撑“完整自然灾害观”培养的知识体系，简要来说，包括人与自然关系、自然灾害常识、自然灾害应对、灾害教育逻辑四方面内容。

首先，正确认识人与自然的关系是建立“完整自然灾害观”的前提。“完整自然灾害观”是世界观的组成部分，必然要建立在世界观所反映的主要认知内容之上。培养学生的“完整自然灾害观”，不可省略的一项前提任务是教育学生正确认识人与自然的关系，即人与自然不可分割，人类生存依赖自然又作用于自然，自然哺育着人类又威胁着人类，人与自然的和谐共处取决于人对自然的科学认识和敬畏顺应。要让学生认识到人类的社会行为加剧了灾害的发生，我们与自然的关系直接影响着灾害的发生和严重程度。

其次，学习掌握自然灾害基本常识是建立“完整自然灾害观”的基础。“完整自然灾害观”必然反映对自然灾害本质、属性、规律的科学认识。因此，教育学生学习掌握自然灾害基本常识就成为一项基础内容。具体又包括三项主要内容，一是自然灾害风险无时无刻无处不在。要让学生认识到我们日常生活时刻面临自然灾害风险，每一天在世界不同地方都有不同类型、规模、不同影响的自然灾害发生，人们的生命财产因此会遭受损失。可以说，我们每时每刻都在与自然灾害风险共存。二是灾害一旦发生可能造成严重后果。要让学生认识灾害的破坏力，比如地震将房屋震塌，湍急河水将成人冲走、将房屋冲塌，泥石流将村庄掩埋，山洪将学校淹没。同时还要创造条件让学生体验灾害环境的特殊性及灾害的破坏力。三是灾害的形成和发生遵循一定规律。以滑坡为例，它是大量的山体物质在重力作用下沿着其内部的一个滑动面突然向下滑动的现象，影响滑坡的两个自身因素为岩石层面倾角和层面摩擦系数；能够触发滑坡的三个主要因素分别是地震（产生的外力容易导致上层物质滑下）、水（原来稳定的山体，在大量降雨或冰雪融化时容易出现滑坡）、人为不合理的开挖（山体基部岩石开挖减少了对上层岩石滑动的阻挡）。要让学生了解灾害形成的机理和发生的过程，帮助学生在脑海中建立起日常生活与灾害发生之间的联系，比如下雨与山洪、滑坡泥石流、房屋倒塌等之间的联系，植被破坏、矿产资源开采等对滑坡的影响。

最后，知晓正确行动可以减少灾害风险和损失是建立“完整自然灾害观”的关键。“完整自然灾害观”应反映人类积极的自然灾害应对态度和行动。因此，在向学生传授自然灾害基本常识的基础上，教育学生采取正确行动可以有效减少灾害风险和损失，是帮助学生建立“完整自然灾害观”的关键内容。知道了灾害形成的规律，可以采取有效措施减少灾害发生的概率，可用的主要手段就是工程项目，比如旱涝灾害，它的形成是降雨的时空分布失衡导致，那么我们可以通过建立水库灵活调度使用水资源来降低旱涝灾害的发生；再比如滑坡灾害，在通过技术手段查明山体岩石层面倾角、山体中的日常水含量和水流方向的基础上，可以建设雨水排泄渠，减少雨水向山体中的渗透，以及从与山体岩石层面垂直方向打入固定金属杆，降低层面的滑动。当灾害发生不可避免时，要学会避险逃生和自救互救，减少生命财产损失。最重要的是要减少在灾害环境中的暴露，比如在暴雨洪涝过程中要远离低洼地区以及湍急的水流，在台风登陆过程中要尽量躲避在安全的地方；当被灾害困住时，如地震中被倒塌的房屋砸伤、洪涝中被大水围困在屋顶，要保持冷静，保存体力，采取有效方式展开求救。

综上，“完整自然灾害观”的精髓是从灾害的角度来反思和指导人对自然的认识与行动，因此，人是“完整自然灾害观”的灵魂，或者说，人既是目的又是手段，既是结果又是原因。灾害教育，就是在帮助学生正确认识人与自然关系的基础上，认清楚人类应对自然灾害的可为之处，那么“完整自然灾害观”教育的逻辑可阐述如下。由于自然灾害情景千差万别，应对方法技能因情而异，灾害教育不可能向学生传授所有与灾害相关的知识技能，所能做的就是在学生心里埋下灾害风险的种子，并创造条件促使种子生根发芽、茁壮成长。因此，学生灾害教育的任务就是，通过有限的防灾减灾知识技能的传递，培养学生建立起“风险无时无处不在”的灾害风险意识和“减轻风险和损失要从日常生活做起”的防灾减灾意识，再积极促使学生将内在意识转化为自觉行动，通过课堂内外的主动学习和日常生活正反两方面的灾害经历，不断提升自身防灾减灾能力。灾害教育工作者要让学生认识到教育自身的局限以及克服局限的方法——有限的教育只有通过学生风险意识的养成和意识转化为自觉的行动才能产生无限的效果。上述“完整自然灾害观”培养正是实现这一任务的有效途径。

“完整自然灾害观”包含了防灾减灾需要将个人行动与国家制度、科技发展有效结合的含义。在自然灾害的严重破坏力之下，个人的脆弱性暴露无遗，而且自然灾害监测预报、防御应对、灾后重建等都超出了个人能力范围，应对灾害需要依靠制度和科技的力量，需要将防灾减灾提升到国家制度建构、科技发展创新的层面来考虑和实践。面对资源约束趋紧、环境污染严重、生态退化的严峻形势，我国政府提出必须树立尊重自然、顺应自然、保护自然的生态文明理念，要求把生态文明建设放在突出地位，融入经济、政治、文化、社会建设的各个方面和全过程，纳入建设中国特色社会主义“五位一体”总体布局。实践中，我国采取了减轻灾害风险和适应灾害形势的应对策略。减轻方面的行动包括减缓气候变化（如调整产业结构、优化能源结构、节能提效）和加强生态建设（退耕还林、实施生态功能区划规范资源开发利用、地质灾害隐患治理、中小河流治理等），适应方面的行动主要在灾害应对能力提升上，包括灾害工程防御（大江大河堤坝加固、病险水库除险加固、中小学危房改造、校舍安全工程等）、应急响应、抢险救援、灾害救助、恢复重建等能力建设。防灾减灾必须依靠现代化的科学技术手段，先进科技的应用有助于提升防灾减灾效果。

参考文献：

［1］ISDR (2008) Disaster Prevention for Schools Guidance for Education Sector Decision-Makers.［EB/OL］http://www.preventionweb.net/files/7344_DPforSchoolssm.pdf, 2015 年 10 月 20 日 .

［2］蒋伟宁 . 防灾教育白皮书 . 台北：台北“教育部”，2004 年。

［3］张英 , 王民 , 谭秀华 . 灾害教育理论研究与实践的初步思考 . 灾害学 , 2011(1).

［4］鲁航 , 王东明 . 国内外减灾教育研究工作述评［J］. 中国减灾 , 2011(3).

［5］Johnson V. A, Ronan K. R, Johnston D. M., & Peace R. (2014) Implementing Disaster Preparedness Education in New Zealand Primary Schools, *Disaster Prevention and Management*, 23(4): 370 - 380.

［6］Boon H. J, Pagliano P, Brown L, Tsey K. (2012) An Assessment of Policies Guiding School Emergency Disaster Management for Students with Disabilities in Australia. *Journal of Policy and Practice in Intellectual Disabilities*, 9(1):17-26.

［7］Soffer Y, Goldberg A, Avisar-Shohat G, Cohen R, & Bar-dayan Y. (2009) The effect of different educational interventions on schoolchildren's knowledge of earthquake protective behaviour in Israel. *Disaster*, 34(1):205-213.

非常规突发极端洪水灾害风险应急金融服务供应链构建与优化*

马树建[1,2,3]

(1. 南京工业大学经济与管理学院；2. 南京工业大学理学院；
3. 温莎大学工业与制造系统工程系)

摘要 非常规突发极端洪水灾害的频繁发生已经严重影响我国社会经济的可持续发展。该文提出政府主导下的经营性政府、保险市场和公众合作的我国极端洪水灾害风险管理模式，从服务供应链的角度，提出非常规突发极端洪水灾害风险应急金融保险服务供应链的基本结构，建立经营性政府主导下的Stackelberg博弈协调优化模型及其数值仿真，有效地解决非常规突发极端洪水灾害风险应急金融服务供应链的协调与优化问题。

关键词 非常规突发，极端洪水灾害风险，金融保险服务供应链，协调优化

1. 引言

全球气候变化，非常规突发自然灾害事件发生频繁，尤其是极端洪水灾害。由此带来的损失已经严重影响了社会经济的可持续发展。随着全球气候变化加剧，极端天气事件增多，洪水灾害的破坏力和造成的经济损失也越来越大。国家防汛抗旱总指挥部2010年发布的《2009中国水旱灾害公报》[1]对我国近20年洪涝干旱灾害的统计，我国洪涝灾害年均经济损失超过1000亿元，约占全国GDP的1%—3%；农作物年均因旱受灾面积约26000km^2，年均因旱饮水困难人

* 基金项目：国家自然科学青年基金项目（41101509）；国家自然科学基金面上项目（71071075）；教育部人文社会科学研究青年基金（12YJC630290）；江苏省高校自然科学研究项目（09KJB570002）。

口约 2900 万人；2009 年我国洪涝灾害直接经济总损失 845.96 亿元，干旱灾害直接经济总损失 1206.59 亿元。在中国，非常规突发极端洪水灾害的发生处于上升趋势，而且损失较为严重，如图 1 所示。

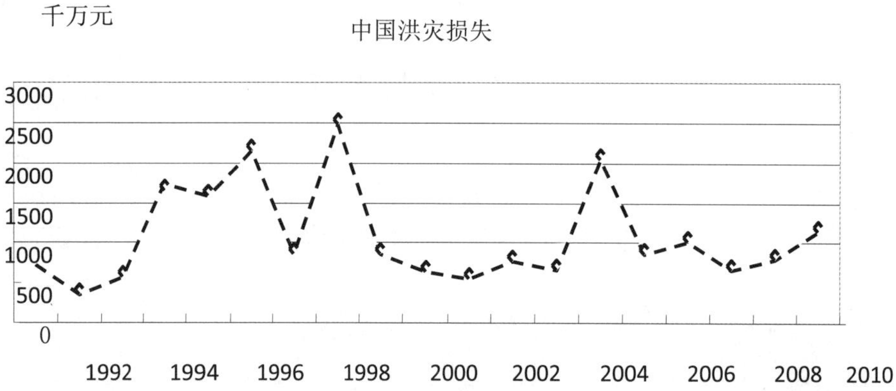

图 1　中国 1991—2010 年洪水损失图

如何面对全球气候变化下的洪水灾害，尤其是带来巨大损失的极端洪水灾害，这是一个关系到我国社会经济可持续发展的重大问题，也是一个迫切需要研究和解决的问题。从我国多年防汛抗旱的经验来看，应对极端洪水灾害仅仅依靠提高工程设施标准来避免是远远不够的，而应由过去单纯重视工程措施转向工程措施与非工程措施相结合的策略[2-3]。国家防汛抗旱总指挥部提出了"两个转变"的工作新思路，即"坚持防汛抗旱并举，实现由控制洪水向洪水管理转变，由单一抗旱向全面抗旱转变，为我国经济社会全面、协调、可持续发展提供保障"。因此，结合我国国情，实施综合减灾战略，加强我国极端洪水灾害风险防范和决策管理体系建设，对我国和谐社会的建设具有重要意义。

2. 非常规突发极端洪水灾害风险金融服务供应链的构建

极端洪水灾害风险管理不是哪一个部门或单位的事情，必须全社会行动起来，实现减灾行为的社会化。目前，我国各级政府开展的各项工作只是建立在临时、应急的层面上，而要提高抗灾工作效率，克服短期行为，必须扭转这种局面，建立长效的极端洪水灾害应急管理机制。笔者在《我国城市洪水风险新模式：政府、市场、公众合作》一文中提出了建立政府主导下的我国洪水灾害风险管理模式[4]。结合我国国情，极端洪水灾害风险管理要由过去以行政手段为主，向多主体合作方向发展，引入政府、市场、公众多方风险分担的运行机制和管理模式，充分发挥各方主体的积极性，建立和完善我国相应的灾害风险管理体系，提高灾害风险管理水平。针对极端洪水灾害风险，政府主导下的经营性政府、保险市场和公众合作的我国极端洪水灾害风险管理模式显得更为合理和有效[5-9]。这里，政府处于主导地位，政府设立具有经营和运行能力的经营性政府有效的参与，保险市场和公众属于参与者或者是合作者，三者之间形成了政府主导，经营性政府、保险市场和公众相互竞争、相互合作的合理可行的运行模式。如图 2 所示。

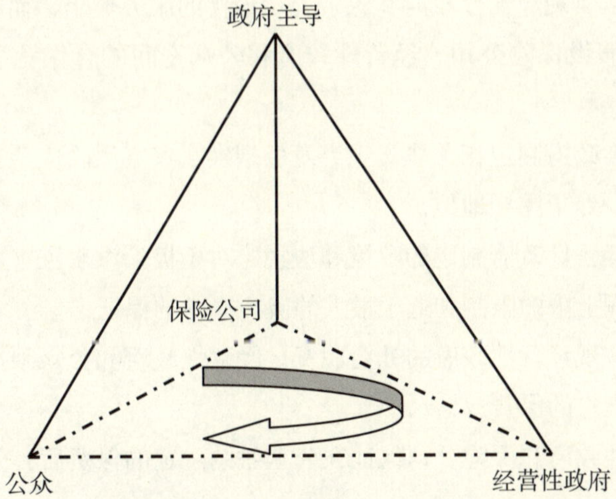

图 2　政府主导下的我国极端洪水灾害风险管理模式

上述三者之间的有效合作主要是要解决政府主导下的极端洪水灾害风险管理模式中的保险市场对政府和公众所需的保险产品的供给效率，保险公司的稳定性经营和公众的灾后恢复力等协调和优化问题。本文设法从服务供应链的视角研究三者之间的协调和优化问题，保险公司、经营性政府和公众依次形成了服务供应链中的服务提供商、服务集成商和顾客，其产品是特定的保险产品。在这里，我们定义此服务供应链为非常规突发极端洪水灾害风险应急金融服务供应链，其基本结构如图 3。

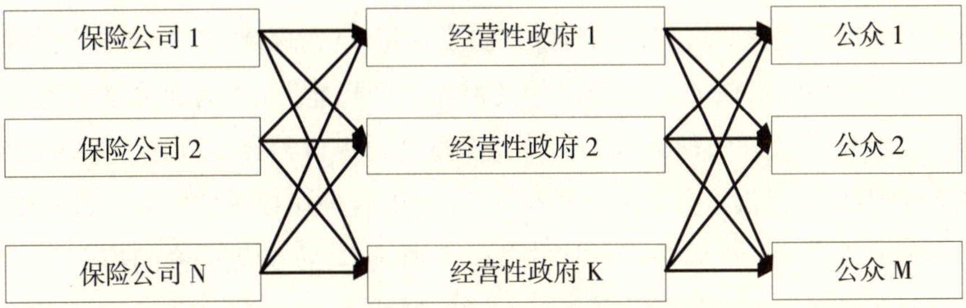

图 3　非常规突发极端洪水灾害风险应急金融服务供应链结构

3. 非常规突发极端洪水灾害风险应急金融服务供应链协调优化模型

为了研究的方便，这里只考虑有一个保险公司、一个经营性政府和一位顾客的非常规突发极端洪水灾害风险应急金融服务供应链的简单结构，如图 4 所示。非常规突发极端洪水灾害风险应急金融服务供应链的目标是要在一定的管理水平和技术水平下，实现经营性政府和保险公司最优的服务输出，而顾客得到适合的灾后恢复力。假设保险公司、经营性政府和公众之间的合作竞争需满足以下规则[10-13,16]。

（1）经营性政府制定相关非常规突发极端洪水灾害风险应急金融服务供应链的政策和法规，处于主导地位；

（2）根据经营性政府制定的政策和法规，对于极端洪水灾害风险保险，保险公司有最高利润上限的限制和低于最大的破产概率的保证；

（3）为了体现经营性政府的社会职责，经营性政府和公众须按照一定的比例承担保险公司既定的保费；

（4）经营性政府和保险公司保证在公众缴纳一定的保费后，公众具有一定的灾后恢复力。

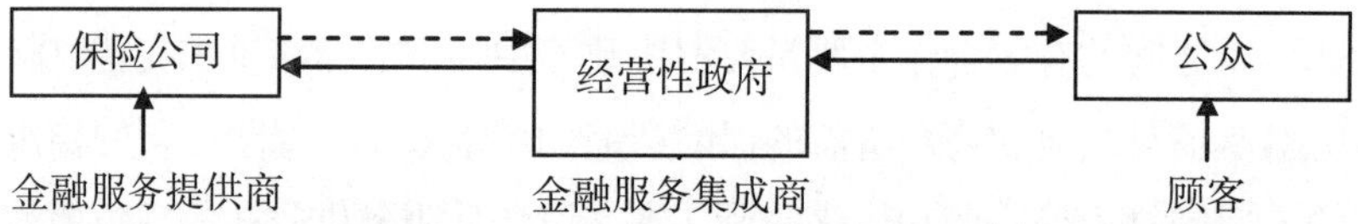

图 4　非常规突发极端洪水灾害风险应急金融服务供应链的简单结构

模型变量假设：

β 为经营性政府和公众之间保费的分担因子，$\beta \in (0,1)$；R 为经营性政府预测公众的保险需求量，$R \sim g(R)$；R_1 为经营性政府向保险公司的保险预定量；d 为保险公司向经营性政府提供的有效保险供给量；a 为保险公司的能力调节系数，$a \in [0,1]$，$a \sim f(a)$；C 为保险公司的最大可调配能力；Δ 为保险公司为经营性保险公司制定的额外的保障能力；P^I 为保险公司提供给经营性政府保单的价格；P^G 为经营性政府提供给公众的保单价格；k 为保险公司提供的保单数量不能满足经营性政府需求时，保险公司承担的单位惩罚成本；ω 为当公众的需求大于保险公司的供给量时，经营性政府承担的单位惩罚成本；g 为保险公司保单的单位回收成本；t 为保险公司保单的单位持有成本；h 为保险公司保单的单位运行成本；IC 为保险公司的利润；$\widetilde{IC}$ 为保险公司被政府限制的最大利润额；$E[IC]$ 为保险公司的期望利润额；OG 为经营性政府的成本；$\widetilde{OG}$ 为经营性政府的最大财政预算；$E[OG]$ 为经营性政府的期望成本。

根据公众的保险需求量 R，经营性政府的订购量 R_1，保险公司的保险提供能力取决于 aC, Δ, R_1，即 $d=\min\{aC+\Delta, R_1\}$，同时假设保险公司保单的价格是 d 的线性函数[14,15]，即

$$p^I = p^I(d) = ad + b = \begin{cases} aR_1 + b & , \alpha C + \Delta > R_1 \\ a(\alpha C + \Delta) + b & , \alpha C + \Delta \leqslant R_1 \end{cases} ,a<0,b>0 \quad (1)$$

引入记号：$V(R_1,\Delta) \triangleq \dfrac{R_1-\Delta}{C}, U(\Delta) \triangleq \dfrac{R-\Delta}{C}$，得

$$\begin{aligned} p^I = p^I(d) = ad + b &= \begin{cases} aR_1 + b & , \alpha C + \Delta > R_1 \\ a(\alpha C + \Delta) + b & , \alpha C + \Delta \leqslant R_1 \end{cases} \\ &= \begin{cases} aR_1 + b & , \alpha > V(R_1, C) \\ a(\alpha C + \Delta) + b, & \alpha \leqslant V(R_1, C) \end{cases} \end{aligned} \quad (2)$$

在非常规突发极端洪水灾害风险应急金融服务供应链中，经营性政府的目标是当保险公司的额定的保障能力 Δ 给定时，通过选择最优的保险预定量 R_1 最小化其成本函数；保险公司的目标是当经营性政府的保险预定量 R_1 给定时，通过选择最优的 Δ 最大化其利润函数。由于经营性政府处于主导地位，这里可以考虑利用 Stackelberg 博弈模型。当经营性政府和保险公司达到有效合作时，公众的灾后恢复力就能够得到有效的保证。所以，在下面的模型中，我们没有将公众的灾后恢复力作为目标函数。

保险公司的利润函数是：

$$IC = \left(p^I - h\right) \cdot \min\left\{\alpha C + \Delta, R_1\right\} - g \cdot \min\left\{\alpha C + \Delta - R, R_1 - R\right\} - t \cdot \left[\alpha C + \Delta - R_1\right]^+ - k \cdot \left[R_1 - (\alpha C + \Delta)\right]^+ \quad (3)$$

$$\begin{aligned} E\left[IC\right] = &\int_0^{V(R_1,\Delta)} \left[a\left(\alpha C + \Delta\right) + b - h\right] \cdot \left(\alpha C + \Delta\right) f(\alpha) d\alpha + \int_{V(R_1,\Delta)}^1 \left(aR_1 + b - h\right) \cdot R_1 f(\alpha) d\alpha \\ &- g \cdot \int_0^{R_1} \int_{V(R_1,\Delta)}^1 \left(\alpha C + \Delta - R\right) f(\alpha) g(R) d\alpha dR - g \cdot \int_0^{R_1} \int_0^{V(R_1,\Delta)} \left(R_1 - R\right) f(\alpha) g(R) d\alpha dR \\ &- t \cdot \int_{V(R_1,\Delta)}^1 \left(\alpha C + \Delta - R_1\right) f(\alpha) d\alpha - k \cdot \int_0^{V(R_1,\Delta)} \left(R_1 - (\alpha C + \Delta)\right) f(\alpha) d\alpha . \end{aligned} \quad (4)$$

经营性政府的成本函数为：

$$
\begin{aligned}
OG &= (1-\beta)\cdot p^{I}\cdot d+\omega\cdot\left[R-d\right]^{+}-g\left[d-R\right]^{+}-k\left[R_{1}-d\right]^{+}\\
&=(1-\beta)\cdot p^{I}\cdot\min\left\{\alpha C+\Delta,R_{1}\right\}+\omega\cdot\left[R-\min\left\{\alpha C+\Delta,R_{1}\right\}\right]^{+}\\
&\quad -g\left[\min\left\{\alpha C+\Delta,R_{1}\right\}-R\right]^{+}-k\left[R_{1}-\min\left\{\alpha C+\Delta,R_{1}\right\}\right]^{+}
\end{aligned}
\tag{5}
$$

$$
\begin{aligned}
E\left[OG\right]=&(1-\beta)\cdot\int_{0}^{V(R_{1},\Delta)}\left(a\left(\alpha C+\Delta\right)+b\right)\cdot\left(\alpha C+\Delta\right)f(\alpha)d\alpha+(1-\beta)\cdot\left(aR_{1}+b\right)\cdot\int_{V(R_{1},\Delta)}^{1}R_{1}f(\alpha)d\alpha\\
&+\omega\cdot\int_{0}^{\infty}\int_{0}^{\min\{u(\Delta),V(R_{1},\Delta)\}}\left(R-\left(\alpha C+\Delta\right)\right)f(\alpha)g(R)d\alpha\, dR+\omega\cdot\int_{R_{1}}^{\infty}\int_{V(R_{1},\Delta)}^{1}\left(R-R_{1}\right)f(\alpha)g(R)d\alpha\, dR\\
&-g\cdot\int_{0}^{R_{1}}\int_{V(R_{1},\Delta)}^{1}\left(R_{1}-R\right)f(\alpha)g(R)d\alpha\, dR-g\cdot\int_{0}^{R_{1}}\int_{u(\Delta)}^{V(R_{1},\Delta)}\left(\alpha C+\Delta-R\right)f(\alpha)g(R)d\alpha\, dR\\
&-k\cdot\int_{u(\Delta)}^{V(R_{1},\Delta)}\left(R_{1}-\left(\alpha C+\Delta\right)\right)f(\alpha)d\alpha\ .
\end{aligned}
\tag{6}
$$

此应急金融服务供应链的目标是在保险公司的期望利润不大于政府限制的最大利润和经营性政府的成本不高于一定预算的前提下，最小化经营性政府的成本，再最大化保险公司的利润[12,14-15]。这是一个典型的 Stackelberg 主从博弈模型。其模型如下：

$$
\min\left\{E\left[OG\right]\right\}
$$

$$
\begin{cases}
\max\left\{E\left[IC\right]\right\}\\
E\left[IC\right]\leqslant\widetilde{IC}\\
OG\leqslant\widetilde{OG}
\end{cases}
\tag{7}
$$

4. 数值仿真

对于上述模型，可以先考虑在限制条件（2）下考虑（1）的最优化问题。限制条件（3）和（4）可以在得到（1）和（2）的结果后再进行重新筛选，这样可以减少仿真难度。所以在下面的仿真中，可以先不予考虑。

假设研究区域为极端洪水灾害易发区，政府已经制定了一系列极端洪水保险的政策和策略，根据研究区域的社会经济发展状况和人民生活水平、公众对极端洪水保险的认可度和需求度以及参与保险公司的经营状况和制定的保险险种，给定下列参数值。

变量	a	b	t	g	C	b	R_1	h	$a \sim f(a)$	$R \sim g(R)$
设定值	–0.5	80	15	10	50	0.3	100	20	$U(0,1)$	$U(80,120)$

根据上述模型的讨论，这里数值仿真的目标是考虑以下 2 个问题。

（1）Stackelberg 主从博弈中，经营性政府向保险公司的订购量 R_1 与 k, Δ 的关系。

$$\begin{aligned}\frac{\partial E[IC]}{\partial \Delta} &= -\frac{(R_1-\Delta)^2}{100}+\frac{6}{5}(R_1-\Delta)-\frac{1}{50}\Delta(\Delta-R_1+60)+\frac{2R_1\Delta-3\Delta^2}{50}-\frac{3}{25}(R_1-\Delta)\\ &\quad -\frac{1}{50}R_1(60-0.5R_1)-\frac{1}{4}\cdot\frac{2R_1-2R_1^2-2\Delta R_1-R_1^3+R_1^2\Delta}{5000}+\frac{1}{20000}R_1^2(R_1-\Delta)+0\\ &\quad +\frac{1}{50}k(R_1-\Delta)-\frac{1}{50}(R_1-\Delta)\\ &= -\frac{(R_1-\Delta)^2}{100}+\frac{27}{25}(R_1-\Delta)-\frac{1}{50}\Delta(\Delta-R_1+60)+\frac{2R_1\Delta-3\Delta^2}{50}-\frac{1}{50}R_1(60-0.5R_1)\\ &\quad -\frac{1}{4}\cdot\frac{2R_1-2R_1^2-2\Delta R_1-R_1^3+R_1^2\Delta}{5000}+\frac{1}{20000}R_1^2(R_1-\Delta)-\frac{1}{50}(1-k)(R_1-\Delta),\end{aligned} \tag{8}$$

令 $\dfrac{\partial E[IC]}{\partial \Delta}=0$，通过 Matlab 仿真，得到图 5。

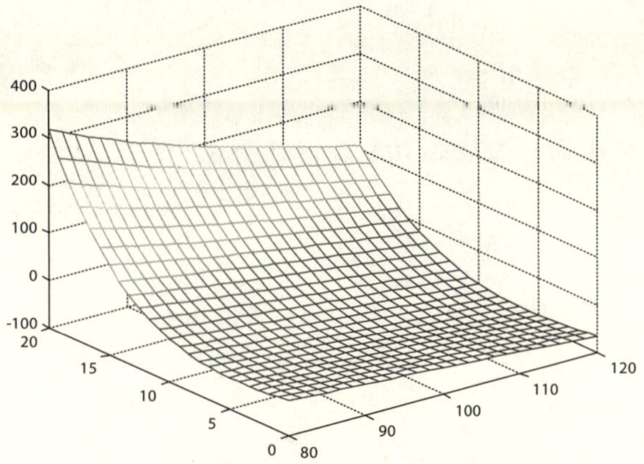

图 5　R_1, Δ, k 之间的关系图 [$k = k(\Delta, R_1)$]

结论 1　当经营性政府向保险公司的预定量 R_1 固定时，随着保险公司提供的保单数量不能满足经营性政府需求，保险公司承担的单位惩罚成本 k 的增加，保险公司为经营性保险公司制定的额定的保障能力 Δ 也在增加。

结论 2　当保险公司的额定保障能力 Δ 超过数值 10 单位后，保险公司承担的单

位惩罚成本 k 会变得很大，即，当保险公司能力完全能承担经营性政府保险需求时，保险公司必须要接受预定，这也就促成了保险公司和经营性政府之间的合作契约。

（2）Stackelberg 主从博弈中，保险公司对经营性政府的额定保障能力 Δ 与当公众的需求大于保险公司的供给量时，经营性政府承担的单位惩罚成本 ω 和当保险公司提供的保单数量不能满足经营性政府需求时，保险公司承担的单位惩罚成本 k 的关系。

$$\begin{aligned}\frac{\partial E[OG]}{\partial R_1}=&\frac{7}{500}\left(-\frac{R_1-\Delta}{2}-0.5\Delta+80\right)R_1+\frac{7}{10}\left(R_1+80\right)\left(1-\frac{R_1-\Delta}{50}\right)-\frac{7}{500}\left(0.5R_1^2+80R_1\right)\\&-\frac{1}{2000}\mathrm{w}\left(\frac{\left(120-R_1\right)^2}{2}-\frac{\left(80-R_1\right)^2}{2}\right)-\frac{1}{80}\mathrm{w}\left(1-\frac{R_1-\Delta}{50}\right)\left(120-R_1\right)^2\\&+\frac{1}{8}\left(1-\frac{R_1-\Delta}{50}\right)R_1^2+\frac{1}{200}\frac{\Delta-R_1}{2}R_1^2+\frac{1}{12}R_1^2+\frac{R_1(R_1-\Delta)^2}{400}+\frac{1}{1200}R_1^3\\&-k\left[\frac{1}{100}(-80R_1+8000)-\frac{4(R_1-\Delta)}{5}-80\left(R_1-\Delta\right)\right],\left(R_1<R\le 120\right).\end{aligned} \tag{9}$$

$$\begin{aligned}\frac{\partial E[OG]}{\partial R_1}=&\frac{7}{500}\left(-\frac{R_1-\Delta}{2}-0.5\Delta+80\right)R_1+\frac{7}{10}\left(R_1+80\right)\left(1-\frac{R_1-\Delta}{50}\right)-\frac{7}{500}\left(0.5R_1^2+80R_1\right)\\&-\frac{1}{12000}\mathrm{w}\left[\left(R_1-\Delta\right)^3-\left(80-\Delta\right)^3\right]+\frac{1}{8}\left(1-\frac{R_1-\Delta}{50}\right)R_1^2+\frac{1}{200}\frac{\Delta-R_1}{2}R_1^2+\frac{1}{12}R_1^2+\frac{R_1(R_1-\Delta)^2}{400}+\frac{1}{1200}R_1^3\\&-k\left[\frac{1}{100}(-80R_1+8000)-\frac{4(R_1-\Delta)}{5}-80\left(R_1-\Delta\right)\right],\ \left(80<R\le R_1\right).\end{aligned}$$

（10）

令 $\frac{\partial E[OG]}{\partial R_1}=0$，通过 Matlab 仿真，得到图 6、图 7。

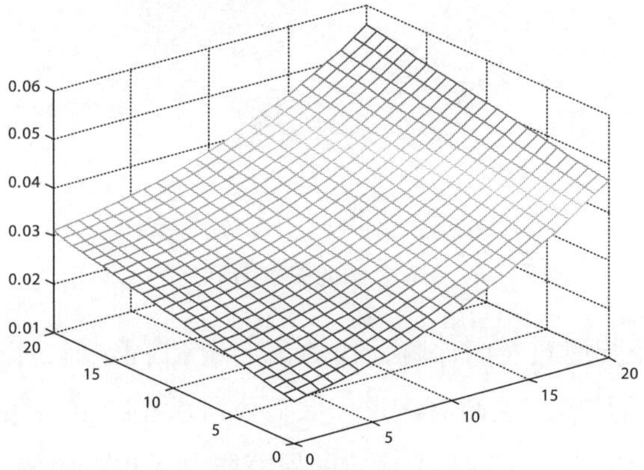

图 6　ω, k, Δ 之间的关系图 [$k=k(\Delta,\omega)$] ($R_1<R\leqslant 120$)

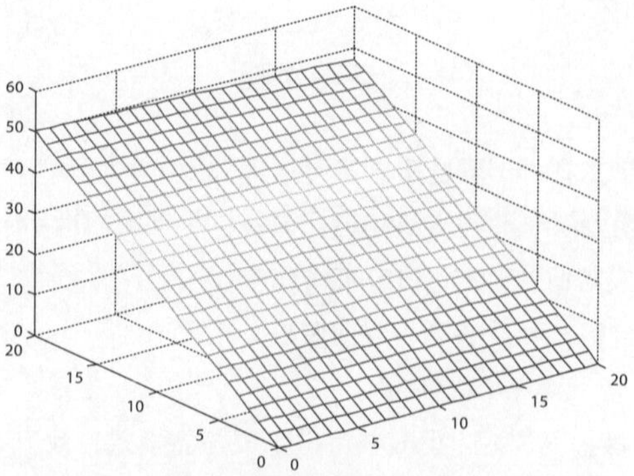

图7　ω, *k*, Δ 之间的关系图 [$k = k(\Delta, \omega)$] ($80 < R \leqslant R_1$)

由图6、图7可以看出，不论 $80 < R \leqslant R_1$，还是 $R_1 < R \leqslant 120$ 时，当保险公司对经营性政府的额定保障能力 Δ 固定时，经营性政府承担的单位惩罚成本 ω 随着保险公司承担的单位惩罚成本 *k* 的增加而增加；而当经营性政府承担的单位惩罚成本 ω 固定不变时，保险公司对经营性政府的额定保障能力 Δ 随着保险公司承担的单位惩罚成本 *k* 的增加而增加；当保险公司对经营性政府的额定保障能力 Δ 和经营性政府承担的单位惩罚成本 ω 达到最大时，保险公司承担的单位惩罚成本 *k* 也达到最大值。

但是从图7还可以看出，当经营性政府对保险公司的预定量相对较小时，保险公司承担的单位惩罚成本 *k* 会变得较大，也就是说，在上述两种情形下，当保险公司的额定保障能力 Δ 和经营性政府承担的单位惩罚成本 ω 保持一样，保险公司应该容易接受经营性政府 *R* 较小的预定量，如果不能接受，则会受到较大的单位惩罚成本；反之，当经营性政府 *R* 较大的预定量，由于保险公司的额定的保障能力的限制，不能完全承担经营性政府的预定量，出于理性考虑，经营性政府不会对保险公司给予较高的惩罚。这也就解决了保险公司和经营性政府在合作契约方面的供需协调问题。

结论3　当保险公司对经营性政府的额定保障能力固定时，经营性政府承担的单位惩罚成本随着保险公司承担的单位惩罚成本的增加而增加；

结论4　经营性政府承担的单位惩罚成本固定不变时，保险公司对经营性政府的额定保障能力随着保险公司承担的单位惩罚成本的增加而增加；

结论5　当保险公司对经营性政府的额定保障能力和经营性政府承担的单位惩罚成本达到最大时，保险公司承担的单位惩罚成本也达到最大值。

参考文献

[1] 中华人民共和国水利部 . 2009 中国水旱灾害公报 [R] .2009.

[2] 程晓陶 . 新时期大规模的治水活动迫切需要科学理论的指导——二论有中国特色的洪水风险管理 [J] . 水利发展研究，2002(10):42-45.

[3] 程晓陶 . 风险分担，利益共享，双向调控，把握适度——三论有中国特色的洪水风险管理 [J] . 水利发展研究，2003, (3):33-36.

[4] 胡新辉，王慧敏，马树建 . 我国城市洪水风险新模式：政府、市场、公众合作 [J] . 华东经济管理，2009(9):121-125.

[5] 马树建，王慧敏 . 基于巨灾模型的巨灾保险组合研究 [J] . 数学的实践与认识，2009(3):220-225.

[6] Colin Green and Edmund Penning-Rowsell, Flood Insurance and Government: "Parasitic" and "Symbiotic" Relations [C] . *The Geneva Papers on Risk and Insurance*, 2004,(29) 3 :518–539.

[7] Loughlin J C. A flood insurance model for sharing the costs of flood protection [J] . *Water Resources Research*, 1971,12(1): 236-244.

[8] Schakke J C,Fiering M B. Simulation of A National Flood Insurance Fund [J] . *Water Resources Research*,1967,3(4):913-929.

[9] 马树建，张丽丽 . 基于破产理论的我国极端洪水保险风险组合随机优化模型 [J] . 数学的实践与认识 ,2013(5):6-12.

[10] Weimin Dong et al. A rational approach of pricing catastrophe insurance [J] . *Journal of Risk and Uncertainty*, 1996(12):201-218.

[11] Helene et al. Modeling catastrophes and their impact on insurance portfolios [J] . *North American Actuarial Journal*2004, Volume7, Number 4.

[12] Yuri M.Ermoliev et al. A system approach to management of catastrophe risks [J] . *European Journal of Operational Research*, 2000(122):452-460.

[13] George Zanjani. Pricing and capital allocation in catastrophe insurance [J] . *Journal of Financial Economics* ,2002(65):283-305.

[14] Nina Paklinn. Flood Insurance [M] . *OECD*,2003, 10:212-235.

[15] David R.God schalk , Richard Norton, CraigRichardsn David Salvesen,.Avoiding coastal hazard areas :Best state mitigation practice [J] . *Environmental Geosciences*, 2003,7(1):13-23.

[16] 马树建，王晓谦 . 重尾分布情形下一类破产概率的研究 [J] . 南京工业大学学报：自然科学版，2007，29（1）:97-99.

关于加强防灾减灾宣传教育的思考

余苗苗

（浙江省温州市龙湾区机关事务管理局）

摘要 防灾减灾宣传教育工作是一项长期、系统的工程，尤其对于我国来说，我国是世界上遭受自然灾害最严重的国家之一，防灾减灾宣传教育显得更为重要。但一些地方防灾减灾宣传教育工作不到位，公众缺乏对灾害的了解，防灾减灾意识淡薄，造成了许多不必要的损失。本文主要通过介绍灾害类别，分析防灾减灾宣传重点内容，查找剖析我国防灾减灾宣传教育工作存在的问题，对防灾减灾工作提出了强化宣传媒体、强化宣传阵地、强化队伍建设及关于救生知识普及"两硬一软"的建议。笔者希望通过本文，能够进一步加强防灾减灾宣传教育工作，增强群众防灾减灾意识，全面推动防灾减灾工作深入开展。

关键词 灾害，防灾减灾，宣传教育

1. 引言

世界卫生组织（WHO）对"灾害"的定义为任何能引起设施破坏、经济严重损失、人员伤亡、健康状况及社会卫生服务条件恶化的事件，当其破坏力超过了所发生地区所能承受的程度而不得不向该地区以外的地区求援时，即可称为灾害。[1]灾害又可以分为自然灾害和人为灾害两大类。自然灾害是指对自然生态环境、人居环境和人类及其生命财产造成破坏和危害的自然现象，如地震、干旱、冻雨、雪灾、海啸、台风、山洪、山体滑坡等。其主要特点是种类多、分布地域广，发生频率高，造成损失重。[2]我国是世界上遭受自然灾害最严重的国家之一，全国有 70% 以上的城市和 50% 以上的人口分布在气象、地震、地质和海洋灾害多发、易发地区。[3]人为灾害是指由人类不合理活动导致的致灾过程

和结果，也叫人文灾害。其种类很多，主要包括自然资源衰竭灾害、环境污染灾害、火灾、交通灾害、人口过剩灾害及核灾害，其基本特征是无形性、相对性、区域性。[4] 近年来，人为灾害也呈现上升趋势，如火灾、交通灾害、踩踏事件等时有发生。

在这样的灾害背景下，我国更要注重防灾减灾宣传教育工作，通过灾害前期预防和灾害中自救他救，减少灾害带来的各项损失。《中国应急管理》在 2011 年发布的有关文章表示，有调查显示我国家庭灾害应急包的拥有率仅为 9%，28% 的人对防灾减灾知识略知一二，仅 10% 的人表示了解防灾减灾基本常识。由此可见我国群众防灾减灾意识非常淡薄。

2. 防灾减灾宣传教育重点内容

灾害种类繁多，内容涉及面非常广，各地政府宣传防灾减灾工作要把握宣传重点是至关重要的。如何才能在灾难中减少损失，关键在大家对防灾工作的认识、防灾机制及自我急救技能等几方面。防灾知识包括认识灾害的特性、种类、影响及原因，防灾技能包括做好灾害的预防方法、预警和应变措施、健康救护、心理康复，防灾态度包括觉察到灾害发生的必然性、保持灾害发生时正确的态度和价值观并能够身体力行，做好防灾准备和宣传，可减轻政府与民间组织在灾难救援时的负担并强化其成效。[5]

2.1 自然灾害防灾减灾宣传教育重点

自然灾害防灾减灾知识宣传和教育要根据各地地理位置、地貌特点，结合当地灾害风险隐患的特点，增强宣传教育的针对性。以温州市为例。温州市地处中国大陆环太平洋岸线 (约 18000 公里) 的中段，浙江省东南部。全境介于北纬 27°03′—28°36′、东经 119°37′—121°18′ 之间。由于温州地貌复杂，是滑坡、崩塌、泥石流等地质灾害多发区。由于季风气候不稳定，又是洪涝灾害和台风频发区。因此温州自然灾害防灾减灾宣传教育的重点内容要放在台风灾害、洪涝灾害、地质灾害的知识普及上。

掌握自然灾害防灾减灾重点宣传教育灾害种类后，各地要组织开展防灾减灾业务研讨和培训，根据本地区多发易发的灾害风险，针对监测预警、抢险救援、转移安置、应急保障、医疗防疫等重点环节，因地制宜、注重实效，广泛组织开展预案演练活动，切实增强干部群众对预案的掌握和运用能力。

2.2 人为灾害防灾减灾宣传教育重点

人为灾害宣传要结合当地经济发展和地方特色，针对性地开展宣传活动。以温州市为例。温州市作为沿海地区城市，经济发达，各类厂房分布广，交通完善，设有机场，私家车数量多。温州市在人为灾害防灾减灾宣传中就要重点宣传交通事故自救他救技巧、飞机事故处理技巧、火灾逃生技能等内容。

2.3 加强灾后思想教育和宣传

坚持回头看，加大对重大典型灾害的分析，一方面是总结灾难的经验和教训，提高大家防灾减灾的意识，在类似灾害发生时，避免各类损失达到最低点。另一方面是宣传灾后重建工作，做好群众精神安抚，让群众能够树立灾后重建信心，政府为开展灾后重建工作创造条件。

2.4 加强特定防灾日的宣传

要利用国际减灾日、世界气象日、国家“防灾减灾日”、全国消防日等重要日子，开展专题宣传活动，推进防灾减灾知识进农村、进社区、进企业、进学校，营造浓厚的防灾减灾宣传氛围，提高全民防灾意识和自救互救能力。

3. 防灾减灾宣传教育工作存在的问题

目前，我国防灾减灾宣传教育工作还存在许多问题，各级政府、宣传部门、教育系统等重要单位未将这项工作列入本系统工作计划和任务。

3.1 防灾减灾宣传教育经费不足

据调查，目前我国 660 多个城市中，除位于地震地质重灾区的城市安排有防灾宣传教育经费外，绝大多数城市年度财政支出没有安排防灾减灾宣传经费。[6]因经费问题，各有关部门未把防灾减灾宣传教育工作列入工作计划，造成宣教基础设施不足，宣教队伍不稳定，宣传不到位，致使群众防灾知识贫乏。

3.2 防灾减灾宣传教育形式单一

目前，我国防灾减灾宣传教育主要依靠一些职能部门刊发杂志报纸，宣传教育形式单一，缺乏创新性。各地方宣传部门未重视防灾减灾知识宣传，宣传科普形式不丰富，致使公众面临灾难无法实施自救和他救，进一步扩大灾害损失。

3.3 防灾减灾宣传教育未纳入教育体系

教育部门未把孩子防灾减灾知识纳入教育体系，学生防灾减灾知识匮乏。有资料表明，世界上有许多国家十分重视青少年的防灾减灾教育，如日本、英国等国，10 岁左右的孩子在灾害降临时，都能从容应对，这主要是得益于中小学教育课程中，纳入了防灾减灾的基本知识。而我国的中小学教育，至今还没有开设防灾减灾知识的课程。数据显示，2004 年全国发生各类突发事件 561 万起，造成 21 万人死亡、175 万人受伤。其中，因拥挤受伤、跳楼致死等不当避险造成的伤亡占相当大的比例。[7]

4. 加强防灾减灾宣传教育工作的建议

防灾减灾知识是面临灾难的逃生伞，加强防灾减灾宣传教育工作，增强群众防灾减灾意识，能够有效减少灾难过程中带来的生命财产损失。宣传教育工作要综合利用各种资源，让减灾意识渗透到每一公里，全力提升社会公众防灾减灾意识和自救互救能力。

4.1 进一步强化宣传媒体作用

防灾减灾宣传教育工作要充分利用宣传媒体，在应急广播、网络、电视、报纸宣传媒体使用上下功夫。

4.1.1 完善应急广播应用体系建设

广播具有传播速度快、接收方便、覆盖面广和不受电力制约的特点，是灾害发生信息传播的重要途径，被世界各国作为应急处置的重要手段之一。特别是在突发公共事件处置上，广播能够及时传达信息、正确引导舆论、有效稳定人心。以 2014 年 12 月 31 日晚上“上海外滩踩踏事件”为案例，如果当时上海应急广播设施完善，政府第一时间通过广播系统对现场人员进行现场指挥，疏散处置，稳定群众情绪，就不会导致 36 死 47 伤的严重后果。在应急广播建设中我们要注重三个推进，一是推进技术开发。加强应急无线电频率资源的研究与规划，强化无线电管理，加大应急无线电频率干扰查处力度，维护空中电波秩序。[8] 二是推进信息整合，拓展信息渠道，完善地震、台风、突发事件、交通等信息共享机制，面对灾情确保第一时间发布正确信息，打通交通“生命线”。三是推进覆盖使用。自然灾害应急处置的主要单位是基层街道社区，因此要加大投入，把应急广播建设应用于城乡、街道、社区，应急广播宣传防灾减灾知识，在抗灾工作中发挥“一线”战斗作用，指导抗灾救灾工作。

4.1.2 高效利用网络平台

据中国互联网信息中心第32次《中国互联网络发展状况统计报告》统计，截至2013年6月底，我国网民规模达到5.91亿，互联网普及率为44.1%，网民数量巨大。美国波士顿咨询集团研究发现，中国网民平均每日在线2.7小时，接近日本和美国等发达国家的水平，网络越来越成为国内民众获取信息的重要渠道。[9]全国各省市政府要对历年灾害情况进行分析总结，建立地方性灾害知识宣传的网站，将气象、水利、地震等各类信息汇总，重点普及地区常发生的自然灾害知识以及日常灾害处置方法，方便群众查阅。2005年，吉林省创建了全国首家宣传国家和省减灾救灾工作网“吉林省减灾网”，至今发布各类灾害信息、减灾避灾知识、国内外灾害避险知识、国内外灾害避险经验4000余条，平均每天被点击179次。[10]同时，还要开通微信、微博等传播平台，以简洁、醒目小篇幅信息发送，吸引网友关注，达到防灾减灾信息普及的目的。

4.1.3 充分发挥电视、报纸等主流媒体作用

电视、报纸是群众关注度最高的媒体之一，特别是电视老少皆宜。电视媒体要发挥防灾减灾传播的主要作用，特别是地方政府，要充分利用电视宣传作用，在注重经济收益的同时，一定不忘民生和公益。电视媒体要花时间、花精力、花心思制作生动形象的灾害知识传播视频、动画、宣传片，创建防灾减灾公益歌曲、公益广告，利用黄金时间、收视率高的时段，播放防灾避险知识，提高知识的普及率。

4.2 进一步强化宣传教育阵地建设

据调查，城市社区居民认为获取急救知识的最佳途径依次是培训32%，网络26%，电视22%，报刊12%，电台广播8%。[11]同时，绝大部分社区居民希望开设一些应急自救互救方面的培训。可见宣传阵地建设在防灾减灾宣传工作中的重要地位。防灾减灾技能运用需要通过各种模拟练习才能达到最佳效果，因此，政府要积极推进防灾减灾宣传教育阵地建设，为公众提供参与式、体验式的防灾减灾知识文化服务，提高自救互救技能。

4.2.1 政府要建设综合性宣传教育基地

政府要重视防灾救灾工作，把宣传教育基地建设列入民生项目，特别是重灾地区，要将教育基地建设纳入政府考核项目中，确保项目资金、场地、人员到

位。未落实建设宣传基地的地方要想方设法建设宣传教育基地，在已有宣传基地的地方要充分利用现有场地和设施，以建设综合性宣传基地为目标，完善宣传基地功能，配置防灾减灾相关专业器材和多媒体设备，开展各类应急演习，全面提升公众应急能力。

4.2.2 利用公安、交警、消防等资源开放主题宣传教育基地

要整合公安、交警、消防部门专业性场地，开展主题性的宣传教育。公安、交警、消防等部门要“走出去，请进来”，邀请机关单位干部、社区居民、学校师生到基地开展如自救演练等的主题演练活动，同时这些单位人员还要到机关部门、学校、企业、社区开展知识讲座，开办技能课堂等活动，普及救灾减灾知识和技能。

4.2.3 合理开发大学防灾减灾实践宣传教育基地

目前，我国部分大学设置了气象、地质等专业，也配置了一些防灾减灾培训基地。大学是向社会输出救灾减灾专业人才的重要渠道之一，大学救灾减灾基地建设情况也影响着大学生的防灾减灾实际能力，因此要重视大学实践基地建设，让理论和实践相结合，合理开发完善基地设施，把大学宣传教育实践基地作为干部学习培训的一个主要战场。

4.2.4 建设防灾减灾宣传教育示范社区

防灾减灾宣传教育要以社区（村）居民为主体，要通过示范社区防灾减灾工作标准化建设，全面带动基层单位防灾减灾宣传工作的开展。一是加强社区预防灾害的软硬件配置，制订防灾减灾计划，注重宣传和培训，定期开展演练。二是注重报警常识、防灾措施、灾害现场逃生技巧、意外伤害急救处理、传染病隔离、急救基本技术等方面内容培训。三是与学校、医院结对，形成一定力量培训师资队伍。通过示范带动，全面推进基层社区防灾减灾知识的普及和技能提高。

4.3 进一步强化应急队伍建设

我国已建立了以军队、武警、公安、消防为骨干和突击力量，以抗洪抢险、抗震救灾、森林消防、海上搜救、医疗救护等专业队伍为基本力量，以社会组织和应急志愿队伍为辅助力量的应急救援队伍体系，[12] 在现有队伍的基础上，要进一步提高队伍素养，强化队伍建设。

4.3.1 专业救援队伍为骨干

专业救援队伍专业性强、工作任务重、危险高，因此在专业救援队伍建设方面把握三个点：一是扩大专业救援人员渠道，可增加大学定向培养和军转干部等

渠道，确保专业救援人员数量和质量；二是加强专业救援队伍的专业化培训，确保人员在救灾中发挥高效作用，减少灾害过程中人员伤亡情况；三是提高专业救援人员待遇，让专业救援骨干能够安心本职工作。同时，在基层要加大灾害信息员配备和培训，确保信息员及时有效完成灾害信息收集、分析、上报工作，广泛动员组织灾害信息员参加国家灾害信息员职业技能鉴定培训，推进灾害信息员职业化进程。

4.3.2 志愿者队伍为补充

鼓励社会力量参与救灾减灾工作，让众多社会组织和志愿者能够积极配合协助政府开展人员搜救、伤员运输、物资保障、道路抢险、信息传达等工作。

4.4 关于救生知识普及“两硬一软”建议

救生知识通过看、读、听是远远不够的，很难运用到实际应用中，需要通过实践操作才能掌握正确的技术和方法，某些程度上的自然灾害不能避免，但是灾难中自救、他救成为维持生命的一条有效途径。2015 年 2 月 4 日台湾复兴航空空难事件中，林明威从机腹破洞逃出后，先拉起身旁妻子，又赶紧拉起 2 岁的儿子并施以心肺复苏术，一家三口生还。可见在危难关头，紧急救生知识挽救了众多生命。如果人人都能掌握自救互救的方法，遇到危险的时候就有可能在危急中挽救一条条生命。因此紧急救生知识普及至关重要。笔者通过长期对社会观察，提出了“两硬一软”三点不成熟的想法。

一硬是将自救互救知识和技能纳入中小学生素质教育中。防灾救灾要从娃娃抓起，要把防灾减灾宣传教育列入教育系统，形成中小学、幼儿园灾难知识教育大纲，实现教育系统救灾减灾宣传全覆盖，别特是要将救生知识纳入中小学生素质教育考核的一项重要指标。具体的做法可以通过以下途径实现：一是针对各阶段学生的特点，制订教育内容丰富、不同形式、生动活泼、易于接受的防灾减灾知识的计划，在常识课、自然知识课等理论课堂上普及书面知识，通过如观看动画片，防灾减灾知识竞赛、征文比赛，让知识深刻刻在学生大脑。二是通过劳动课、体育课、卫生课等实践课程，进行学生震灾、火灾等紧急逃生演练。教育部要硬性规定各层级学校开展应急演练的次数。三是要普及救生知识，将救生知识作为学生体育课程考核的一门硬性成绩，作为素质教育的一项基本内容。

二硬是将自救互救知识和技能纳入机动车驾驶证考试的范围。机动车驾驶证考试是我国最热门的考试之一，在中小城市，18 周岁以上的人驾驶证持证率非常高。驾驶证考试也非常成熟，由理论部分和上路部分组成，对交通法则、路考技能都有很严的要求，但是忽略了对自救知识的普及。在交通事故中，机动车事故是最多的，机动车事故生还率相对其他事故也是较高的，对于掌握救生知识，提高交通事故生还率是非常重要的。因此，笔者认为，有必要将救生知识技巧考试纳入驾驶证考试的范围，增设一项自救考核项目，这对于自救知识的宣传、普及及应用能够起到非常关键的作用。

一软是将救生事迹进行适当表彰嘉奖。政府部门要将个人、集体救生事迹进行正面宣传和适当表彰嘉奖，形成全社会都积极参与救生知识学习、加入救生队伍。具体可以从以下几个方面着手：一是对于新居民来说，很多地方都实行了新居民积分制度管理，政府可以将救生事迹作为新居民加分项目，为今后新居民定居城市提供很好的帮助。二是对于城市居民来说，政府可以适当提供物质和精神奖励，激发公民奉献精神和意识。三是对于机关干部，救生事迹可以作为干部提升的一个加码，鼓励干部多学习，多参与社会救助。通过这些手段，可以在全社会普及救生技能。

做好防灾减灾宣传工作是保障群众生命安全、减少国家财产损失的重要有效途径，通过做好防灾减灾宣传教育工作，提高全民在灾前预警、灾中避险逃生、灾后自救互助能力，全面提升我国防灾减灾能力建设。

参考文献

［1］周彩华，范春红，谢凯琳等．杭州市社区居民灾害现场急救技能的调查分析［J］．中华危重症医学杂志，2012,5（1）：25-30.

［2］姜金征，赵建明，薛伟，戴瑾，冯兴春．加强防灾减灾宣传教育 提高全民防灾减灾意识［J］．山西建筑，2012,38（36）．

［3］本刊评论员．增强防灾减灾意识 提升灾害防范能力［J］．中国应急管理，2011（5）．

［4］姜金征，赵建明，薛伟，戴瑾，冯兴春．加强防灾减灾宣传教育 提高全民防灾减灾意识［J］．山西建筑，2012,38（36）．

［5］张英，王民，李斐等．我国部分省市初中生防灾素养调查研究［J］．灾害学，2012,27（2）．

［6］周文彧．加强城市防灾减灾教育的思考［J］，中国减灾，2007（5）．

［7］周文彧．加强城市防灾减灾教育的思考［J］，中国减灾，2007（5）．

［8］刘浩三．统一联动 融合发展 全面推进国家应急广播大业［J］，中国广播，2014（10）．

［9］刘乃山．利用网络开展防灾减灾科普宣教［J］，中国减灾，2014（8）．

［10］吉林省民政厅救灾处．吉林：三管齐下，提高减灾知识的社会认识度［J］，中国减灾，2014（12）．

[11] 段焮焮，陈琴，顾董琴，丁颖萍，孙一勤．城市社区居民灾害认识及灾害救护技能培训需求分析 [J]，护理研究，2014（485）．

[12] 姜力．履行政府主导职责 发挥社会力量作用 努力提升自然灾害治理能力 [J]，中国减灾，2014（11）．

气象防灾减灾模式的新探索

——基于河北省的实践

张黎黎

（中国气象局气象干部培训学院）

摘要 中国是世界上自然灾害最严重的国家之一，中国政府历来重视防灾减灾工作。2011 年年底，河北省委、省政府确定将气象防灾减灾纳入政府绩效管理试点。经过 3 年的实践，利用绩效管理的方法和技术，河北省初步建立起气象防灾减灾的体制、机制和法制，增强了气象灾害防御能力。要实现气象防灾减灾绩效管理的持续发展，需要在理念上保障公民权利，促进气象服务均等化；在具体路径上则要通过健全领导体制、运行机制和法律体系等进行完善。河北省气象防灾减灾绩效管理工作，不仅是专项绩效管理工作的深入发展，也是跨部门联合工作机制的有益探索，是对政府治理模式的创新尝试。

关键词 气象防灾减灾，绩效管理，政府治理

为全面深入落实科学发展观，加快推进政府职能转变和管理创新，提高政府公信力、执行力和公共服务能力，2011 年 6 月，国务院在全国开展政府绩效管理试点工作。同年年底，河北省委、省政府确定将气象防灾减灾纳入政府绩效管理试点。2012 年 5 月，河北省政府出台《气象防灾减灾绩效管理试点工作方案》，明确由河北省气象局负责，利用绩效管理方法和技术，强化气象防灾减灾管理工作。经过 3 年的实践，河北省初步建立起气象防灾减灾的体制、机制和法制，增强了气象灾害防御能力，探索出一条政府绩效管理的新模式。

1. 始于需求：气象防灾减灾绩效管理的缘起

自然灾害是人类过去、现在、将来所面对的最严峻的挑战之一。近年来，全

球自然灾害造成的经济损失平均每年达694亿美元。[1]中国是世界上自然灾害最严重的国家之一，气象灾害占整个自然灾害的70%以上。中国政府历来高度重视防灾减灾工作。党的十七大报告要求“强化防灾减灾工作”。党的十八大报告指出，要“加强防灾减灾体系建设，提高气象、地质、地震灾害防御能力”。党的十八届三中全会又从“创新社会治理体系”层面提出“健全防灾减灾救灾体制”的总要求。正是在这一背景下，孕育出河北省防灾减灾绩效管理的独特实践。

同时，河北省气象防灾减灾绩效管理是基于河北省独特的气象灾情基础上的实践探索。河北省地处华北，属于温带半湿润半干旱大陆性季风气候，主要的气象灾害有干旱、大风、沙尘暴、高温、暴雨、洪涝、雷电、连阴雨、风暴潮、暴雪、寒潮、强降温等。为减轻气象灾害造成的影响，保障人民群众生命财产安全，借助2011年监察部开展政府绩效管理试点工作的契机，河北省气象局积极争取将气象防灾减灾纳入省政府绩效管理专项试点工作，通过开展气象防灾减灾绩效管理试点工作，创新和完善“政府主导、部门联动、社会参与”的气象防灾减灾工作机制，利用绩效管理的技术和方法，推进气象防灾减灾事业发展，全面提高气象灾害的综合防御能力。

2. 核心机制：气象灾害防御体系的构建

2.1 建立自上而下的气象灾害防御组织体系

一是加强管理机构建设，成立省、市、县三级气象灾害防御指挥部。2012年8月，河北省气象灾害防御指挥部正式成立，负责全省气象灾害防御组织管理、研究和方针政策制定，协调解决气象灾害防御工作重大问题。气象灾害防御指挥部成立后，以会议和发文等多种形式进行实体化运转。此后两年间，河北省11个市、133个县全部成立了“指挥部”。

二是延伸服务载体，打造气象信息服务站及信息员队伍。在乡镇建立气象信息服务站和信息员队伍，将气象防灾减灾服务延伸到基层。在部分县尝试信息服务站向村一级延伸；建立了公共场所气象信息联系人制度，将气象信息员纳入地方应急队伍建设。

2.2 强化“政府主导、部门联动、社会参与”的气象防灾减灾工作机制

一是纳入政府考核体系。各级政府是气象防灾减灾第一责任人。将气象防灾

减灾纳入政府考核体系，不仅仅是对结果的考核，更重要的是对结果的反馈和应用。将考核结果作为中央以及省级财政对市级气象工程建设项目投资安排的重要参考依据，作为评价被考核单位工作实绩、评先评优的依据，作为因防灾减灾工作不利造成重大人员伤亡和经济财产损失进行问责的重要依据，强化了气象防灾减灾工作的政府主体作用。

二是建立多元部门合作机制。在气象灾害联防制度中，完善了气象灾害从监测到防御的业务流程。在预警信息发布制度中，省政府下发了《河北省突发事件预警信息发布管理办法》，建立了跨部门、跨领域的预警信息发布合作机制，建设国家突发公共事件预警信息发布系统。同时，气象部门与农、林、水利、国土、民政等部门建立信息共享制度。

三是强化公民参与制度。通过法律法规，明确基层社区、公共场所、各种组织和个人的气象灾害防御措施，并通过科普活动提高公民的气象灾害意识与能力。

2.3 提升气象部门灾害防御软实力

一是强化气象部门公共服务职能。由气象灾害防御指挥部下发气象灾害预警信息，提升了气象预警信息的有效传播，形成了有效的防灾减灾应急联动格局。同时，通过气象防灾减灾绩效管理工作将公共气象服务纳入各级政府职能，有效促进公共气象服务职能的发挥。开展气象灾害普查，进行雷电等气象灾害风险评估，进行气候可行性论证，将气象探测环境保护纳入城乡建设规划，将气象防灾减灾工作纳入政府绩效考核目标。

二是提升气象灾害防御的科技支撑。2012年8月，成立省气象灾害防御中心，编制35人。设立综合管理科、灾害监测预警与评估科、绩效管理科、灾害机理研究室、技术标准与检定科、科普与技术推广科6个科室。截至2014年4月，河北省全部区（市）和25个气象灾害防御重点县成立了气象灾害防御中心。

三是着力解决气象灾害防御的核心问题。以绩效管理工作将气象灾害防御的关键问题、关键环节作为核心强力推进。2012年气象防灾减灾绩效管理从基础工作入手，将建立健全气象防灾减灾长效机制、提高气象灾害防御能力、强化气象防灾减灾社会管理、加强人工影响天气工作、增强气象灾害应急处置能力作为核心，意在建机构、搭平台、强制度、促工作。2013年、2014年，通过气象防灾减灾绩效管理进一步将气象灾害防御工作向纵深推进。

2.4 完善气象灾害防御保障机制

一是完善气象灾害防御法规体系。2012 年 8 月，河北省政府出台了国内第一部专门针对暴雨灾害防御的政府规章——《河北省暴雨灾害防御办法》。各设区市政府和相关部门结合地方和部门实际，制定了《实施细则》，构成完整的暴雨防御政府规章制度体系。2012 年 12 月，针对暴雪、高温、大雾、寒潮、大风等分灾种灾害防御办法也陆续出台，明确了政府和各部门在气象灾害防御中的职责。

二是加大公共财政的投入保障。地方政府加强了对气象防灾减灾财政支持力度。2012 年地方财政共投入资金近 3 亿元用于气象事业发展，较 2011 年增长 70%，其中，省级财政投资 1.46 亿元，增长 176%。[2]

三是推进气象灾害防御队伍建设。依托气象灾害防御组织体系建设，省级和部分市、县成立了具有组织机构和人员编制的气象灾害防御中心。同时，以气象灾害防御指挥部办公室、气象灾害防御中心、人工影响天气办公室、突发公共事件预警发布中心等机构运行为突破口，推进气象灾害防御队伍建设。

3. 公民满意：气象防灾减灾绩效管理的成效

3.1 公民对气象防灾减灾满意度高

2012 年，河北省气象防灾减灾公众服务满意度调查工作的开展一方面通过省气象门户网站、气象服务热线、手机短信平台等常态化公众满意度调查，另一方面通过委托第三方开展定期的公众满意度调查，注重农村偏远地区人员、灾害敏感人群和困难群体的调查和评估结果权重，公众评估数据具备科学性和权威性。

从总体上来看，2012 年河北省公众对气象防灾减灾的满意程度评价较高，在河北省统计局的调查数据中，总体满意度为 85.9 分，其中“满意”和“比较满意”的比率分别为 56.1% 和 22.3%；长城网提供的调查数据中，总体满意度为 88.1 分。[3]

3.2 气象防灾减灾绩效管理保障民生发挥实效

在推进气象防灾减灾绩效管理的一系列工作中，各级政府积极参与，河北省气象局抓住机遇，不仅推动气象灾害防御的体制、机制和法制建设，而且提升了气象防灾减灾工作在保障民生中的实效，最大限度地减轻了人员伤亡和财产损失。

2012年“7·21”暴雨中，河北省全省平均降雨量50.2毫米，9市59县共266.92万人受灾，32人因灾死亡，20人失踪，直接经济损失达122.87亿元。[4]在抗击暴雨的过程中，河北省各级政府发挥以气象灾害防御指挥部为核心的灾害防御组织体系作用，有效组织、积极应对，最大限度地减轻了人员伤亡和财产损失。在2011年11月的“11·2”秋冬季强寒潮、2012年8月台风“达维”等气象灾害过程中，气象灾害防御的有效的组织实施在保障人民生命财产安全方面发挥了巨大作用。

4. 持续发展：气象防灾减灾绩效管理的未来

4.1 发展理念：保障公民权利，促进气象服务均等化

回顾历史，气象灾害始终伴随着人类社会的发展。随着我国经济社会不断发展、政治经济实力不断增强和科学技术日益发达，政府在防灾、减灾、抗灾、救灾方面担负起了更大的责任。从制度发展来看，要推进气象防灾减灾绩效管理工作，需要有科学发展的理念，从保障公民基本权利出发，促进气象服务均等化。

生存权也称生命权，指公民享有维持其生存所必需的健康和生活保障的权利。生存权贯穿人权理论发展始终，是人权中第一位的。按照《联合国宪章》《世界人权公约》等文件规定，生存权的内容主要包括：生命权、人身自由权和人身安全权；生命再生产的权利；基本生存条件保障权；司法和社会保障权。气象防灾减灾绩效管理以绩效管理作为促进防灾减灾工作的制度安排就是要以维持公民的生存权作为基本目标，并逐步改善气象防灾减灾中城乡二元结构导致的非均等化，保障人人享有均等化的气象防灾减灾服务。

4.2 具体路径

4.2.1 加大指挥部对气象防灾减灾绩效管理的领导力度

气象防灾减灾是一项综合工程，而气象工作双重领导体制导致的“条块矛盾”在一定程度影响了气象防灾减灾的统筹协调。河北省气象防灾减灾绩效管理的实践在解决这一难题中发挥了较好的作用。今后要提高气象防灾减灾能力和效

益，需要强化指挥部在气象防灾减灾中的领导力度，加强指挥部在明确职责、组织协调、综合管理、工作指导、学习培训、应急演练、制定标准、检查监督、评估考核等方面的作用，切实发挥气象灾害防御指挥部的作用。

4.2.2　强化基层政府对气象防灾减灾绩效管理的管理体制和运行机制

健全的管理体制和运行机制是做好气象防灾减灾工作的组织保证。一要强化基层政府的气象防灾减灾职能，实现地方化管理机制。气象防灾减灾的落实最终需要依靠基层，基层政府与公民之间的关系最为密切，对气象灾害防御的重点领域最熟悉，地方性知识可以弥补气象灾害防御中技术手段的不足，使得气象灾害防御工作效果更加有效。二要进一步完善气象灾害联防制度、预警信息发布制度和信息共享制度，强化气象灾害防御机制。尤其是对受灾最严重的广大农村地区，完善的气象灾害防御机制可以最大限度地避免人员、财产的损失。三要加强基层气象信息服务站和信息员队伍建设，完善覆盖基层的气象防灾减灾服务网络。气象灾害来临时，基层气象信息服务站和气象信息员直接为居民提供服务。将气象信息服务站向村一级延伸，同时加强气象信息员队伍建设，为气象信息员队伍建设和运行提供经费保障。四要建立气象防灾减灾的公共财政投入机制。加强地方政府对气象防灾减灾的投入，建立制度化的财政责任机制，气象防灾减灾在财政中要有稳定的来源、确定的支出比例、明确的供款项目等。

4.2.3　完善气象防灾减灾绩效管理与气象防灾减灾工作的制度衔接

要提升气象防灾减灾水平，需要完善气象防灾减灾绩效管理和气象防灾减灾工作的制度衔接，全面提升气象防灾减灾能力。第一，完善气象防灾减灾绩效管理的各项制度和规范，建立气象防灾减灾绩效管理的长效机制。唯有不断强化气象灾害防御指挥部的核心管理作用，通过绩效管理的方式将气象防灾减灾工作常态化，才能不断提升气象防灾减灾水平。第二，强化气象防灾减灾绩效管理考核结果的应用，推动政府部门不断重视气象防灾减灾工作。在下一步的工作中，需要不断完善绩效管理系统，完善绩效管理的指标设计，尤其是要加大考核结果的应用，通过绩效管理在推动气象防灾减灾专项工作中的作用。第三，以气象防灾减灾绩效管理推进气象防灾减灾工作的制度化和规范化，提升气象防灾减灾能力。通过气象防灾减灾绩效管理工作，落实气象灾害防御中的政府职能，提升气象防灾减灾能力和效益，发挥气象主管机构的主体作用，不断推动气象防灾减灾工作的制度化和规范化，提升气象主管机构的管理水平和技术能力。

4.2.4　健全气象防灾减灾的法律体系

亚里士多德认为："法律是有道德的文明生活的一个必不可少的条件。"现代社会中，国家一切活动都要在宪法和法律范围内活动。党的十五大正式提出依法治国的基本方略。在气象防灾减灾工作中，通过立法来实现其制度化、规范化运行显得尤为重要。一方面，各类气象灾害一直与人类社会相伴相生，在全球变暖的趋势下，气象灾害的风险将进一步加大，造成的破坏性越来越强，而气象灾害防御是一项综合性工程，需要完善的法律保障。另一方面，以法律手段明确气象灾害防御中政府与各部门的职责、权力和义务，有利于建立起有效的责权机制和运行机制，有利于气象防御各项工作的顺利开展。河北省以气象防灾减灾绩效管理为契机，出台了一系列针对气象灾害防御的政府规章。在今后，需要进一步完善气象灾害防御的法律法规体系：一是以维护公民权利为理念，加快制定气象灾害防御中的专门规章，继续完善气象灾害防御法律体系。二是结合地方实际加强法规操作性。

5. 超越气象：对政府改革的启示

5.1 专项绩效管理的深入发展

河北省气象防灾减灾绩效管理工作是部门专项绩效管理的一次有益尝试。从管理理念看，气象防灾减灾绩效管理突破了以GDP为核心的传统绩效管理模式，在服务型政府的指导下，突出了政府的公共服务职能，为建立更加公平公正、惠及全民的公共服务体系起到重要作用。从绩效管理的主体看，河北省气象防灾减灾绩效管理方案采用了多主体、多角度的评估方式，将指标体系评估、第三方评估、领导评价以及核查监督等各个方面综合起来，同时利用新开发的绩效管理系统作为信息技术平台进行过程管理，将气象防灾减灾绩效管理纳入更加科学的轨道。

5.2 跨部门联合工作机制的有益探索

在社会各领域普遍存在“九龙治水”的现象常导致公共事务的职权不清、职责不明，致使无法有效地提供公民所需的公共服务。如何跨越部门间职能交叉、利益分化的藩篱，提供适应需求的公共服务，河北省气象防灾减灾绩效管理的实践为我们提供了一些有益的思路。

一是组织结构上的调整。在政府层面成立省、市、县三级气象灾害防御指挥部，作为气象防灾减灾工作的中枢治理机构，整合气象局、政府应急办、防汛办、民政厅、安监局等相关部门的职能。气象灾害防御指挥部作为常设机构，负责气象灾害防御组织管理、研究和方针政策制定，协调解决气象灾害防御工作的重大问题。将气象灾害防御中的预防、预备、响应和恢复四个阶段中的不同环节进行有效的整合，改变了气象灾害防御中职责不清、多头管理、互相推诿的弊端。

二是组织运行的技术支撑。除了整合部门间的职能，加强了对气象灾害防御运行机制的技术保障，创新性地成立了省、市、县三级气象灾害防御中心，加强各级气象部门的技术力量，提升了气象灾害防御的有效性。

三是法律体系的制度保障。依法治国是我国的基本方略，也是政府权力运行的基本方式。气象灾害防御涉及多个部门的有效联动，以法治形式对各部门职责作出规定，对于强化跨部门联动工作机制具有重要意义。

参考文献

［1］中国防灾减灾科普网．我国的气象灾害及科学防灾减灾［EB/OL］. (2012-8-8). http://www.farmer.com.cn/zt/wcdz/fzjz/200905/t20090505_444767.htm.

［2］河北行政学院、河北省气象防灾减灾绩效管理办公室．2012 年河北省气象防灾减灾绩效管理试点工作评估报告（内部资料），2013.

［3］河北行政学院、河北省气象防灾减灾绩效管理办公室．2012 年河北省气象防灾减灾绩效管理试点工作评估报告（内部资料），2013.

［4］河北行政学院、河北省气象防灾减灾绩效管理办公室．2012 年河北省气象防灾减灾绩效管理试点工作评估报告（内部资料），2013.

上海市应急物资储备体系建设研究 *

温家洪[1]，杜士强[1]，李仙德[1]，徐慧[1]，潘顺[1]，Jianping Yan[2]
（1. 上海师范大学地理系；2. United Nations Development Programme）

摘要 本文梳理了上海市应急物资储备体系的现状与问题，分析了自然灾害近年来对上海的主要影响，结合国内外应急物资储备体系的建设经验，提出完善上海市应急物资储备体系的建设思路。建议上海市政府建立应急物资储备统筹会商机制，完善应急与应急物资管理机构设置。采取集中与分散相结合的储备模式，构建统分结合的应急物资储备构架，采取多样化的应急物资储备方式，鼓励社会与家庭应急物资储备。初步推荐上海应急生活必需品应满足 20 万—30 万人应急避难 2—3 天的规模。依托现代物流，建立灵活的应急物资调用模式。建立区域应急物资储备、联动与调用的协作机制。加强应急物资储备中的技术创新与高新技术的应用，提升储备的国际化水平。发挥互联网、信息通信、物联网、地理信息等技术的优势，建设完善的应急物资信息管理平台。

关键词 应急物资，储备体系，应急事件，上海

1. 引言

应急物资是指突发事件应对过程中所需要的各类物资，包括应急救援物资、生活必需品和应急处置装备，是救灾资源的重要组成部分。应急物资储备体系建设是一个复杂的系统工程，涉及应急物资的规划、计划、筹措、存储、调用、输配、动员、生产、更新补充、监管等环节，以及工作原则、储备管理、运作模式

* 国家自然科学基金项目.《基于应急疏散 Agent 的城市避难所空间选址研究》成果（编号：41201548）。

等相关的机制、体制、法制和保障的预案建设[1-2]。

上海人口、经济要素密集，濒江临海的特殊地理位置，不同类型的自然和人为致灾因素相互影响和作用，导致自然灾害、事故灾难、公共卫生和社会安全事件频发。1991 年流域洪水、1997 年“11”号台风、2005 年“麦莎”台风等自然灾害均对上海市造成严重影响，2007 年中石油浦三路液化气储罐爆炸事故、2010 年中石化有毒气体泄漏事故等事故灾难，以及近年出现的 H7N9 禽流感疫情等公共卫生事件都对上海应急管理与应急物资保障提出了挑战[3]。

目前，上海市应急物资储备体系建设离应急工作的实际需要还有较大差距。应急物资储备、管理和调用的机制、体制还不健全，应急管理部门对应急物资储备现状家底不清，应急物资储备信息平台尚待完善，制约上海市应急工作的有效开展。上海亟须依据特大型城市的社会经济、地理环境、应急事件、灾害风险的特点，借鉴国际国内应急物资储备经验，加强应急物资储备体系建设。因此，研究上海市应急物资储备体系，探讨应急物资储备中存在的问题与解决办法，对完善上海市应急物资储备工作，增强应急物资保障能力具有重要意义。

2. 上海市主要应急事件及影响

2.1 主要应急事件

根据 2006 年国务院发布的《国家突发公共事件总体应急预案》，我国突发公共事件主要分为四类：自然灾害、事故灾难、公共卫生事件和社会安全事件。根据《国家应急平台体系信息资源分类与编码规范》，以及上海城市突发事件的特点，划分了主要突发事件（图 1）。限于篇幅，本文重点讨论上海市自然灾害的主要特征。

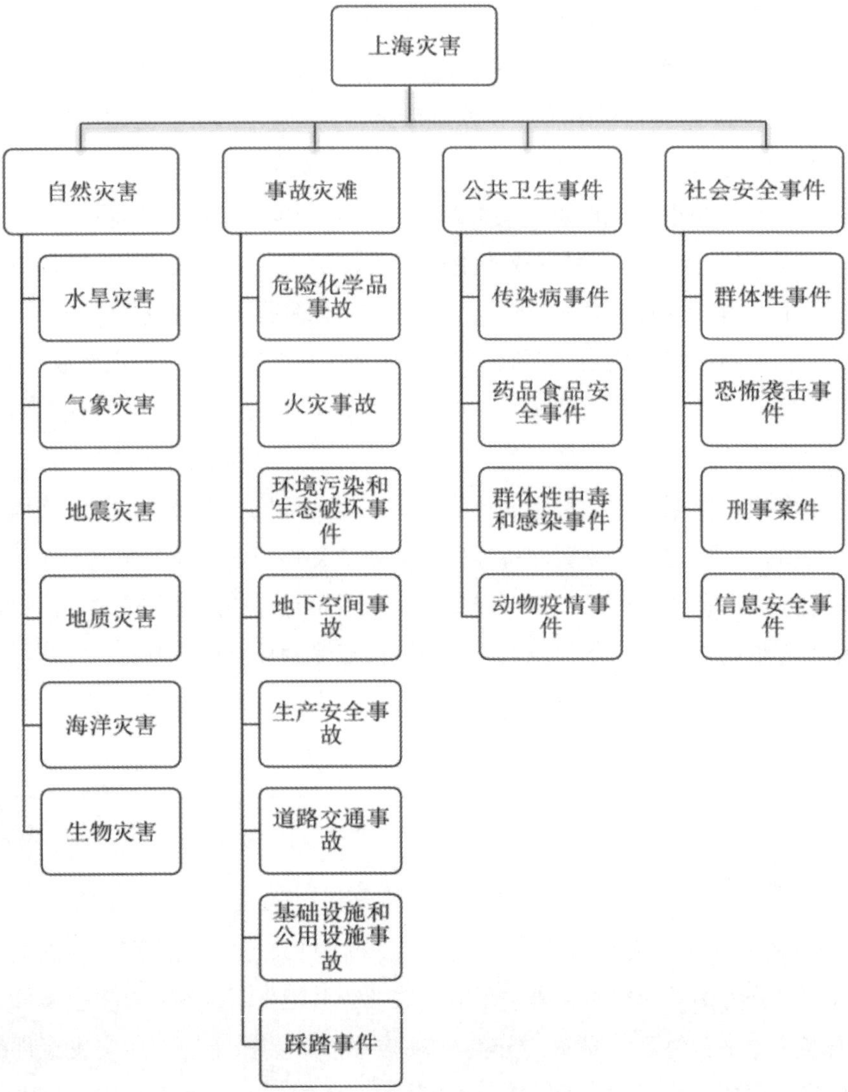

图1　上海的常见突发事件种类

2.2　主要自然灾害及其近年来的影响

上海自然灾害主要有水旱灾害、气象灾害、地震灾害、地质灾害、海洋灾害和生物灾害（图1）。上海平均每年受台风影响1—2次，最多年份可达7次（如1990年）[4]。台风往往带来强降水，并引起风暴潮。上海洪涝灾害根据形成原因不同，一般分为洪灾、涝灾与潮灾三类。如发生“四碰头”情况，即汛期台风、暴雨、天文大潮和上游下泄洪水，上海将出现大面积内涝积水，河道漫溢，局部防汛墙垮塌，造成严重的洪涝灾害，给这座人口密集、经济发达的国际大都市造成重大经济损失。

根据市民政局提供的2007—2013年上海自然灾害统计数据发现，近年来上海年均受灾人口近20万人，其中2012年最多，超过50万人，平均直接经济损失约3亿元（表1）。

表1　2007—2013年上海市自然灾害受灾人口与损失*

年份	受灾人口		直接经济损失（亿元）
	受灾人数（万人）	死亡人数（人）	
2007	7.23	4	3.38
2008	21.00	8	3.20
2009	3.17	3	2.45
2010	0.15	2	0.01
2011	44.16	5	3.57
2012	52.04	4	5.20
2013	12.13	3	3.68
平均	19.98	4	3.07

* 资料来源：上海市自然灾害应对工作评估报告和上海自然灾害年报核报。

近年来，热带气旋、城市洪涝、风雹灾害是影响上海最主要的3种自然灾害。梅花（2011）、海葵（2012）等台风期间，上海紧急转移安置人数均达30万人左右。2009—2013年，受台风影响最严重的区县是浦东新区和金山区，其受灾人口年均超过4万人，直接经济损失平均高达2亿元，其次是近郊的区县，中心城区受到台风的侵袭较小（图2A、B）。青浦区的洪涝受灾人口数量最多，超过2万人，但其直接经济损失却不及金山区，金山区的直接经济损失最严重，达3232万元；中心城区受灾情况明显较小（图2C、D）。风雹影响到的人口较小，但经济损失较大。浦东新区是受风雹灾害影响最严重的地区，无论是受灾人口还是直接经济损失都远远超过其他区县，其次是奉贤区和崇明县，其他地区受到风雹影响较小（图2E、F）。

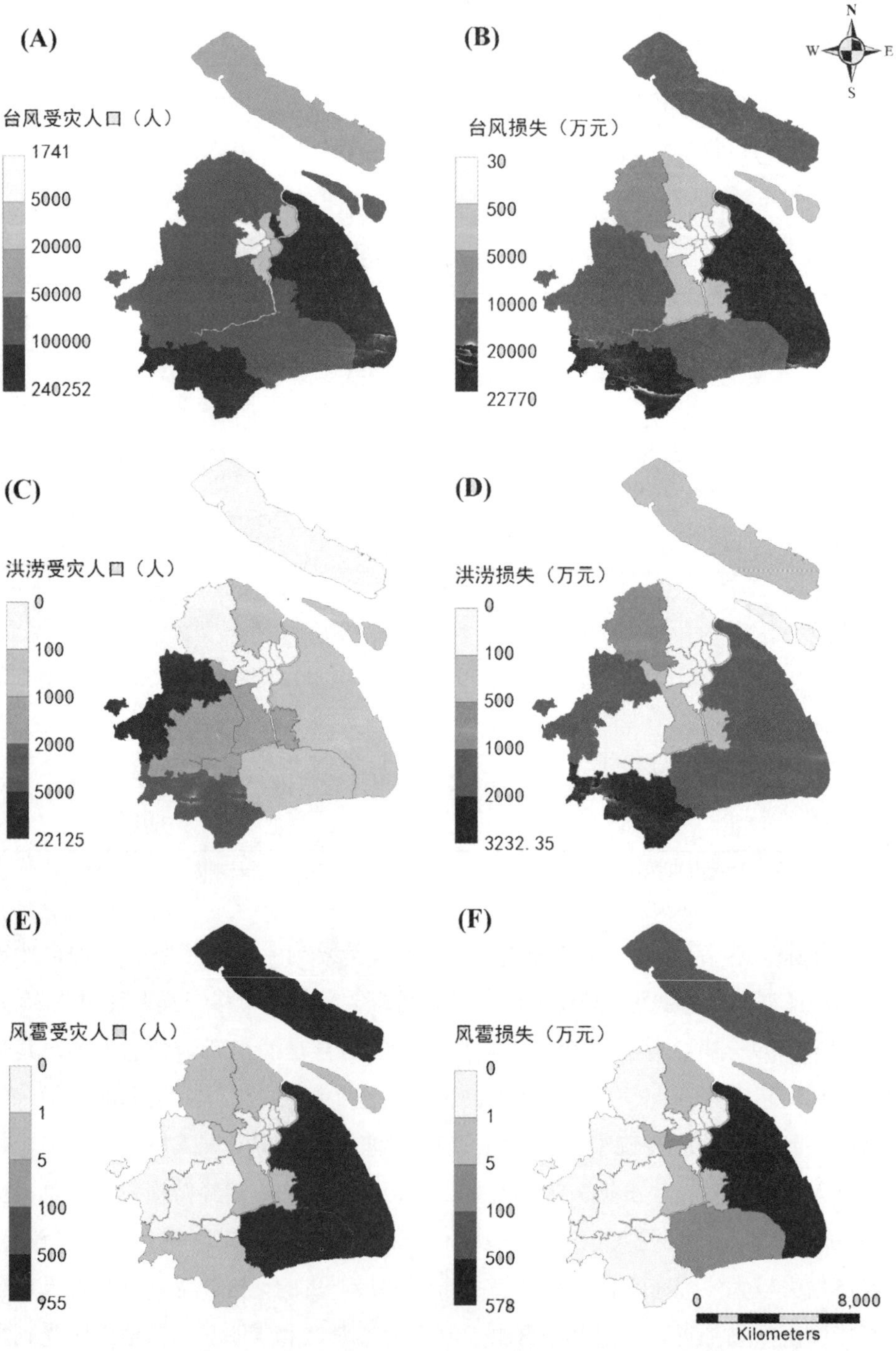

图 2　2009—2013 年上海市三种典型灾害灾情的受灾人口与损失分布图

3. 上海市应急物资储备管理现状

3.1 应急物资储备管理现状

3.1.1 体制上，条块分割，多元管理

根据《上海市突发公共事件总体应急预案》，由市应急办会同市发展改革委负责全市应急物资储备的综合管理工作。上海市市级重要商品储备管理领导小组由上海市发展改革委、市商务委、市财政局联合组成，下设市储备商品管理办公室。

由于应急管理部门众多，上海开展应急物资统筹和协调工作的体制尚未理顺。上海目前应急物资储备除了市储备商品管理办公室按国家规定储备了一定量的重要物资和生活必需品外，分散在各专业部门和社会组织的储备物资信息由于缺乏具体的上报机制和规定，基本不主动上报给市应急部门。正是因为条块分割，多元主体管理，无人牵头，缺乏统一协调、管理的体制和机制，使得市应急指挥部门难以清楚地掌握应急物资的品种、数量、质量、储备点等情况，也难以准确地进行分析判断，进而无法制定出正确的应急物流决策，满足应对应急状态下的客观要求。

3.1.2 机制上，统分结合，分级储备

根据上海市人民政府办公厅《关于进一步加强应急物资储备体系建设的意见（征求意见稿）》，上海市明确市级和区县、相关职能部门应急物资的储备对象、品种，形成分级、分类、分片的多元化应急物资储备体系。目前，初步形成了市级（总体）储备和专项（部门）储备的格局。上海市制定了《市级重要商品储备实施细则》，从品种确定、委托承储、轮换更新、费用补贴、储备动用、储备补充等方面形成规范的管理制度，明确了市级重要商品储备的类别和明细。市级重要商品储备体系在稳定市场供应、应急救灾等方面发挥了积极作用，已经成为全市应急物资保障体系的主体。根据职责、任务和专项（部门）应急预案的需求，按照“谁主管、谁负责”的原则，由职能部门和责任单位负责组织储备（表 2）。

表 2　上海市各个部门应急储备内容和配置 *

相关部门	储备内容和配置
市民政局	灾害救助应急物资储备。建有闵行储备库、上海慈善物资管理中心
上海卫计委	负责落实卫生防疫有关物资的储备
市安全生产监管局	负责安全生产应急物资储备
市交通委	负责落实交通运输有关应急物资的储备
上海市红十字会	上海市红十字备灾救灾中心，具有接收救灾物资捐赠，物资采购、仓储、转运以及开展红十字相关培训等功能
市防汛办	上海市防汛办现已在徐汇、浦东、崇明等 6 区 1 县建设成立 12 个储备仓库
上海市农委	在上海市 9 个区县建立了重大病虫应急防治药械仓库，并储备了大中小型喷雾机器 200 多台架、专用汽车 11 辆、应急物资运输车 1 辆、无害化处理车辆 16 辆、高压消毒机 6 台、轻便消毒器 60 台等以及各类防护物品，例如连体衣库、手套、安全风镜、口罩和防雨靴等
上海市地震局	建立了卫星通信（机动、便携式）设施，拥有 800 兆数字集群通信设备，用以保障灾害发生后的应急通信
上海市气象局	建立了上海市气象移动观测体系，包括 6 辆应急移动观测车等
上海市规划和国土资源管理局	市规土局目前已经拥有应急通信对讲机 35 台，以及应急专用仪器设备共计 150 多台，包括近年来新增的专用设备 74 台，共计 230 多万元

* 资料来源：根据上海市应急办和民政局资料整理。

3.1.3　*在空间布局上，初见成效，尚未成网*

根据上海市民政局《关于新建上海市民政救灾物资储备的情况说明》，市民政局以实物储备为核心，采用库点结合的方式，建设以一个市级物资储备中心库为依托、一个市级物资储备中心分库为配套、若干个分布于全市各区县的应急避难场所为储备点的救灾物资储备网络（表 3），确保救助物资能在第一时间调配使用，提高灾害救助应急响应效率。共可达到保障本市 20 万人以上的救灾应急物资储备水平。

表 3　上海市民政局应急救灾物资储备网络结构*

储备设施	储备等级	储备规模	工作进度
市级物资储备中心库	一级	储备安置 10 万人的救灾物资	规划立项阶段
市级物资储备中心分库	二级	储备安置 4 万人的救灾物资	完成中春路闵行库建设
应急避难场所储备点	三级	若干个分布于全市 17 个区县的应急避难场所储备点，将储备安置 6 万人左右的救灾物资。包括所有的Ⅰ、Ⅱ、Ⅲ类应急避难场所，Ⅰ、Ⅱ、Ⅲ类分别按照储备安置 2000 人、500 人、100 人的救灾物资估算	结合应急避难设施建设推进

* 资料来源：上海市民政局。

2011 年 12 月 21 日，上海市民政局救灾物资闵行储备库正式揭牌。除此之外，上海市已经建成的物资储备点，还有上海红十字会救灾中心、上海慈善物资管理中心。上海防汛物资仓库建设取得了一定的进展。上海市防汛办现已在徐汇、浦东、崇明等 6 区 1 县建设成立 12 个储备仓库。此外，上海市筹划本市区域性应急救援基地建设。以大中型骨干企业为依托，分区域储备必需的应急救援装备、物资，建立应急救援物资储备信息共享制度和统一调用机制，实现分级储备、资源共享。

从总体上来看，上海应急救灾物资储备空间布局正在逐步完善。但目前尚未形成一个层次鲜明、分工明确、相互联动的网络体系，特别是上海市级中心库尚未启动建设，导致上海与北京等城市相比，储备能力明显偏落后。

3.2　上海市应急物资储备存在的问题

3.2.1　在实物储备上，储备规模和能力较弱

上海应急物资储备在规模、布局及种类等方面还存在不足。目前，除上海市商务委和红十字会等部门具备部分零星实物储备能力之外，远远不能满足一次较大规模灾害发生时的需要。上海应尽快启动市级救灾仓储库建设。制定救灾物资储备规划，结合各区县已有的救灾接受捐赠设施，建立物资储备库、点，形成覆盖全市的救灾物资仓储网络，保障救灾物资及时运抵灾区。

3.2.2　在储备方式上，社会化的协议储备有待加强

上海原有应急物资储备管理，主要是沿袭计划经济的模式设置，进行实物储备为主的应急物资储备机制。近年来，各类突发事件处置对应急物资的即时性和专业化要求越来越高。为更有效、及时地应对突发公共事件，上海市应本着不求为我所有、但求为我所用的原则，从节约社会资源的角度出发，尽可能利用开展协议储备，虚实结合。

3.2.3　在储备体系上，区县、家庭及社区、企业等基层应急管理储备有待强化

上海目前区县应急储备相对比较薄弱，各区县应结合实际情况，按照灾种所需进行物资储备，从而与市级和部门物资储备形成密切的配合。社区和家庭是应急管理的基本单元。上海应进一步强化家庭储备工作，以家庭为基础，拓展到社区，使家庭储备、社区储备成为常态，形成全社会的应急储备认同感和意识，也减小政府在应急储备上刚性的压力，从而增加应急储备的韧性。此外，企业也应该加强应急物资储备建设，从而加强企业的可持续经营的能力。

3.2.4　在储备管理上，信息化水平有待提高

目前上海市应急管理部门对全市应急物资储备信息掌握不足，新兴信息技术应用相对落后，难以高效地管理、调配应急物资，并影响到应急事件的有效和高效响应。需要对全市应急资源进行系统的普查工作，做到对应急物资的种类、地点配置、调度等有全面的了解。在此基础上，利用先进的物联网、射频注册码技术等，实现资源的互联、互通和共享，并能根据处置突发事件需要，快速高效组织生产和调拨物资。

3.2.5　在体制和机制上，全市统筹、联动能力有待提升

由于条块分割，管理主体多元，上海应急救灾虽然有宏观布局，但缺乏多部门联动的体制和机制，应尽快建立市应急物资储备工作联席会议制度。再次，区县层面的应急办的力量相对薄弱，需要进一步做实，形成市应急办、区县应急办垂直管理和指导的体制和机制，从而实现全市应急物资管理一体化运作。

4. 上海市应急物资储备体系构建

依据上海市应急物资储备体系的现状和建设目标，国内与国际应急物资管理制度与储备体系的比较，遵循“全市统筹、分类管理、分级负责、统一调度”和“成本－效益”的原则，实现市领导对应急物资管理提出的“有什么，在哪里，找得到，调得动”的要求，实现职责分工明确，体制机制健全，规模适度、资源

高效的目标，提出加强上海市应急物资储备体系建设的以下建议。

4.1 上海市应急物资储备体系优化建议

4.1.1 构建统分结合的应急物资储备构架

本着节约储备、管理成本、方便调用的原则；结合上海市市域面积较小、交通与物流发达，以及特大城市的特点和地位，实施市级储备可以方便跨区（县）调配，并且便于与长三角以及国内其他省市形成应急物资共享机制。上海市的储备方式可采取集中与分散相结合的储备模式，不同类型应急物资应采取不同储备模式。明确市级和区县、相关职能部门应急物资的储备对象、品种，形成分级、分类、分片的多元化应急物资储备体系。

一是市级储备。对影响全局、需求范围广的通用性物资，以及具有某些特殊作用的专用物资，可考虑以市级为主建立储备。大型物资和装备以市级储备库集中储备，并且可以采取协议储备形式降低储备成本。生活必需品物资采取集中储备为主，减少管理成本，方便调用。同时，适当分散储备，包括家庭储备。

二是区县、街道（乡镇）储备。由各区县、乡镇按照突发公共事件应急管理的要求，和当地应急事件的特点，主要是满足本区域的应急需求，并作为市级和专业储备的补充。小型常用救灾物资应结合当地应急事件特点，以分散储备为主，包括区县储备、乡镇（街道）、专业（部门）储备和社会组织。生活必需品也需要适当分散储备。

三是专项（部门）储备。对职能部门和单位专用性较强的物资，建立专业储备。

四是社会（市场）储备。依托上海市场化经济活跃的优势，组织和动员企事业单位、社区，建立社会市场以及家庭的应急物资、商品储备。

4.1.2 制定基于风险分析的应急物资储备种类和数量计划

根据近年来自然灾害对上海的影响分析，初步判断上海生活必需品应满足20万—30万人应急避难2—3天的量。需基于风险分析进一步开展评估应急物资储备种类和数量，即区域的应急事件种类、强度和发生频率，可能受应急事件影响的人口和企事业单位，以及地域环境进行综合风险分析的基础上，对该地区应急物资需求的种类和规模进行的合理估算。

4.1.3 鼓励家庭应急物资储备

家庭储备应急物资是由政府、社会与家庭三方面组成的应急物资储备体系中的重要组成部分。尽管上海市发布了《上海市家庭应急物资储备建议清单》，但上海市的家庭应急物资储备仍非常薄弱，需要进一步加强。同时，上海市作为我国人口素质最高、家庭经济状况最好的城市之一，在建立家庭应急物资储备体系方面具有很大潜力和优势。建立和推广上海市家庭应急物资储备模式需要在应急事件知识和家庭应急物资储备必要性方面做好宣传。

4.1.4 建立多样化的应急物资储备方式

上海市企业众多，商业发达，灵活采取合同储备、生产能力储备等方式可以降低储备成本，提高储备效益。本着成本高效的原则，从实物储备为主的应急物资储备机制，转向生产能力储备、技术潜能储备和信息综合储备与实物储备相结合的储备方式。同时，需要明确双方的权利和义务，加强有效的监管，确保承担应急物资储备任务的单位，按照要求确保应急物资品种、数量和质量落实到位，确保随时可以调用。

4.1.5 加强高新技术在应急物资储备中的应用

目前国内应急产品的高新技术含量与应用和日本、欧洲、美国等发达国家相比还有较大差距。应依托上海高新技术产业、开发与创新能力，以及国际化大都市，积极推动高新技术在应急物资产品研发、储备与管理中的应用。应急物资产品的研发对高新技术有极大的需求，由于高新技术的应用，国际与国内应急产品更新换代加快。上海市应出台相关政策，激励和引导高新技术在应急产品研发中的推广应用，积极吸收、消化国际先进技术，并加强技术与产品创新。在采购、储备应急物资过程中，应掌握国际应急产品的最新动态，提高国际化水平。加强信息与通信等技术应用，提高应急物资储备与管理信息化水平。

4.2 上海市应急物资管理系统优化建议

建立应急物资储备联席会议制度，使应急管理部门可以统筹全市各区域、各部门的应急物资，实现“分散物资集中化”。借鉴国内外先进经验，推进上海市应急物资储备体系建设还需要构建市、区、街道和社区四级物资储备管理体制，以此保障应急物资储备的高效储备、管理和调用。地区可以调用本区域内的应急物资，部门则可以统筹相应下属部门的应急物资，市应急办则可以进行跨区域和跨部门的应急物资统筹和调用。而实施应急物资跨区域和跨部门统筹的有效手段则是应急物资资源的信息平台建设。

4.2.1 健全应急物资储备工作的管理体制、机制和法制

（1）建立应急物资储备统筹会商机制。为确保应急物资储备工作落实，上海市政府应尽快出台《关于进一步加强应急物资储备体系建设的意见》，建立应急

物资储备统筹会商机制。市政府建立市应急物资储备工作联席会议制度，建议市发展改革委和市应急办作为联席会议召集人。市应急办下设应急物资办公室，负责联席会议日常工作。聘请应急物资生产、储备、调配和使用等相关领域的专家，设立专家组，承担应急物资储备的科技咨询工作。联席会议及其办公室的主要职责：

①负责制定全市应急物资储备规划和市级应急物资保障预案，合理规划布局，统筹审核各有关部门应急物资储备计划。指导、督促应急物资储备、管理工作。避免重复储备，造成不必要的浪费。

②负责建立多样化的物资储备方式。根据处置突发事件需要，快速高效组织生产和调拨。必要时实行统一指挥、统一调度，确保应急物资在处置突发事件时反应迅速，保障有力。

③制定物资储备标准。制定应急救援装备和应急物资指导目录，提供物资选择和采购指南。

④建立应急物资信息网络系统，汇总全市应急物资储备信息，了解和掌握各类应急物资产、供、销信息，落实紧急配送体系。

（2）完善应急与应急物资管理机构设置。借鉴国内外先进经验，在市、区（县）和街道设立相应的应急物资管理机构，以形成应急物资管理的市、区、街道和社区四级物资储备管理体系，使上海市应急物资储备、管理和调用更加及时、有效。

（3）建立应急物资储备督察制度。责任单位要按照储备目录对实物储备、能力储备、技术储备、信息储备等状况进行定期检查和管理资料更新。市应急物资储备工作联席会议按照应急物资储备计划和方案，组织对各责任单位进行定期检查、定期演练，发现问题及时查处和纠正。

（4）建立应急资金保障机制，完善企业代储补偿机制。为确保应急物资储备体系持续稳定地运行，需建立应急资金保障机制。鼓励单位、个人自愿捐助。为节约储备成本，完善贴息、固定补贴等企业代储补偿机制，建立实物储备与合同储备、生产能力储备、技术潜能储备和信息综合储备等相结合的多种储备方式。

4.2.2 建立灵活的应急物资调用模式

在物资调用过程中，实行“先近后远，满足急需，先主后次”的基本原则。发生较大级别突发事件情况下，实行“先调用，后补办手续”的办法。在应急储备物资不足的紧急情况下，可对有关企业实行“先征用、后结算”的办法。建立和健全相应的应急调用机制。充分依托现代物流，强化城市应急物流体系建设。

4.2.3 建立区域应急物资储备、联动与调用的协作机制

与邻近城市（1小时、3小时城市圈）、长三角地区和兄弟省市建立应急物资储备、联动与调用协作机制。由于长三角自然环境相近，自然灾害类同，当长三角发生特重大自然灾害时，其他兄弟省市的协作就显得特别重要。建立应急物资信息通报、协调渠道。当发生重特大突发事件时，可依托国家在沪战略储备资源，以及区域与国家的应急物资资源，组织应急物资保障。建立有效渠道，必要时，可迅速组织和紧急筹措境外应急物资。同时，也要发挥上海中心城市的作用，迅速调拨和筹措应急物资，服务“长三角”、服务全国。

4.2.4 优化应急物资储备信息平台

发挥网络、通信、物联网、地理信息等技术的优势，建立覆盖全市各方面应急资源管理主体、种类数量、地理位置、调用方法的数据网络和信息平台。市政府和应急管理部门及时、准确、全面地收集、整理、分析、共享各种应急物资信息，既能够方便地查询实物储备的资源名称、种类、数量、储备位置、相关负责人等主要信息，也能够方便获取生产能力储备、技术储备、专家储备、协议储备等非实物储备信息。建立应急物资信息管理平台，可方便应急管理人员实时掌握应急事件的发展状态，提供目前“有什么物资，储备在哪里，如何合理调拨”等信息，协助决策者针对不同应急事件及时作出合理的决策，确保第一时间的应急救援。

5. 结语

通过分析上海市应急事件特点，以及近年来自然灾害的主要影响；开展上海市应急物资储备体系的现状评价，并结合国内外应急物资储备体系的建设经验，提出了完善上海市应急物资储备体系的建设思路。

（1）上海市政府应尽快出台《关于进一步加强应急物资储备体系建设的意见》，建立应急物资储备统筹会商机制，完善应急与应急物资管理机构设置。建立和完善应急物资储备督察制度，以及应急资金保障机制，完善企业代储补偿机制。

（2）基于上海市城市特点以及应急事件特征，建议：①应急物资储备方式可以采取集中与分散相结合的储备模式。②不同类型应急物资应采取不同储备模式与方式，建立多样化的应急物资储备方式。③鼓励家庭应急物资储备。④加强高新技术在应急物资储备中的应用，提高国际化水平。⑤充分依托现代物流，强化

城市应急物流体系建设。建立灵活的应急物资调用模式。⑥建立区域应急物资储备、联动与调用的协作机制。⑦在物资储备规模上，初步推荐上海生活必需品应满足 20 万—30 万人应急避难 2—3 天的量。但需进一步制定基于风险分析的应急物资储备种类和数量计划。⑧发挥网络、通信、物联网、地理信息等技术的优势，建设完善的应急物资信息管理平台。

参考文献

[1]张永领 . 我国应急物资储备体系完善研究［ J ］. 管理学刊 ,2010, 23(6): 54-57.

[2]张永领 . 中国政府应急物资的储备模式研究［ J ］. 经济与管理 , 2011, 25(2): 92-96.

[3]熊新光 , 吴建春 , 朱元清等 . 上海城市灾害与事故概论［ M ］. 上海 : 第二军医大学出版社 . 2014. 1-218.

[4]陈振楼 , 王军 , 刘敏等 . 上海市主要自然灾害特点与应对策略［ J ］. 华东师范大学学报 (自然科学版), 2008, 5: 116-125.

灾后重建过程中地方政府与受灾群众的典型行为模式与互动困境*

——基于Q灾害异地重建××安置小区的分析

何志扬，张亚军
（河海大学）

摘要 以Q灾害异地重建××安置小区为例的研究发现，在灾后重建过程中，地方政府的典型行为模式表现为“决策—公布—实施—回避—解释”这样一种行动链，而受灾群众的典型行为模式则相应地表现为“期待—忧虑—怀疑—不满—抗争”这样的行动链。二者在互动过程中存在诸多矛盾和冲突之处，其原因包括：受灾群众与政府决策者的行动目标存在差异、地方政府权力与其任务职责的不对等、民意表达机制和渠道的不足。为纾解灾后重建过程中地方政府与受灾群众的互动困境，应当提供受灾群众参与灾后重建方案研究和决策的机会，保障参与权利；提高受灾群众和地方政府的公众参与意识和能力，保证参与效果；拓展受灾群众在灾后重建中的公共参与的范围，提升参与层次。

关键词 灾后重建，地方政府，受灾群众，互动模式

1. 研究背景

在自然灾害发生后，政府的抢险救灾及灾后重建工作的进展和成效，既是对国家和区域社会经济实力的考验，同时也是对政府治理能力的挑战。我国政府历来高度重视受灾群众的生活、生产恢复，并在灾后重建中投入大量的人力、物力

* 国家社科基金课题《极端气候影响下的人口迁移安置政策研究》（编号：11CRK002）阶段性成果。

和财力。整体上我国各级政府拥有强有力的物资调配、行政动员和社会动员能力，具有较为完善的救灾和灾后重建管理运行体制和机制。但不可否认，我国在灾后恢复重建中仍旧存在一些问题和不足，其中重要的一个方面即表现为地方政府与受灾群众的互动面临着不同程度的困境，进而会影响灾后重建的实际成效和灾区后继的可持续发展，同样也会影响受灾群众对灾后重建的认可度和满意度。

本文以 Q 泥石流灾后异地重建安置中的 ×× 小区为例，通过实地考察、入户调查和小组访谈，调查了解受灾群众从安置方式选择到在安置新区生产生活中的参与情况，分析总结了灾后重建过程中地方政府与受灾群众的互动模式与困境，并进一步探讨纾解这一困境的对策。

作为 Q 灾害灾后重建中唯一一个异地安置区，×× 小区村位于一座异地城市的开发新区，距离原受灾地约 520 公里。Q 灾害安置小区的建设资金共约 6.01 亿元，总规划面积 1 平方公里，建设内容主要包括 32 栋居民楼、1150 套住宅房、一所寄宿制高中和一座卫生服务中心。安置小区耗时 2 年 3 个月基本完成了房屋、配套设施的建设和房屋的户主确认，建成后 2 个月即开始与受灾群众签订住房合同，并开始安排居民入住，至此重建工作已经基本完成。

在该安置小区分房到户已经将近两年后，笔者在 Q 灾害安置小区进行了调研，发现该小区的受灾群众实际入住率不到 10%，居住的受灾安置人口不到 200 人，大量的安置房实际被出租给附近的外来务工者，并且至少还有超过 30% 的安置房处于完全闲置的状态。此外，通过调查和访谈发现，上述问题的产生有诸多复杂的原因，具体包括：（1）生计问题。Q 灾害安置小区的入住率极低一个很重要的原因就是受灾群众大多无法在安置地就业，难以维持相当的生活水平；（2）户籍与公共服务问题。由于目前尚没有解决受灾群众在安置地的落户问题，导致受灾群众无法在安置地享受各种公共服务，甚至在办理各项与政府相关的手续时，仍需要远距离的通勤，极为不便。（3）生活成本过高。安置地需缴纳物业费、供暖费等费用，物价水平高于原居住地，使得生活成本过高难以接受；（4）教育问题。由于安置小区复建没有规划建设小学和初中，导致适龄儿童无处就学。

上述问题的产生，从根本上讲，就在于在灾后重建规划、实施和安置小区后续管理过程中存在突出的地方政府与受灾群众之间的沟通与互动障碍，公众参与在灾后重建中的缺位，导致了地方政府无法了解受灾群众的意愿和需求，从而作出了不尽合理的规划和建设安排。在这一过程中，地方政府和受灾群众形成了相对固定的行为模式特征。

2. 灾后重建中的地方政府的典型行为模式特征

以Q泥石流 ×× 安置小区重建为例，各级地方政府的典型行为模式主要包含以下行动链。

2.1 决策

在Q灾害发生后第27天，所在地省政府出台该次灾害的《抢险救灾灾后恢复重建实施项目管理办法》作为规范项目确定、资金拨付使用、全程实施监督检查的蓝本。Q灾害发生后，国务院高度关注，成立了国务院Q灾后恢复重建指导协调小组，并很快在灾后4个月就制定了《Q灾害灾后恢复重建总体规划》，从重建的总体思路、布局、城乡居民住房、公共服务和基础设施、灾害防治、生态环境、产业重建和扶贫开发以及社会保障八个方面给出了指导性的意见，并具体提出在异地建立转移安置区。两个月之后，当地省政府即出台了《Q灾害灾后重建安置区详细规划》。之后，省政府成立Q灾害灾后重建城镇规划实施协调办公室和县灾后重建工作领导小组用于指导、监督重建工程的实施，并及时向上级反映重建过程中的问题。

在发布的救灾纲要中，政府提出异地安置的原则包括：（1）以人为本，民生优先。这部分内容主要强调救灾应先集中恢复生产生活的基本设施和安抚受灾群众情绪；（2）尊重科学，尊重自然。这部分主要强调要结合自然条件和规律来规划建设内容和方式；（3）统筹规划，远近结合。这部分强调要结合Q县及异地重建所在地新区的长期发展，作出长远规划；（4）多灾种联合设防，保障城市安全，强调灾害预防。

2.2 公布

在灾后第9个月，当地省政府新闻办通报了Q灾害灾后恢复重建工作的进展情况，并同时说明，×× 安置小区规划1平方公里建设用地已确定，简单说明了选址的依据。另外，对于转移安置区的住房、学校、医院和配套水电路等基础设施建设需要的地勘、初设和施工监理的招投标等前期工作，也都明文公布。

调查了解，Q县在灾后重建资金的使用情况、安置后的生计发展方面，则没有对受灾群众进行充分宣传，而往往是要求基层干部组织村民会议，宣传与重建有关的安置、拆迁和补偿等政策。但基层政府通常认为受灾群众知道这些信息可能会导致其对政策的不满，增加地区的不稳定因素，因而大多是采取不宣传或者选择性地宣传一些他们认为比较不容易引起质疑和不满的政策或标准。但异地安置工作进行之前，Q 县政府及时张贴了相关公告。

2.3 实施

在灾后第二年年初，当地省政府确定了异地安置的受灾群众群体。在各部门的通力合作下，各项手续审批迅速，×× 安置小区由安置地的市政府代建，于灾后第 9 个月起开工建设。建设过程中，省政府和 Q 县政府组织专门的监督小组监察项目施工，也组织受灾群众进入现场监督施工进度和质量。对于在项目建设过程中发现的问题，监测人员直接向 Q 县灾后重建工作领导小组反映，重建工作领导小组再向项目实施单位要求作出整改。与安置房建设同时开展的还有分房到户工作，分房到户工作采用两轮抓阄的方式，使每个安置户都可以拥有平等的选择权。经调查了解到，基层政府仅作为重建政策的执行者，缺乏调整变更重建措施的权力，而向上级反映问题对自身也没有益处，因此对于很多重建过程中出现的问题，基层官员往往抱着睁一只眼闭一只眼的态度，置之不理，导致一些问题的推诿和潜伏。

2.4 回避

由于异地安置是一个复杂的社会工程，涉及众多的利益协调问题，必然会引发各种问题，如何处理和解决这些问题，是对各级地方政府的考验。而在 ×× 安置小区的建设过程中，受灾群众和媒体曾向基层政府集中反映了有关重建安置的一些问题，但基层官员大多采取回避或者以呈报上级为借口敷衍塞责。例如在安置地的就业问题，当地政府就以安置地新区处于经济开发的快速发展阶段，将来会建成重要的工业基地，不会缺乏就业机会等理由应付过去；对于一些媒体提问资金的使用情况，他们则以资金内容正在核实和自己没有相关权力为由回避。另外，对于受灾群众提出的户籍问题和相关的公共服务问题，政府则推说需要在两地政府间进行沟通协调，将会在下一阶段进行考虑，而实际上则一直久拖未决。

2.5 解释

重建完成之后，安置区出现很多难以解决的问题，地方政府也面对受灾群众和媒体的诸多质疑，对于无法回避的质疑和询问，他们只能寻找各种借口辩解。如面对媒体询问 ×× 安置小区的入住率为什么这么低时，当地官员则避重就轻地回复道：很多安置户在原 Q 县内有工作，平时工作的时候，就不住在 ×× 安置小区；当下正是学生假期，入住率较低，等到开学的时候，社区里面人会增加很多，等等。

3. 灾后重建中受灾群众的典型行为模式

在灾后重建过程中受灾群众的典型行为模式主要按照以下行动链。

3.1 期待

访谈发现，尽管受灾群众承受了巨大的损失、痛苦，然而政府和社会的积极响应，包括政府给予大量的生活物资援助、中央政府迅速制定的救灾重建规划和社会各界的扶助捐款，都极大提振了受灾群众生活恢复和重建家园的信心。同时，受灾群众对于灾后重建主要有以下几个方面的政策期待：（1）改善周围的公共环境，原址重建家园。面对灾后的重创，绝大多数受灾群众并没有产生对家乡厌倦之情，他们最先还是希望整治家乡周围的环境，在原址的基础上重建。（2）提高社会保障水平，特别是加大对困难家庭的帮扶。灾后许多家庭劳动力和经济损失惨重，灾后重建也将需要受灾群众的经济投入，显然经济问题将长期（包括重建完成之后）影响受灾群众的生活，受灾群众迫切需要长期的生活保障。（3）对于教育条件的需求。灾害直接导致 Q 县的一所小学完全被毁，其他学校也基本无法继续展开教学活动，同时，灾后也导致 Q 县许多学校的师资流失，许多人担心当地原本较好的教育条件会受影响。

3.2 忧虑

然而在重建过程中，受灾群众对于政府异地重建安置中的政策和措施，开始慢慢出现失望情绪，具体表现为：（1）大规模异地重建并不符合受灾群众之前的预想和期待。灾后重建活动基本上是基于自上而下的决策模式，受灾群众的原址重建的期待一定程度上被忽略，而相关专家认定的原址不适合重建的观点，也并不能得到受灾群众的认可。受灾群众对于安置房的规划设计不尽合理、配套设施不实用的观点在受灾群众中盛行；（2）异地安置距离过远，受灾群众对未来生活缺乏信心。异地安置的距离超过 500 公里，往来交通不便，尽管在 ×× 安置小区建成后设置了每日 2 班的循环班车，但受灾群众依然感觉不便和不满。（3）入住的资金需求。安置房在建成之后，需要受灾群众再花费部分资金用于房屋装修和物业费等，并且各种日常生活开支明细高于灾前，这对于原本已经承受巨大经济压力的部分受灾群众来说，无疑是一笔不小的负担。（4）户籍与公共服务等长期得不到解决。由于受灾群众一直未能在安置地落户入籍，各项公共管理和公共服务均由500公里之外的原Q县负责提供，教育、医疗、社保、民政等各项事务均需回到原地办理，极为不便，随着时间的推移，甚至使得受灾群众产生了被遗弃的负面情绪。

3.3 怀疑

在异地重建过程中，受灾群众由对安置措施的失望，开始出现对重建政策的怀疑。具体包括：（1）对重建房屋质量的怀疑。为免受到政府或相关部门的干预，Q政府选择由受灾群众推选8名受灾群众参与住房重建全程监督，并要求不允许包含干部。然而，受灾群众还是普遍存在对工程质量的怀疑情绪，由于距离较远，交通不便（循环班车是入住之后才安排的），主要是由政府统一安排车辆进行的几次巡查，监督效果有限。同时在怀疑情绪的影响下，关于建筑质量差的传言则一直不断。（2）对政府资金使用的怀疑。由于受灾群众了解救灾资金使用的途径有限，受灾群众普遍对政府的资金使用存在怀疑。（3）对政策监督的怀疑。访谈发现，受灾群众对政府的怀疑主要集中在县及其以下的基层干部，重点在于对政策能否得到公平、公正、有效执行的怀疑。

3.4 不满

在以上种种情绪的基础上，受灾群众开始出现对重建安置的种种不满，具体包括：（1）对政府决策方式的不满。对于重建政策的制定，受灾群众普遍反映政府没有能够充分征求群众的意见，没有对他们的需求进行系统的调查了解，他们的诉求没有得到应有的重视。受灾群众普遍认为，对于重建选址和安置方式政府没有作充分的实地调查，一些政策主观性太强。（2）政策的制定和施行过程不透明。受灾群众反映他们获取政策制定的途径有限，多数时候他们是通过新闻媒体或网络来获取最新的政策变化。对于安置小区建设的内容、进度和质量，从少数人那里获得的小道消息成为主导舆论的信息来源。（3）认为政府存在失信行为。×小区在安置受灾群众入住之后，实际的入住率不到10%，很大一部分原因是受灾群众在新区没有生计来源和就业机会，之前政府承诺在安置区周边有大量工厂可以提供就业岗位，而实际上至今尚处于基础设施建设的过程中，无法提供足够的工作岗位给受灾群众，而且现有的岗位也常常并不合适受灾群众。

3.5 抗争

基于上述不满，受灾群众面对政府的各项工作中的不足开始出现抗拒情绪和不配合的态度，甚至采取各种积极或消极的抗争行为。当然，实际上多数受灾群众选择不直接对抗的方式来表达不满，例如选择离开新建的安置小区返回原来居住的县城这样一种“用脚投票”的方式来使政府的政策目标与初衷难以真正实现。调查时并未发现有受灾群众集体申诉、上访等事件，更多的是选择向来访的新闻媒体、调查团倾诉意见，或者通过网络社交工具表达不满。

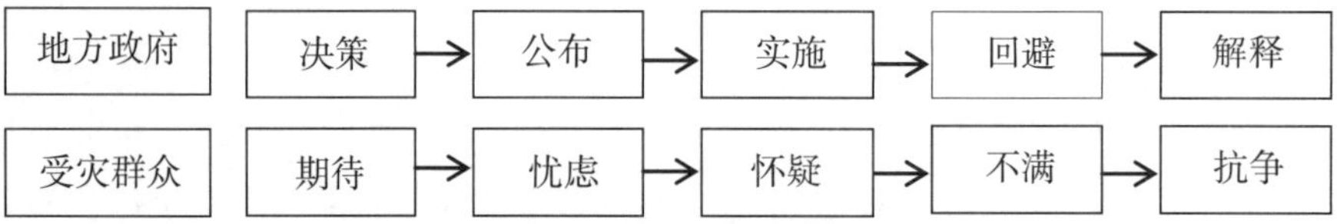

图 1 灾后重建过程中受灾群众与政府的典型行为模式的关系图

4. 地方政府与受灾群众的互动困境及原因分析

由上述对地方政府工作模式和对受灾群众行为特征的分析，不难看出其二者在互动过程中存在诸多矛盾和冲突之处。具体表现为：(1) 受灾群众的意见和期待没有在政策中得到体现。对比政府的决策内容和受灾群众的期待，可以看出政府依靠专家调研、讨论，短时间内得出的灾后重建的决策和具体方案，并没有充分尊重受灾群众的意愿和需要；(2) 受灾群众反馈的意见却迎来政府的回避和辩解。面对灾后重建时出现的困境，地方政府往往无力或缺乏积极性去解决这些问题；(3) 受灾群众面对政府作出自己不满意的决策，往往只能选择失望和抱怨。在灾后重建中，缺乏实际有效的反馈机制，受灾群众反映的实际问题得不到有效的解决，信息不完整的受灾群众只能选择猜测和揣度，致使政府与受灾群众之间产生不信任关系，相互协调合作的难度加大。而具体产生这些困境的原因包括：

4.1 受灾群众与政府决策者的行动目标存在差异

在灾后异地重建过程中，地方政府基于当地的地质条件、环境容量、灾害风险和远期发展等要素，选择了异地远迁的方案，而受灾群众普遍倾向于保留他们在原地的经济来源和社会关系，倾向于原址就近重建。另一方面，地方政府往往偏重于在安置小区中建设整齐划一的多层住宅、宽大的广场和绿化带等看得见的“硬件”设施，而受灾群众则更重视日常生活中就业、教育、医疗、社会保障等看不见的“软件”服务。地方政府更倾向于向上级政府和社会展示灾后重建中的“政绩”和“成就”，而受灾群众更在意安置后实际的收入和生活水平，这种行动目标的差异容易导致他们之间的互动的困境，从而影响灾后重建目标的实现。

4.2 地方政府权力与其任务职责的不对等

Q灾害发生之后，地方政府面临来自中央政府和社会舆论巨大的政治压力，需要在较短的时间内制定出灾后重建的政策和实施方案，尽管通过政策咨询征求了救灾和灾后重建领域的专家意见，然而依然缺乏充足的时间开展细致深入的调查研究，许多方案匆忙出台并付诸实施。地方政府在施行相关重建方案的过程中，时常要接受上级政府和各个部门的督导检查，抢工期、赶进度成为灾后重建中的一种常态。因此，在这种超常规的快速“决策—规划—实施”过程，存在和引发各种问题自然不可避免。然而由于很多重建方案是上级政府决策或者批准的，地方政府在遇到问题时并没有权限也不愿变更上级政府的指令，如果纠结某个问题而影响总体的进度，甚至会招致上级的问责而需要担负政治责任。因此，在灾后重建工作中，地方政府负担着重建工作的重任，但实际权限又相对有限，权责的不对等，容易引发各种政策执行和重建方案实施中的困境，也使地方政府难以发挥沟通受灾群众与上级政府决策部门的桥梁作用。

4.3 民意表达机制和渠道的不足

对于灾后重建安置这样一项关系受灾群众切身利益的重大政府行动，充分征求和尊重受灾群众的需求和意愿，本是非常重要和必需的一项基础工作。但在以“快”为工作中心的重建过程中，民意表达机制和渠道的不足显得尤为突出，受灾群众的需求和诉求难以在重建方案中得到充分的考虑和体现，在重建过程中和安置后遗留的各项问题，也往往难以得到及时有效的解决。这种受灾群众与地方政府在灾后重建中的沟通困境，必然会影响重建的实效以及受灾群众的认可度和满意度。

5. 灾后重建中的地方政府与受灾群众沟通困境的纾解策略

公共参与应该是受灾群众和地方政府相互沟通的一个重要方式，也是现代公共治理的重要机制。公共参与的目的在于减少社会的分歧，化解社会冲突，提高社会运行的效率[1]。哈贝马斯（Jürgen Habermas,1980）认为，人与人、人与社会之间的交往本质上是一种商谈行动，其核心是相互理解，参与各方以语言作为桥梁和媒介，以一种施为性态度，在理想的言谈情境之中，谨守对话的有效性规范，即正当性、真诚性与正确性，为自己所提出的主张进行有效性辩护[2]。事实上，公共参与既是向受灾群众分摊权利，也是向受灾群众分摊责任。基于此，笔者主张在灾后重建过程中，应该通过有效的公众参与来纾解地方政府与受灾群众之间的沟通困境，以实现良好的合作，促使灾后重建能够有效实现目标，并获得最佳的社会认可度和满意度。

5.1 提供受灾群众参与灾后重建方案研究和决策的机会，保障参与权利

首先应该赋予受灾群众对于灾后重建充分的知情权和参与决策的机会，在允许和鼓励充分表达各方利益诉求和关切的基础上，寻求能够达成一致的共识。在这一过程中，不应急于求成和急切决策，而是应当对重建方案进行深入细致的调查研究和进行充分的讨论沟通，为受灾群众提供参与机会，保障参与权利，从而确保重建方案能够有效满足受灾群众的需求和意愿，以真正体现“以人为本、科学发展”的原则。

5.2 提高受灾群众和地方政府的公众参与意识和能力，保证参与效果

要形成良好的公众参与机制，提升相关各方的公众参与意识和能力是基础，形成信任和良好的合作关系是关键。应当通过有计划的措施，不断培育公共参与和协商的良好氛围，通过实践提升公众参与各方的议政和决策水平，保证参与的效果，以避免公共参与落入持续争论和议而不决的境地。

5.3 拓展受灾群众在灾后重建中的公共参与的范围，提升参与层次

除了参与灾后重建的安置小区建设外，应该不断拓展受灾群众参与社区公共事务的范围，进而涉及他们的就业转变、生活便利、子女教育、环境保护、社区管理等各项公共事务，不断提升参与层次，从而形成地方政府管理服务下的良好的社区治理模式。

参考文献

［1］王为. 论以政治制度为基础的现代政治文化［J］. 教学与研究，2014（1），65-72.

［2］陆洲，张斌峰. 哈贝马斯交往行动理论之进路分析［J］. 广西社会科学，2013（4），51-56.

［3］谢金林. 公民有效参与灾后恢复重建：以汶川震后恢复重建为例——兼及托马斯“有效决策模型”的应用［J］. 云南财经大学学报，2008（6）：80-86.

［4］金太军，沈承诚. 论灾后重建中多元治理主体间的互动协作关系［J］. 青海社会科学，2010（3）：104-108.

［5］李宏伟，屈锡华，严敏. 社会再适应、参与式重建与反脆弱性发展——汶川地震灾后重建启示录［J］. 社会科学研究，2009（3）：1-7.

［6］胡以志. 灾后重建规划理论与实践：以新奥尔良重建为例，兼论对汶川地震灾后重建的借鉴［J］. 国际城市规划，2008（4）：66-70.

［7］宋旭光等. 重大自然灾害灾后重建的政策框架与政策体系——以汶川地震为例［J］. 财经问题研究，2008（9）：10-18.

公众灾害教育开展模式初探

张英
（北京市防震减灾宣教中心）

摘要 无论是灾害教育，还是减灾教育，或是防灾教育，从根本上来说其本质、理念都较为类似，指向都较为一致，即关注人的生命安全与社会的可持续发展。如何开展公众灾害教育，提高全民防灾素养是一个亟待研究的课题，研究者从开展模式等方面提供了一些思路。除对学校灾害教育进行研究外，按照灾害教育体系的划分，还需对我国公众灾害教育开展模式进行探索。

关键词 灾害教育，公众教育，开展模式，启示

由于已有研究忽视公众灾害教育理论与实践研究，重视学校层面的开展，我国公众灾害教育状况并不理想，其研究尚不深入，多只停留在表面。故需进行公众灾害教育研究，二者并重。本文尝试提出基于案例研究的公众灾害教育开展模式，分别从实施主体、途径与方法来探讨，分析不同实施主体的价值，以促进公众灾害教育的实践，构建学生—家庭—社会“三位一体”、学校教育与公众教育“双核互动”的灾害教育体系。

1. 国外公众灾害教育概况

国外许多国家已经形成了独具特色、行之有效的灾害教育体系，其中面向公众的灾害教育是灾害教育体系的重要组成部分。国外公众灾害教育的实践对我国非常具借鉴意义。

美国长期以来都很重视公众灾害教育，其特点是构建“防灾型社区”，以社区为单位传授公众灾害的知识和技能，建立社区组织及个人的防救灾理念，以提升整个社会的防救灾管理水平。早在 1985 年，美国洛杉矶消防局就成立了社区

灾害反映和救助队伍向所有市民提供救灾培训，并且制定有详细的救灾培训计划；“9·11”事件后，美国政府愈加积极推动建立以“防灾型社区”为中心的公众安全文化教育体系，建立并提升社区在备灾、御灾、灾后修复与重建三大方面的能力；此体系鼓励普通民众组成“社区应急反应队”，并且对反应队的培训时间和内容都有详细具体的规定，如规定反应队的培训时间需要 7 个星期，每周至少要培训 1 个小时，培训的具体内容包括灾难预备、灭火、灾难医疗救护、轻度搜索和营救行动、灾难心理和搜救队的组织、课程复习和灾难模拟等项目。美国利用多种手段进行公众灾害教育的宣传：如美国联邦应急管理局（FEMA）的官方网站上设立了专门的灾害知识板块，且对对象的年龄、文化程度有所区分，有少儿版和成人版；美国还将 9 月 11 日设立为美国重要的防灾纪念日，以此加强公众灾害教育。美国的这种公众安全文化教育体系有很强的整体性和实用性，对提升整个社会的防灾能力有非常显著的效果。

日本是一个自然灾害尤其是地震灾害严重的国家，使得日本非常重视灾害教育，其灾害教育处于国际领先水平。日本的公众灾害教育除了重视以社区为单位的灾害教育之外，其灾害教育场馆和媒体的运用也非常有特色。日本倡导“自己的区域自己来维护”的理念，所以由社区组织承担对居民的防灾教育，日本政府鼓励社区内居民自发成立灾害防治和救助团体，如消防团、水防团、妇女防火俱乐部、少年防火俱乐部等，这些团体平时负责社区内的灾情隐患排查、防灾教育和培训，灾害发生时负责疏散居民、抢救伤员等，非常有利于社区的自助与互助。另外，日本的防灾教育场馆是日本进行灾害教育的重要手段，在公众灾害教育中起了非常巨大的作用。这种场馆有把灾害遗址作为灾害教育基地的，也有的专门建立成高科技灾害教育中心。如北淡町震灾纪念公园，一些地震的实景被保留下来，人们在园内可以看到由实物再现的高速公路倒塌后的场景和被完整保存下来长达 140 米的地震断层，还可看到挖掘后裸露的地层内部断裂剖面，这些实景非常具有感染力，而且人们在这里不仅可以了解过去发生过的地震，还可以看到今后 30 年可能发生的地震预测。京都市民防灾教育中心是日本专门为市民建立的防灾教育及培训的中心，中心内有各种图片、文字、影像、3D 电影向民众介绍日常各种防灾知识，还有地震、泥石流和消防等各种体验项目，中心还教授参观者防灾工具的使用，也提供各种灾害培训。这种防灾教育场所科技含量高，提供多种感官刺激，取得了非常优异的灾害教育效果。在灾害教育宣传方面，日本非常重视媒体的作用，日本认为媒体是“政府应对危机的最好朋友”，政府早在 1961 年制定的《灾害对策基本法》中就明确规定日本广播协会（NHK）属于国家指定的防灾公共机构，从法律上确立了公共电视台在国家防灾体制中的地位。此外，日本各级政府还通过向市民发放各种灾害教育材料进行社会自然灾害教育，如东京目黑区就组织编写了《市民防灾行动指南》宣传手册，下发给居民阅读。日本政府还将每年的9月1日（为纪念1923年9月1日关东大地震而设）定为全国防灾日，以集中进行公众灾害教育。

韩国在1995年三丰百货公司倒塌事件发生之后，对本国的灾害教育系统进行了反思和修改，同时参照日本公众灾害教育的一些做法，所以韩国的灾害教育系统与日本有相似之处。韩国于1996年在《灾难管理法》中规定将韩国公共电视台（KBS）列为报道灾难的指定台，这也从法律上明确了媒体在灾害教育中的地位和责任。另外，韩国有关部门也印制了各种宣传手册向民众发放，这些宣传手册图文并茂、生动活泼、简单易懂，取得了很好的效果。韩国政府将每年的5月25日定为“全国防灾日”，并且在这一天举行全国性的“综合防灾训练”，以促进政府官员和普通民众的灾害意识的形成，提高其灾害知识和防灾能力。

德国在公众灾害教育方面非常注重信息的传递。德国政府建立了“危机预防信息系统”，用此系统向人们集中提供各种灾害知识和技能。如通过宣传手册、互联网、展览以及听众热线，重点介绍如何应对新型急性瘟疫、化学品泄漏和恐怖危机等；居民保护与灾害救助局出版了《居民保护》季刊，普及防灾救灾知识。

哥斯达黎加将公众灾害教育融入教育系统，建立了减灾融入国民教育计划。哥斯达黎加因为地理原因经常受到地震、火山爆发等自然灾害的侵袭，政府一直把灾害教育作为国家发展战略，并通过国民教育计划对灾害教育与教育系统融为一体。早在1986年，哥斯达黎加国民减灾教育计划就已经作为非正式计划，在农村地区，特别是自然灾害侵袭的地区实施。随着时间推移，计划不断强化和拓展，目前已经开始被引入私立教育领域。目前，哥斯达黎加已经形成了完善的减灾教育管理体制，他们采用综合性的主题方式，发展减灾教育课程，注重学校与社区之间的联系，力图创造出一种重视减灾、了解减灾和预防灾害的社会文化环境。哥斯达黎加以学校为减灾教育基地，扩大减灾教育的社会影响，让社区成员参与到教育和管理当中，使减灾教育持久进行。经过多年的实践和探索，哥斯达黎加形成了重视减灾教育的良好社会氛围，并建立起了政治、法律、行政、技术协同机制，为减灾教育的发展提供了广阔的空间，深得联合国国际减灾策略机构的赞赏与推荐。

以上，我们可以看到各国建立的灾害教育系统中公众灾害教育内容和手段既有相似点，也有不同之处。相似之处包括：以社区为单位的自然灾害教育实用性强、效果好，是提升整个社会防灾能力的有效手段；建立减灾教育场所也非常有助于公众灾害教育的实施；此外，建立灾害纪念日、印刷和发放灾害材料是各国实施公众灾害教育的普遍手段；规定媒体在公众灾害教育中的法律地位也许更有利于发挥媒体的作用。但是由于各国情况不同，各国具体的公众灾害教育内容和一些实施手段并不相同。相关学者指出，在公众灾害教育方面指出“国外组织实施民众防灾教育的渠道是多种多样的，其中政府起着关键的主导性作用。在此基础上，各国一般都把学校、社区和公共媒体作为实施民众防灾教育的主渠道”。由于许多国家人口普遍以社区聚集分布，所以各国普遍认识到了“社区在民众防灾教育中有着重要的地位和作用。……重视充分发挥社区的作用，以推动民众防灾教育工作”；而现在已经是信息时代，各国都很注重通过媒体作为灾害教育的手段；而且各国非常“注重教育内容的规范性。教育内容是根据所在地的具体情况而精心选择的；教育计划是根据民众的实际情况而认真制定的；教育步骤是根据需循序渐进的原则而逐步实施的。具体规范的防灾教育内容能极大地提高民众应对灾害的针对性和有效性”；从而让民众具备“全面系统的民众防灾能力培养……一是要了解灾害，具备较强的危机意识；二是掌握防灾手段和措施，知道面对灾害应如何处理；三是具备良好的心理应对能力，在灾害发生后能保持头脑冷静、行动自主”；并且“营造浓厚持久的民众防灾教育氛围”，使民众时刻都能受到灾害教育，形成永久的灾害意识。而设立灾害纪念日、建立灾害主题纪念馆或纪念公园等是各国采取的有效手段。

比较我国和各国的公众灾害教育，可以看出二者的教育途径大体类似，都包括建立和使用灾害教育场所、媒体宣传和集中宣传三类。但是国外以社区为单位的公众灾害教育的实施程序、灾害教育场馆的运行方法，还有确定媒体在灾害教育中的法律责任和地位，从而建立一整套适合本国的完善社会安全文化体系等内容仍然非常值得我们学习和借鉴。

另外值得一提的是，国际博物馆协会的考古与历史博物馆委员会（ICMAH）举办的2008年年会的主题正是“博物馆和灾害”。会议探讨了博物馆在自然、经济和军事灾害方面的直接、间接影响，主要内容包括灾害解说方面的道德伦理问题、建立真相、传递信息和展览设计四个方面。道德伦理问题是指博物馆工作人员在寻找和解说灾害展品时要面对什么特殊的伦理道德问题，如博物馆对人类所承受的灾害痛苦的展示是教育还是利用？临界点在哪里？博物馆可以在没有本人或其家人的允许下展示他们的图像吗？等等；建立真相涉及研究博物馆是采用哪种角度进行灾害解说，是从受害者及其家人的角度，还是政府、媒体、专家等？博物馆的解说可靠吗，值得相信吗？等等。传递信息是探讨博物馆展示灾害的目的，是为了简单地记载或纪念一件可怕的事或者生命的消逝？还是有其他原因，比如想要影响现在和未来的决策、带来改变等，展览设计是研究怎样能使参观者效果最大、最优化，探讨展品解说、事件视频或历史陈述、展示设置、计算机动画和其他高科技方法等解说手段。其会议论文集共收录 17 篇论文，针对自然灾害的论文有 5 篇，研究对象包括自然灾害的论文有 3 篇，除了叙述博物馆在自然灾害纪念、教育、减灾方面的功能、表明建立自然灾害博物馆的重要性之外，还提出了让灾难受害者教授他人自己的真实经验、建立 TeLL-Net（国际灾害实际课程迁移网络）等新的解说手段，尊重藏品和公众等观点，非常值得学习和借鉴。如《1953 年 2 月的洪水》描述了荷兰为纪念 1953 年 2 月大洪水而建的博物馆及其新馆扩建工程，说明了博物馆在纪念自然灾害、提醒及教育公众方面的功能，表明了建立自然灾害博物馆的重要性；《飓风卡特里娜：对新现实的适应》探讨了美国政府应对自然灾害的政策体系的问题，指出要从博物馆等存有的自然灾害档案中获得经验；《日本神户阪神—淡路大地震博物馆展览的成果和挑战》介绍了日本神户阪神—淡路大地震博物馆展览取得的成果和面临的挑战，并且指出了一个重要经验：地震中的幸存者作为志愿者把他们的存活经验和学到的课程传播给参观者；《灾害和博物馆实物展览间的实际课程迁移和博物馆展览的期望》介绍了 TeLL-Net（国际灾害实际课程迁移网络），让许多灾难受害者借助博物馆及其他形式教授他人自己的真实经验，实现灾害和博物馆实物展览间的实际课程迁移；《灾害教会了我们什么》指出博物馆员工是为他们管理的文化藏品服务的，博物馆要让藏品“自己说话”、公众自己探索，博物馆要尊重藏品和公众。另外值得一提的是国际博物馆协会很重视博物馆藏品的保护、修复，以及博物馆应对自然和人为灾难的综合紧急管理，因为好的藏品更利于博物馆教育等功能的发挥。如《博物馆对抗自然灾害的藏品保护和自我保护》主要探讨博物馆在自然灾害中的自我保护，指出要确定保护对象、目标和措施；《降低博物馆藏品风险的案例——博物馆应急计划》介绍了为了保护处于紧急状况的博物馆藏品，国际博物馆协会（ICOM）2002 年启动了一项长期博物馆紧急计划（MEP），还介绍了国际博物馆协会（ICOM）与国际文化财产保护与修复研究中心（ICCROM）和盖提文物维护中心（the Getty Conservation Institute）合作开发的“综合紧急管理合作”培训课程。

此外，还有一些学者也探讨了博物馆自然灾害教育解说方面的内容，如

Social Education for the Prevention of Natural Disasters in the Museum 中指出其在日本兵库县南武地震学习展中发现，日本兵库县南武群众更加关注住宅附近的活动断层分布，指出自然灾害展览解说应关注日常生活中的专业知识，如地球科学知识等；Dinosaurs and Disasters Day at University of Nebraska's State museum: A Joint Effort to Explain Natural Disasters to the Public 中指出了内布拉斯加大学的国家博物馆让本科生和研究生参与博物馆解说，介绍海啸、泥石流、火山爆发等自然灾害过程，建立公众和科学之间的桥梁，吸引了大批参观者，取得了良好效果。

会议主题和相关研究反映了国际对博物馆向公众传播灾害知识、技能等作用的重视，“博物馆和灾害教育”已成为国际研究热点；而且灾害教育场馆的研究集中于场馆的解说；另外，让灾害幸存者参与场馆解说和灾害教育是一种公众灾害教育新方法。

2. 我国公众灾害教育存在的问题

我国公众灾害教育状况并不理想，其研究还面临许多问题。比如，公众灾害教育实施主体是谁？通过何种途径开展？实施效果如何？再比如，公众灾害教育中的灾害教育场所就存在以下问题：教育功能尚待开发；缺乏相应机制和专门人员；未与学校教育教学资源相联系等。为促进公众灾害教育的开展，亟待发展公众灾害教育开展模式、价值研究与效果评价等研究。

3. 开展模式

研究选择不同公众灾害教育实施主体，分析其在提高公民防灾素养的作用，以明确公众灾害教育的开展方向。灾害遗址、灾害纪念公园是重要的社会灾害教育场所，防灾纪念馆等场所要使用恰当的教育方式与方法，解说是该场所进行灾害教育的手段之一。政府部门应该统一协作，明确责任，如地震局开展防震减灾科普示范学校建设活动，通过由上而下的形式，提高学生防灾素养，之后向社会公众传递。学会组织应该通过学术交流，开展基于研究的灾害教育。媒体、NGO 的角色与作用需要进一步深入研究。大众的消息来源主要来自于媒体，媒体对突发灾害事件的报道方式、报道内容、报道视角都至关重要并值得研究。NGO 在公民社会建设过程中意义重大，与基于社区的公众灾害教育开展模式尚需进一步研究。总之，公众灾害教育实施主体应该统一协作，形成合理结构，发挥更大的功能，通过教育减轻灾害所带来的影响。如开展全民防灾周活动，开展以社区为单元的公众教育，使民众形成“自助为主，共助为辅，公助为补”的意识，自力更生，在灾害来临时最大程度保护自己的生命，共同促进公众灾害教育的开展，提高全民防灾素养。

值得一提的是，北京市地震局组织相关人员编写了一套防灾减灾教材（面向中小学生），并开展了系列培训、调查等活动，通过研讨、项目总结以及参观国家地震搜救基地等活动，希望推动学校灾害教育，提高师生防灾素养。

目前，国内灾害教育读本、教材并非缺乏，反而觉得有泛滥之态势，我们应该编写高质量的教材，多出精品，漫画、网络游戏、电子教材等新形式都应该积极纳入，同时，勿让灾害教育教材也成为一种“灾难”！

公众灾害教育是减灾事业的重要组成部分。加强公众灾害教育是提高我国综合减灾能力的重要战略措施。《中华人民共和国防震减灾法》等法律法规对此项工作作出了明确规定。如，《中华人民共和国防震减灾法》第七条规定：各级人民政府应当组织开展防震减灾知识的宣传教育，增强公民的防震减灾意识，提高全社会的防震减灾能力；第四十四条规定：机关、团体、企业、事业等单位，应当按照所在地人民政府的要求，结合各自实际情况，加强对本单位人员的地震应急知识宣传教育，开展地震应急救援演练。学校应当进行地震应急知识教育，组织开展必要的地震应急救援演练，培养学生的安全意识和自救互救能力。新闻媒体应当开展地震灾害预防和应急、自救互救知识的公益宣传等。

参考文献：

[1] 张英. 中学师生防灾素养调查与课程教学策略研究 [D]. 北京师范大学博士论文，2012.

加强管理体制改革和法制建设，减轻林业生物灾害风险

张真[1]，李双成[2]，肖文发[1]

（1. 中国林业科学研究院森林生态环境与保护研究所国家林业局森林保护重点实验室，2. 云南曲靖林业局）

摘要 我国是世界上森林有害生物发生面积最大、损失最重的国家。管理体制的问题和法制建设不完善是森林病虫害高发的重要原因。管理方面的问题包括管理经费不足、投入机制不利于积极防控生物灾害、机构不健全、人员素质不能满足需要等。法制建设方面主要是对现有法规的执行偏差，缺乏针对外来入侵生物的专门法律。建议投入与发生面积脱钩，制定森林有害生物监测管理经费与森林面积及营造林经费之间的合理比例；改进评价系统，加强奖惩措施；完善森林有害生物组织管理机构，尤其要重视县以下组织机构建设，制定基层森保机构的人员要求标准，配备具有一定专业素质的人员，保持相对稳定；明确由于森林有害生物发生需要紧急或及时除治时的特殊报批程序，尽快制定专门的《外来生物入侵防治法》，并对现有法律法规进行修改完善，统筹考虑各种生物灾害和非生物灾害的治理对策和具体的管理体系，达到综合防灾减灾的目的。

关键词 森林生物灾害，管理，法规

1. 引言

我国森林生物灾害近年来一直处于高发态势，年发生面积均在 1.75 亿亩以上，是森林火灾面积的数十倍，年经济和生态损失 1100 亿元以上，是世界上发生面积最大、损失最重的国家[1]。具体表现在如下几个方面：（1）常发性的重大病虫灾害尚未得到有效控制，松毛虫等在全国周期性大发生，杨树食叶害虫常年

大面积发生危害，全国林区鼠害日趋严重；（2）一些次要性和新的病虫害逐步演化成主要威胁，例如在长防林中，柏木叶蜂发生空前严重，三峡腹地长达65公里的柏树防护林濒于毁灭；（3）重大生态工程项目区病虫鼠害日趋严重，如三北防护林区以天牛为主的杨树蛀干害虫在多数地方尚未控制，长江防护林区松小蠹、木蠹象年发生面积100万亩以上；（4）外来有害生物构成严重威胁，松材线虫病、美国白蛾等重要入侵生物的危害在不断扩展，每年都会新增1—2种外来有害生物，如2013年新发现两种外来入侵种松树蜂（Sirex noctilio Fabricius）和椰子织蛾（Opisina arenosella Walker）[2]；（5）全球气候变化的趋势加大、加重了森林有害生物的发生。（6）威胁到人民群众的健康和生命。近年来林业有害生物扰民、伤人事件屡有发生。2013年，胡蜂在陕西导致196人受伤，44人死亡。红火蚁入侵不但危害入侵地的生物多样性，而且危害人体健康，入侵地人被叮咬的事件常常发生，叮咬后受伤人有烧灼痒痛感，出现荨麻疹、丘疹、水疱等，且约10%的人有发热、头痛、头晕等症状，1%的人出现全身过敏反应[3-6]；（7）我国森林健康状况欠佳，生物灾害还将持续处在高发态势，目前我国森林覆盖率已从新中国成立初期的8.6%上升到21.63%。但大多是中幼林、人工林，且纯林居多，质量好的森林仅占19%，生态功能好的森林仅占13%，处于亚健康和不健康等级的乔木林面积占25%。同时，中幼林比例高达65%，纯林面积高达61%。林业有害生物的危害涉及包括森林生态系统、湿地生态系统、荒漠灌木林系统均造成严重损失，直接危害我国的经济建设和环境质量。针对这种严峻的形势，在林业等多个部门协同推进下，我国首次从国家层面作出关于林业有害生物防治工作的重大决策部署，发布了《国务院办公厅关于进一步加强林业有害生物防治工作的意见》，为全面指导当前和今后一个时期林业有害生物防治工作提供了纲领性文件。

造成目前现状的原因是多方面的，有技术上的局限性，有认识上的不足，其中管理体制的问题和法制建设不完善是十分重要的因素。为了更好地落实国办意见精神，以下将分别对这些问题进行分析，并提出对策建议。

2. 管理体制方面的不足

目前我国森林病虫害管理方面主要存在以下不足：

（1）森林有害生物监测与防治费用仍然不足

虽然随着国家经济的发展，从国家到地方，在森林有害生物监测防治方面的经费都在不断增加，但仍远远不能满足需要，长期以来我国重营造林、轻管护的现象还没有得到根本的改变，每年在林业方面的投入都在1000亿至1500亿元，而森林有害生物监测防治投入仅为4亿—5亿元；某省2014年营造林投入约46亿元，而森林有害生物监测管理经费仅3000多万元，占比仅0.65%；云南某地区营造林经费每年为4000万—5000万元，森林有害生物监测防治经费仅80万—100万元，仅占营造林经费的2%。虽然森林有害生物的损失是森林火灾的数十倍，但森林火灾的投入却是森林生物灾害防治的3—4倍。由此造成森林质量不高，病虫害高发。国家安排的一些全国统一的活动，如森林有害生物普查，国家没有安排经费，地方执行就有一定的困难，尤其是经济不发达的地区，很难保质保量地完成任务。

（2）投入机制不利于积极防控生物灾害

目前我国的森林有害生物的投入，有相当一部分是救灾费，有灾就有钱，这样就影响了有害生物防治的积极性。对于一些常发性病虫害，完全可以有效地进行防治，但一些地方认为，没有灾害就没有经费了，所以有时也不积极防治。经费投入与病虫害发生面积挂钩，基层单位不能完全按实际情况上报病虫发生数据，影响了监测数据的准确性，从而影响了对病虫害发生状况的评价和趋势预测的准确性，导致政策制定和进一步投入等各方面的偏差。

（3）机构不健全

森林有害生物监测防治的队伍，技术水平和人员素质参差不齐，非专业的人员较多，很多地方人员的专业素质不能满足森林保护工作的需要，尤其是基层人员素质较差，而且流动性大，刚熟悉了就被调离，总是一些业务不熟悉的人员。另外，很多地方在县以下没有固定的人员负责森林有害生物的工作，这一层次的机构和人员是直接进行病虫害监测和防治的，如果不能保证就不能很好地实施病虫害的监测和防治工作。

3. 法制建设方面的不足

目前我国森林病虫害法制建设方面主要存在以下不足：

（1）有关法律法规执行有偏差

我国已颁布的《森林法》《病虫害防治检疫条例》都明确规定了有关林业主管部门对森林病虫害的管理责任和权力，但在执行的过程中存在很多偏差，一方面是责任不能很好地落实，另一方面一些应有的权力也不能及时实施。例如：有效防止大面积病虫害发生的关键就是在病虫害小面积发生的初期及时采取措施进行防治，尤其是一些蛀干害虫，个别受害时就必须及时清理，如果不清理，就会很快蔓延，到大面积发生时就难以防治了，造成的损失就十分巨大。但往往初期受到很多限制，不能做到及时防治，如清理虫害木需要层层审批，等批下来往往就错过了最佳除治时间，虫害木里的虫已经扩散，就达不到除治的效果。《国务院办公厅关于进一步加强林业有害生物防治工作的意见》中已提出“将林业有害生物灾害防治纳入国家防灾减灾体系”，认定了林业有害生物灾害防治的突发性、时效性和紧急性，确立了林业有害生物防治在需要紧急除治的情况下适用《森林法实施条例》第三十条第二款，因扑救森林火灾、防洪抢险等紧急情况需要采伐林木的，组织抢险的单位或者部门应当自紧急情况结束之日起30日内，将采伐林木的情况报告当地县级以上人民政府林业主管部门。但实际工作中很多地方仍必须有采伐指标，导致森林有害生物的除治不及时。

（2）没有针对外来入侵生物的专门法律

目前外来有害生物传入风险加剧，传播扩散速度提升。伴随着改革开放的逐步深入，我国国际贸易不断增多，物流活动更加频繁，外来有害生物入侵也呈加剧之势。据国家质检部门统计，1985年口岸截获的外来入侵生物500多批次，2000年上升到2000多批次，而2013年就急剧上升到61万批次。20世纪的100年间，入侵我国并造成严重危害的外来林业有害生物有25种，2000年以后入侵的达13种，平均一年1种。外来有害生物入侵造成的损失已超过林业有害生物损失的2/3。预计到2015年，我国将成为世界第一大旅游目的地和第四大客源地，今后5年我国将大量进口商品，外来有害生物入侵的风险进一步加大。

世界各国都十分重视对外来入侵生物的防范。美国1996年颁布《国家入侵物种法》。日本2004年制定《外来入侵物种法》。欧盟2014年9月通过了针对外来入侵生物的立法。与美国、澳大利亚等先进国家相比，我国相应的法律、法规仍不够健全，虽然相关的法律法规有近10部，但存在立法目的不够科学、法律规定不够明确、立法保护对象不全面等问题和不足，且至今没有专门的外来生物入侵法律。目前与生物入侵有关的法律法规大都是针对如何进行检验和检疫，防止病虫害等问题的发生进行规范和指导。相比较而言，涉及防治外来生物入侵的立法较为分散，并且对作为观赏品或其他一般贸易方式引进的物种，目前我国还没有专门立法，存在立法空白；没有形成防治外来生物入侵的具有针对性和全局性的法律体系。如我国刑法中规定了人为故意倾倒或生产中排放的污染物造成重大环境破坏应负刑事责任，但对于人为原因造成外来生物污染和环境灾害应如何处罚却没有明确规定，尚不能对其进行刑法处罚，只可以追究其经济赔偿的责任[7-8]。只有通过法律手段，才能够更加有效地执行外来有害生物管理的制度。

4. 对策建议

针对以上问题，提出如下对策建议：

（1）投入与发生面积脱钩，制定森林有害生物监测管理经费与森林面积及营造林经费之间的合理比例，从而促进对森林有害生物的及时监测和科学管理，达到有效保护森林的目的。

（2）改进评价系统，加强奖惩措施。生物灾害的发生和管理既是复杂的技术问题，又牵涉社会、经济等方方面面，不能仅以有害生物的发生面积等危害指标为评价依据，有关部门需要仔细研究如何科学地评价森林生物灾害的管理工作，制定合理的指标，对做得好的单位要有直接经济的奖励，不好的要惩罚，失职的要追究责任。

（3）完善森林有害生物组织管理机构，尤其要重视县以下组织机构建设，制定基层森保机构的人员要求标准，配备具有一定专业素质的人员，保持相对稳定，并不断地对基层技术和管理人员进行技术培训，提高他们的技术和管理水平。

（4）完善法律法规。应按《国务院办公厅关于进一步加强林业有害生物防治工作的意见》的精神，明确由于森林有害生物发生需要紧急或及时除治时的特殊报批程序和后续要求，避免由于不能及时除治病虫害等森林有害生物造成更大损失。

（5）尽快制定专门的《外来生物入侵防治法》，并对现有法律法规进行修改完善，统筹考虑各种生物灾害和非生物灾害的治理对策和具体的管理体系，达到综合防灾减灾的目的。

参考文献

［1］赵树丛．加强有害生物防治 维护森林资源安全［J］．中国绿色时报，2014.12.25.

［2］国家林业局．松树蜂、椰子织蛾被列为全国林业危险性有害生物，国家林业局网站。

［3］http://www.forestry.gov.cn/portal/main/govfile/13/govfile_2078.htm，2014.3.10.

［4］吴能简，卢文成，罗会明，何紫电，何剑锋，梁康斌，杨春，柯建义，肖康寿．中国大陆首次发现红火蚁伤人事件调查报告［J］．中国媒介生物学及控制杂志，2005,16（6）：

342-344.

［5］韩佳音，林立丰，陆文成，易建荣，张巧利，卢秀萍，陈健东．广东某村入侵红火蚁伤害及控制调查［J]，中国媒介生物学及控制杂志，2007，18（1）：20-23.

［6］陆永跃，曾玲．红火蚁 / 万方浩，郭建英，张峰主编．中国生物入侵研究［M]．北京：科学出版社，2009,51-53.

［7］蒋晶晶．防治外来生物入侵的法律对策思考［J］．经济研究导刊，2012，No.19(总第165期):91-94.

［8］闫夏．我国外来生物入侵法律问题研究［J］．山东行政学院学报，2012，No.3(118)：113-118.

防震减灾科普教育基地发展现状与方向探讨

张英，邹文卫
（北京市地震局）

摘要 防震减灾科普教育基地是防震减灾社会宣教的重要阵地，在传播防震减灾科普知识、营造防灾安全文化、提高全民防灾素养等方面起着十分积极的作用。新时期，防震减灾科普教育如何实现融合式发展、基地现状如何、存在何种问题、未来如何发展等问题值得我们思考。

关键词 防震减灾科普教育基地，现状，问题，对策

1. 防震减灾科普教育基地现状

地震灾害是对人类生存安全危害最大的自然灾害，具有突发性强、破坏性大、成灾性强、防御难度大等特点。我国是世界上地震活动最强烈和地震灾害最严重的国家之一。1976 年 7 月 28 日的河北唐山 7.8 级地震、2008 年 5 月 12 日四川汶川 8.0 级大地震、2010 年 4 月 14 日青海玉树 7.1 级地震、2013 年 4 月 20 日四川芦山 7.0 级地震，一再证明地震灾害是我国群灾之首。事实警示人们，必须高度关注地震灾害对我们社会的危害，只有未雨绸缪，才能减轻地震灾害带来的损失。

保障我国社会经济发展成果的安全，保证社会均衡的发展，提高全社会的防震减灾意识，加强城市对地震灾害的抵御能力，提高社会公众抵制地震谣言，在地震灾害中的自救互救能力，是各级政府的重要职责，符合国家可持续发展战略要求。增强民众防震减灾意识，是减轻地震灾害影响的重要和有效途径。目前的科学水平和科技手段还不能准确地预测地震，只能通过建筑物抗震设防、对公众进行防震减灾知识普及教育、自救互救训练等方法来减轻地震灾害对人民生命财产的危害。

科普教育，常常通过不同媒介进行，常见的如书本、电视片、杂志文章和网

页等。科技馆和博物馆一类的场馆也是重要的科普场所。因此，防震减灾科普教育基地是开展防震减灾宣传教育、增强公众的防震减灾意识，有效提高全社会的防震减灾能力的最佳场所和阵地。

经过多年的努力，我国防震减灾科普教育基地建设工作成绩斐然，不同规模和大小的防震减灾科普教育场馆，形成大、中、小配套结合的网络格局，成为中小学校的校外地震安全教育基地，同时也作为我国防震减灾事业对外展示的窗口，成为对社会公众进行长期的、春雨润物式地震安全教育的平台。

防震减灾科普教育基地是防震减灾社会宣教的重要阵地（以下简称科普教育基地或基地），其是普及现代防灾理念、传播地震和地震灾害科学知识、提升大众应急避险能力的基础性平台。这类基地为开展防震减灾科普教育、增强社会公众防震减灾科学素质发挥了重要作用，收到了显著的社会效益。为了更好促进基地的发展，使其能更加规范化、专业化、标准化，2013 年 6 月，中国地震局震害防御司发出了《关于开展国家级防震减灾科普教育基地运维现状调查工作的通知》（中震防函〔2013〕28 号），要求各省、自治区、直辖市有关单位，将各地的国家级防震减灾科普教育基地运维情况以调查表和总结形式按照要求上报，以分析总结。通过对这些报表和总结分析，我们发现了一些共性问题，并在此基础上提出了一些建议，以明确基地未来发展方向。

1.1 防震减灾科普教育基地数量

自 2005 年中国地震局在全国推进防震减灾科普教育基地建设以来，已经认定了 96 个国家级防震减灾科普教育基地。其中 92 处有上报材料。96 个国家级地震科普教育基地授牌年份为：2005 年，20 处；2006 年，15 处；2007 年，5 处；2008 年，5 处；2009 年，6 处；2010 年，7 处；2011 年，20 处；2012 年，18 处。见图 1。

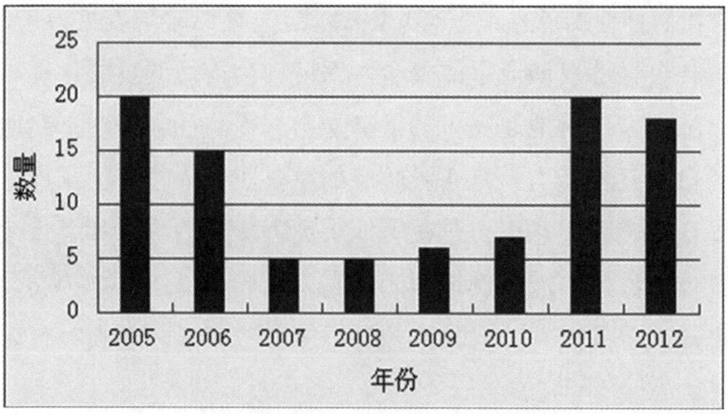

图 1

不难看出，2007年到2010年之间，新增的科普教育基地较少，这与此阶段、汶川地震后，国民防震减灾意识大幅提升、对地震灾害问题关注度大增不相符合。这不得不令我们思考是何种因素导致了此种现象的发生？可能此阶段，社会主要关心灾后重建等立竿见影的工作，对灾害科普教育场馆建设关注较少。

1.2 防震减灾科普教育基地类型

基地主要类型以地震台站、地震局办公场所（科普展厅）、综合类科教馆（专门的抗震纪念场馆以及综合类博物馆、科技馆中的展厅）、中小学校为主。不难看出，地震部门所属场地和综合类科教馆是防震科普教育的主要力量。见表1。

表1

类型	综合科教馆	地震台站	地震机构办公场所	高等院校或科研机构实验室	高等院校或科研机构办公场所	中小学校	其他
数量	36	22	16	2	0	11	10

但值得注意的是，除地震系统外，中小学校对防震减灾科普教育具有一定的积极性，广大中小学校从学校特色建设、学生安全角度考虑，开发了相应的校本课程，建设了一批防震减灾示范学校，从中也有一批被授予科普教育基地称号。

从学校教育视角，教育分为校内教育、校外教育，近年来，随着素质教育的推进，校外教育机构，诸如青少年活动中心、少年宫、妇女儿童活动中心、少年科学院以及青少年素质拓展训练中心的数量大幅增长，其对科普教育也贡献了一份力量。

同时，从非正规教育维度来看，动物园、国家地质公园等传统意义的旅游休闲地也可担负起防震减灾科普宣教工作的重任。这需要我们拓宽思路，开阔眼界，在更大范围进行基地建设。

值得注意的是，依托高等院校或科研机构办公场所、高等院校或科研机构实验室建设的基地较为少见，这可以作为今后基地建设的努力方向。企业与地震系统合作模式也值得推广。

1.3 防震减灾科普教育基地分布情况

防震减灾科普教育基地地域分布不均，大陆地区（不包含港澳台）除西藏、贵州、湖南、宁夏、重庆外，基本都建设有一定数量的基地。是否每个省区都需要一定数量的基地？还是地震频发的省区需要更多的基地呢？这需要管理部门进行研究和思考。

防震减灾科普教育基地建设的数量与省市经济发展程度、政策支持、领导重视程度、地震潜在影响等因素有关。今后防震减灾科普教育基地认定是否应向空白地区倾斜？工作的着力点应该放在哪些地区呢？建议尽早开展全国防震减灾科普教育基地规划研究。

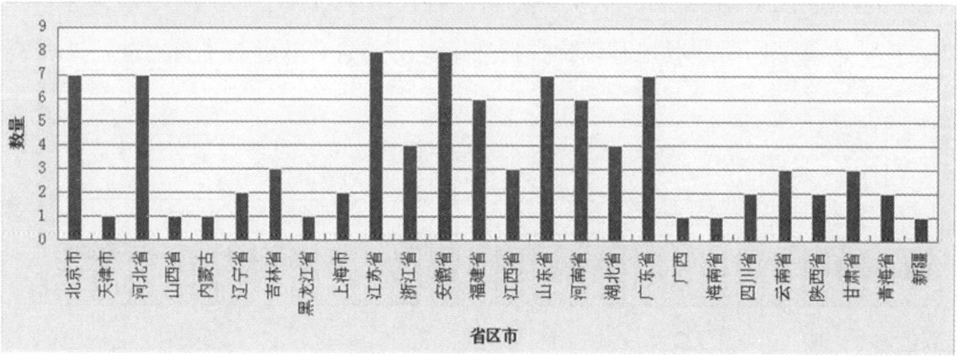

图2

1.4 人员配备

1.4.1　专职讲解人数

专职讲解人数取平均数，可为基地评比提供参考。上报数据平均值约为4人，最大值为30人，最小值为0人。10人以上的8处，5—10人的11处，其余均为5人以下。9处基地无一专职讲解员，13处基地无数据，可认为21处基地无专职解说员，从材料上看专职的讲解员较为缺乏。

1.4.2 兼职讲解人数

兼职解说员人数平均值为8人，最大值为60人，最小值为0人。20人以上的基地为10处，10—20人的为13处，其余均为10人以下，5处基地无一兼职讲解员，8处基地无数据，可认为13处基地无兼职解说员，可见兼职的讲解员也较为缺乏。

1.4.3 注册志愿者数

注册志愿者数平均值约为64人，最大值为2000人，最小值为0人。100人以上的基地为8处，20—60人的基地为24处，其余均为15人以下，20处基地无一注册志愿者，17处基地无数据，可认为37处基地无注册志愿者，可见注册志愿者数严重分布不均衡，数量差异悬殊，有些基地亟须发展志愿者，壮大非政府组织的力量，促进公众灾害教育的开展。

1.4.4　讲解员受培训（人次）

讲解员受培训（人次）平均值约为 144，最大值为 10 000，最小值为 0 人次。100 人次以上为 4 处，20—98 人次为 28 处，1—18 人次为 44 处，13 处为 0。科普教育的质量在某种程度上取决于解说员的水平，适当的教育培训还是很有必要的，但目前培训差异相当大，从一方面可以看作是培训资源的分布不均，另一方面也可以认为是重视程度不够。建议开展全国性解说员、科普人员培训工作。

1.4.5　管理人员、辅助人员和技术人员总数

管理人员、辅助人员和技术人员总数平均值约为 17，最大值为 140，最小值为 0 人。50 人以上为 6 处，10—36 人为 37 处，2—9 人为 43 处，1 处为 0 人，3 处无数据，从一个侧面反映了调查问卷的质量与效度。

从专职讲解人员 / 管理人员的数量比可以看出，有 52 处基地管理人员数量超过专职讲解人员，人员构成尚需合理化，当然这也不排除数据调查的真实性；同时，需要注意的是，解说员一般没有正式编制，有编制的人员一般不从事讲解工作，或者只兼职从事。解说员的职业准入标准亟须出台，其专业发展尚需重视。

1.5　基础设施

1.5.1　展厅面积

展厅面积平均值约为 875 平方米，最大值为 13221 平方米，最小值为 40 平方米，可见基地面积差异悬殊。今后国家级防震科普基地是否需要制定各项硬件准入标准？诸如面积、设施、人员、活动开展情况等。

1.5.2　报告厅、影视播放厅数量

75% 的基地报告厅、影视厅数量为 1—2 个，22% 的为 3—5 个，3% 的基地数量为 5 个以上。报告厅数量应与参观游客数量综合分析，不能简单作为评估的依据。

1.5.3　布展设施

调查中的布展设施划分较为科学，也可划分为解说牌示、多媒体、折页、图书、互动设备等。调查结果显示，模拟地震和地震灾害现象的装置占 11.7%，智能化互动设施占 10.6%，最新型的仪器实物占 7.8%，老旧仪器实物占 13.3%，体验台（屋）等占 9.5%，电子图书占 8.4%，平面图文展板（包括橱窗等方式）占

18.3%，多媒体展示占16.4%，其他占4%。具体如表2（取平均值）。

表2

解说设施	模拟地震和地震灾害现象的装置	智能化互动设施	最新型的仪器实物	老旧仪器实物	体验台（屋）等	电子图书	平面图文展板（包括橱窗等方式）	多媒体展示	其他
比例	11.7%	10.6%	7.8%	13.3%	9.5%	8.4%	18.3%	16.4%	4%

1.5.4　智能化互动设施的名称和数量

有12处基地没有智能化互动设施，仅占13%左右，可见大部分地震科普基地的科技化水平较高，同时部分基地也尚待提高。

智能化互动设施主要分为地震演示模型、逃生技能训练等。具体有：建筑抗震互动演示模型；地动仪演示模型；地震监测演示模型；部分城市建筑物抗震性能普查系统；部分城区震害预测查询系统；全球地震带模型；防震减灾知识问答系统；纵波、横波地震体验台；避震知识摩天轮；全球地震带与动物博览；地震虚拟仿真场景逃生训练；动手搭建抗震建筑；家庭地震安全隐患排查；家庭地震应急包；模拟人急救展品；家庭防震避震综合演练体验；地震知识虚拟翻书展品；地震监测台网三维可视化交互系统项目；砂土液化演示；烟热训练室；地震断层带；电子祭奠系统；可控LED灯光地图模块触摸屏；电脑三维播放系统；防震练习小屋；工程抗震演示台；地震场景逃生演示系统；4D动感影院；地心探险之旅互动设备；玩转地球智能化互动设备；垂直直下型地震破坏体验模拟互动装置；家庭防震演练智能化互动系统；地震逃生训练系统多媒体；地震虚拟仿真场景逃生训练智能互动装置；地震及自救知识评价互动系统；人体心肺复苏教学模型等。

1.5.5　模拟装置的名称和数量

调查显示有14处基地没有模拟装置（仅占15%左右），模拟装置主要有地震模拟体验小屋等，有的基地装置数量多为一件。具体有：火山引发地震、地震引发海啸、地壳板块挤压断裂、平行断层、地垒、地堑、模拟地震台、倾斜小屋、地震解析模拟装置、建有可供学生逃生训练用的模拟逃生通道、虚拟地球、地震地质构造沙盘、解析地震模拟演示、板块位移演示、地震知识抢答、地震场景逃生环幕投影、地震前兆知识讲解等设备、八大行星运转、构造地震模拟演示器、地震过程演示、地震虚拟场景逃生练习、建筑结构抗震减震技术体验、地震小屋及逃生通道、地震体验室、火山喷发场景、地震正逆断层演示仪、地震模拟仪、复苏训练模拟人、地球内部构造模型、模拟地震记录仪、水位仪、电磁观测仪、气象观测仪、手摇计算器、短波电台、地球结构、地震灾害小屋、大型动态演示半景沙盘、大地震的历史记忆仿真立体场景、地震体验平台、地心探险之旅、弹簧与摆的共振、地震灾害虚拟翻书、地震破坏倾斜小屋、烟雾逃生通道、地震仿真逃生训练、模拟地震体验仪、构造地震模拟演示设备装置、认识地震模拟演示设备、建筑结构抗震减震技术体验模拟装置、动手搭建抗震建筑模拟装置、沙土液化震害模拟演示装置、地震模拟体验平台装置。

1.5.6 多媒体展示装备数量和展示内容

分别展示地震波形、地震科普展馆介绍、应急避震和美国红十字会短片、地震奇观、躲避震害、地震灾害、防震减灾、地震百科、地震是如何测定的flash动画演示、播放地震科普宣传片、地震预警、大陆漂移和板块构造、地震灾害回顾及预防、自救互救的方法等、虚拟地球、地震地质构造沙盘、解析地震模拟演示、板块位移演示、地震知识抢答、地震场景逃生环幕投影、模拟人急救展品、家庭防震避震综合演练体验、地震知识虚拟翻书展品、地震如何捕捉的展品、地震监测台网三维可视化交互系统项目、砂土液化演示、动手搭建抗震建筑、地震前兆知识讲解等设备、地震与求生多媒体系统、火山带与地震带、抗震防震技术多媒体、地震监测预报多媒体、防震避险知识多媒体、地震科普知识多媒体、地震科普小游戏媒体、声光设备一套、火山声光多媒体、行星运转多媒体设备一套、环幕及多媒体放映设备一套、液晶等离子电视机DVD机、液晶电视一台、地震科普大厅模拟主持人、板块与漂移多媒体演示系统、板块与世界地震带多媒体演示系统、地震灾害多媒体系统、构造地震多媒体、地震波的传播多媒体、地震基础知识和铜陵地震工作展示多媒体、地震宏观前兆现象多媒体、防震减灾多媒体、地震及次生灾害自救多媒体等。

1.5.7 专有的网站、网页或微博

17处基地没有建设专有的网站、网页或微博，约占18%。但是网站的互动性功能不足。同时，网上科技馆、博物馆也是未来发展方向。

1.5.8 布展设施的主要制作者

21处基地布展设施为公司制作，20处为地震系统制作，10处左右为学校制作。其余为个人或上报数据不清。

1.6 展示内容

1.6.1 展示内容涉及领域

表3

展示内容	其他	自救互救的常识	公众地震时应急避险的常识	学校、医院等防震避险常识	居家防震的常识	我国地震应急救援的现状	震灾预防的主要措施和做法	震灾预防的基本概念	地震次生灾害及其预防的常识	地震灾害的常识	地震监测预报的现状	地震宏观异常、地震预测方法	地震活动的基础概念	地震地质知识	法律法规、标准计量	地震工作的历史演化
平均百分比	6%	8%	7.4%	6.3%	7.8%	3.5%	8.1%	5%	6.5%	8.2%	4%	5.4%	7.9%	9.1%	3.3%	3.5%

从展示内容涉及领域看，学校、医院等防震避险常识为6.3%，居家防震的常识为7.8%，我国地震应急救援的现状为3.5%，震灾预防的主要措施和做法为8.1%，震灾预防的基本概念为5%，地震次生灾害及其预防的常识为6.5%，地震灾害的常识为8.2%，我国地震监测预报的现状为4%，地震宏观异常、地震预测方法为5.4%，地震活动的基础概念为7.9%，地震地质知识为9.1%，法律法规、标准计量为3.3%，地震工作的历史演化为3.5%，其他为6%，自救互救的常识为8%，公众地震时应急避险的常识为7.4%。

1.6.2 更新周期

6处基地上报数据显示无更新，21处更新周期为1年，22处更新周期为2—5年，其余为无数据、三个月、六个月周期。更新周期不应该墨守成规，震情数据、灾害历史应实时更新，在网络时代，尽量做到信息同步。

1.6.3 定期更新哪些内容

6处基地上报数据显示无更新，主要可分为地震监测、震害防御、应急救援三方面内容，定期更新的内容有：最新的地震活动、防震减灾工作动态、防震减灾科技发展、防震减灾知识、科技常识、科普书画、社会公益宣传、专业学科知识、日常生活小知识、地震科普知识、全球及国内大地震、我国地震监测预报的现状、地震次生灾害与防御、预防主要措施、应急知识等、新发地震、台站建设、全球及国内最新震例、法律法规、地震工作动态、防震避险常识、公众地震时应急避险的常识、自救互救的常识、防震减灾知识和设备维护等。

1.7 接待参观和组织活动

1.7.1 年开放天数

统计资料中的基地年总开放天数为24507天，平均开放天数为275天。最长为365天，即全年开放；最短开放天数为10天。

1.7.2 认定以来总接待人次

统计资料中的基地年总接待人数为16478727人，不到全国人口的1%，可见防震减灾教育任重而道远。

1.7.3 年均接待人次

统计资料中的基地年均接待人次为5179484人次，不到全国人口的千分之二。接待数量5000人以下为32处基地，5001—10000人为15处，10001—20000人为19处，20001—50000人为12处，50000人以上为13处。

1.7.4 是否接待散客参观

统计资料中的基地有16处不接待散客参观，约占17%，多为台站、地震系统、学校类的基地。

1.7.5 参观是否需要预约

大部分基地参观需要预约。统计资料中的基地有26处不需要预约参观，约占28%，一般科技馆不需要预约，团队参观需要预约。

1.7.6 是否建立接待台账

除20处基地未建立接待台账外，其余均有接待台账。建立接待日志很有必要，除此之外，还应该积极积累资料并进行受众分析、游客满意度调查等工作。

1.7.7 是否有定期科普讲座

除20处基地无定期科普讲座，1处定期到学校等场所开展科普讲座，其余基地都有定期科普讲座。定期的科普讲座信息应提前通过网络、展板等形式公布，以吸引观众。

1.7.8 特殊时段开展活动情况

100%的基地都在防灾减灾日开放、开展活动；7·28纪念日开放的接近60%；科技活动周开放的80%；国际减灾日开放的30%；也有在特定地震纪念日开放的基地。

1.7.9 参观者主要构成

结合上报的数据、平均值计算，学生团体约占 50%，机关、企事业单位团体约占 20%，社区居民团体约占 10%，市民散客约占 20%。依托不同类型单位的基地参观者构成差异明显，学校主要接待学生，地震系统及科技场馆的参观受众构成比较多样化。

1.8 运行和维护保障

1.8.1 年度固定资金投入

年度固定资金投入平均值 292139 万元，最高为 8000000 元，最低为 2000 元。投入百万级有 5 处，十万级为 30 处，万级为 42 处，其余基地经费较少，为千余元。可见，有的基地经费来源问题比较突出。如何保障基地的有效运行，是否可统一申请财政拨付，或者以奖励的形式补贴一些优秀的基地。

1.8.2 主要经费来源

绝大部分的基地为财政拨款（地震、教育系统或政府街道）、浙江东方地质博物馆、烟台地震科普教育基地、广东省从化市喜乐登青少年素质拓展训练中心 3 处基地为企业性质。自筹经费的有内蒙古地震科普教育基地、宿州市地震科普馆、瑞昌市“11 · 26”地震博物馆、南昌市东湖区科普安全宣教中心、中国熊耳山防震减灾科普馆、揭阳市素质教育培训中心、云南省普洱市地震局大寨观测站，有的基地有经营性收入，如公园等地。

1.8.3 参观的收费和免费情况

绝大部分的基地为免费；极少数为收费，仅对团队游客收费；有些场所有阶梯票价。仅嘉兴市科技馆、浙江东方地质博物馆、烟台地震科普教育基地、潍坊市科技馆、武汉市妇女儿童活动中心、四川省青川县东河口地震遗址公园为收费或部分收费。

1.8.4 运行中的主要问题

运行中的主要代表性问题有：参观人数较多，互动展品因观众使用强度大，损坏率和维修率高，且存在观众操作不当、野蛮操作的现象；缺少体验式、互动式科普设备、设备更新不足；设施投入经费不足、缺少经费投入的长效机制；缺少专业讲解员，讲解人员的水平有待进一步加强；运营维护费用较高；电子设备长期出故障，维修昂贵；无科研经费和项目；防震减灾科普宣传设备的专业性有待进一步提高，无专业技术管理人员；解说信息更新周期过长，讲解人员未经过专业培训；场馆面积偏小、科技类互动设施缺乏、户外拓展项目少；缺乏多样化的宣传展品和互动体验设备；内容更新与观众互动不足；展示的实物资料和影像资料较少；科普教育基地的示范辐射范围不够大；遗址部分建筑因风化和腐蚀，需要加以修缮，每年固定运行维护资金难以满足修缮需求，还有的基地地质灾害较为严重。

1.9 成效评估

1.9.1 获得荣誉

大多基地同时肩负其他基地的职能，如有 9 处基地同时也是全国科普教育基地；也有担负全国少先队劳动实践达标基地、国家国土资源科普基地、大学教学实习基地、全国红色旅游经典景区、国家 AAAA 级旅游景区、全国少工委中国少年儿童平安行动体验教育基地、全国科技教育示范基地、全国青少年校外活动示范基地、全国青少年科技教育基地、全国重点文物保护单位、全国中小学爱国主义教育基地、全国爱国主义教育示范基地、全国综合减灾示范社区的职能。

少数获得国家级荣誉称号，如广东省地震科普教育馆获得 2012 年度"优秀全国科普教育基地"荣誉称号、广州市中学生劳动技术学校获得"全国青少年校外教育示范基地"、西宁地震台曾获"全国巾帼文明岗"、黄冈市李四光纪念馆被评为首批国家级"节约型公共机构示范单位"、唐山抗震纪念馆获得"防震减灾宣传工作先进集体"称号。鉴于省、市级别荣誉多项，暂不纳入统计。

1.9.2 投入经费 / 接待人数比例

投入经费 / 接待人数比可从一个方面反映出经费的使用效率，一般人均花费投入为 1—10 元左右，但是我们也不能认为人均花费越少成效越高。今后可以此为标准衡量基地的工作效率与效果。

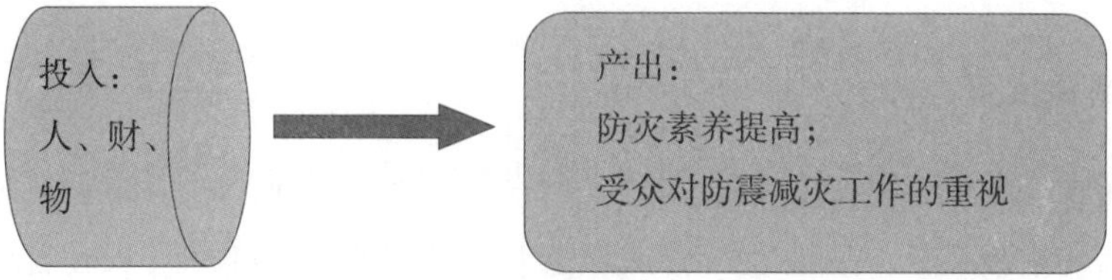

图 3

1.9.3 绩效评估

根据上报的总结报告，考虑国家级防震减灾科普教育基地需要一定的辐射范围，主要考虑其投入与产出比，而不仅仅考虑其硬件设施的先进程度。结合固定投资、人均经费、展厅面积、展品质量与数量、接待人数等指标，每一指标根据数值分段，赋分5—1分，再乘以不同权重求和，得出绩效评估总分，略去：

$\sum_{k=1}^{n} a_k$= 年度投资 * 权重15%+ 解说员人数 * 权重7.5%+ 培训次数 * 权重7.5%+ 展厅面积 * 权重15%+ 展品数量 * 权重7.5%+ 更新周期 * 权重7.5%+ 接待人数 * 权重15%+ 开放天数 * 权重7.5%+ 预约便利程度 * 权重7.5%+ 博客网站 * 权重10%

值得说明的是，得分较低的基地可能是因受其展厅面积、参观人数、资金投入、解说员人数及培训次数等因素的影响与限制，得分较低，不能反映其硬件程度好坏。后续评比应该考虑场馆特色，如不同类型的基地采取不同的评价标准；硬件评比与软件评比分开；专家评比与自评、游客评价相结合，以促进基地的可持续发展。

2. 存在问题

全国防震减灾科普教育基地建设工作起步不久，受社会、经济、科技发展水平的制约，基地数量较少、发展程度较低；受科普教育基地经费状况的限制，科普展示面积小、设施不齐全，经费长效机制未建立；科普工作形式较为传统、单一，人员专业化水平尚待提高；受众面较小，科普服务能力有待提高；基地内部差异较大等问题。

2.1 经费保障

调查研究发现，防震减灾科普教育基地存在如下问题。（1）经费投入不足；（2）教育项目所占投入经费的比例不合理，落实情况不到位；（3）经费投入的持续性与可靠性难以保证。

2.2 人员队伍

调查研究发现，其存在如下问题。（1）解说员培训资源有限，次数不足，专业发展不受重视；（2）基地人员构成不合理，解说员比例偏低；（3）工作人员专业发展动力不足。

2.3 开展方式

调查研究发现，其存在如下问题。（1）教育方法单一，主要以陈述性讲解为主，应多一些互动环节；适当开展一些“答题获奖”的活动，提高观众参与的积极性。(2)展品单一，展品展示应多样化，应加入体验式活动。(3)讲座较少，应邀请大学、地震系统的专家学者定期、不定期地开展讲座，以多种形式丰富防震减灾教育内涵。

2.4 教育效果

调查研究发现，存在如下问题：教育效果未检测，基地存在的意义是什么？受众防震减灾意识的提高依靠什么？如何检测？是否需要开展连续几年的防震减灾意识调查，以此来考察素养水平是否有所提升，这也是衡量基地价值的一个重要方面。

基地另一个价值，可以提高公众对防震减灾工作的认识，加强理解，进而支持防震减灾工作。

2.5 政策管理

有些被授牌的国家级科普教育基地有名无实，如北京海淀东北旺小学，实际上应该是防震减灾科普教育示范校，但既无展馆也无展品。有的早已消亡，如北京市海淀安全馆和房山区周口店猿人遗址科普教育基地都已撤除。而有些大型的、有相当影响力的防震减灾科普教育基地却未被授予国家级科普教育基地，如北川地震遗址区和纪念馆、科普馆，汶川映秀镇地震遗址与汶川“5 · 12”大地震震中博物馆。还存在缺乏长期规划、场馆建设分布不均衡、绩效欠缺等问题。

从业务管理部门的角度讲，一是缺少规范的业务标准或指导意见，使得基层场馆建设中缺乏内容和技术的规范和参考的依据。二是场馆管理缺少长效机制。如“国家防震减灾科普教育基地”工作整体存在着重创建、轻运行，重认定授牌、轻后期管理的问题。有些场馆管理制度不健全，甚至就没有管理制度。场馆无专业技术管理人员，讲解人员未经过专业培训，解说信息更新周期过长。

3. 对策与思考

鉴于存在的问题，提出以下建议：

(1)开展防震减灾科普教育基地管理评价体系研究，其中包括：建立基地的“进入－退出”机制；规范化发展，建立基地申报的标准与规范化程序，如市级两年后可申报省级，之后 3 年可申报国家级；评价主体多元化，如游客受众、专家或同行，促进基地健康发展。可参照附录评估指标进行，自主申报与考察评估相结合。

（2）开展防震减灾科普教育基地的标准化建设研究。其中包括：解说员专业化、解说设施标准化、解说信息规范化；建设全国性的科普人员培训基地、研究中心，加强对全国基地特别是经济欠发达地区的基地的支持和指导，同时，通过培训工作提高基地管理者、科普工作者的管理水平、科普服务能力；加强全国基地间的交流，资源共享；加强对全国基地的宣传，吸引更多的公众到基地参观学习；进一步发展和壮大全国基地队伍，满足更多公众不同层次、不同方面的需求。

（3）开展防震减灾科普教育基地的多样化发展研究。建立现代、开放、永续发展的基地发展体系；开展基地建设规划研究；开展与安全学校、社区建设联动。

以上提议，理应成为未来防震减灾科普教育基地工作重点研究的方向。

（4）防震减灾科普教育基地建设新模式的探索。从调研中总结出，经过十余年的发展，我国防震减灾科普教育基地已经有了规模，各地在建设过程中形成了一定的发展模式，初步形成了大、中、小配套格局，各地在建设过程中形成了各自的发展模式，但现在呈现的是一种自由发展，各显其能、缺乏梳理的状况。现在欠缺的是行业管理的系统化和规范化以及场馆的优化。如果把各个科普教育基地比作结在树上的果实的话，防震减灾科普教育基地体系就是一棵果树。体系的根本是树干和树根。如果根不深，干不壮，果实也就长不好。基地建设和运维不可能存在单一的建设和管理模式，它已经是而且应该是多种模式并存。但是，多种模式应该在一个体系之下共同和有序地发展。作为体系的树根和树干，体系应该起到监管、调节、支撑等作用。所谓监管就是约束性的，就是有关的法规和政策，还有防震减灾科普教育基地的考评标准和原则。所谓调节就是非约束性和参照性的，如内容指导大纲。支撑就是提供咨询和技术支持。要说新模式就是建立整个体系的模式，在体系内实现法规政策引领下的业务指导标准化、建设资金来源多样化、运维管理多元化、基地评价机制化、奖励整改经常化。用一个简单的公式表示，就是：防震减灾科普教育基地体系新模式 = 资金多样化 + 管理多元化 + 指导标准化 + 评价机制化 + 换牌经常化。根据以上结论，我们建议：

加强对全国科普教育基地的业务指导，尤其在科普内容方面，建议管理部门或以专业协会（中国灾害防御协会或中国地震学会）的名义成立考评标准和原则，并制定一份内容指导大纲供各地科普教育基地建设和运维工作的参考。

如有可能，实现资源共享，以中国地震局社会服务项目为蓝本，集全国各科普教育基地之大成，建设权威性的网上防震减灾科普教育基地。

参考文献

[1] Joseph P. Stoltman, John Lidstone and Lisa M. DeChano(Eds.). *International Perspectives on Natural Disasters: Occurrence, Mitigation, and Consequences* [M]. Dordrecht: Kluwer Academic Publishers, 2004：417-428.

[2] Koichi Shiwaku and Rajib Shaw(2008). "proactive co-learning a new paradigm in disaster education." *Disaster Prevention and Management*.

[3] John Lidstone（1996）.International perspectives on teaching about hazards and disasters, *Multilingual Matters*, 1996.

[4] 张英（2012）. 中学师生防灾素养调查分析及课程教学策略研究 [D]. 北京师范大学博士论文。

二

新型城镇化与防灾减灾

城镇建设中的地质环境科学利用问题*

刘传正[1,2]

（1. 国土资源部地质灾害应急指导中心；2. 中国地质环境监测院）

摘要 城镇化需要地质环境安全作保障，城镇建设需要地质工作先行。城镇建设的地质环境安全主要受控于地质环境条件组合及其变化，地质环境变化主要体现为边界条件、初始条件和激发条件的变化。城镇建设地质安全评价的方法论需要整体论指导以实现定性，需要分割论指导以实现定量分析。城镇建设过程中地质环境开发利用或工程规划建设误区初步划分为理念误导型、主观蛮干型、盲目扩张型和管理失控型等四种类型。本文描述了每种类型的基本特征，列举了对应的具体案例，分析了形成悲剧性或灾难性后果的原因。

关键词 城镇化，地质环境变化，整体论，分割论，地质环境利用误区

1. 引言

城镇作为人流、物流、信息流的集中地和交换节点，需要建设、运行和生态三个层面的安全保障。城镇化需要地质环境安全，城镇建设需要地质工作先行。

在需求层面，城镇社会、工程企业和公共管理需要正确认识与处理人与自然的关系，尤其在地质灾害易发多发地区开展新农村建设、居民点搬迁和城镇规划建设过程中，要选择安全地带，注意地质灾害治理与造地改良环境相结合，注意城镇化的适度问题。

作为“城镇人”，需要对自己所处的地质环境培育正确的认知，政府与社会

* 国家地质调查计划项目（1212011220125）。

的行为要与经济社会发展阶段相适应，要处理好政府、企业、社会和公众等层次的责任分担问题。由于政治经济、社会人文和历史沿革的差异，不同人居区域及其所处地质环境类型会面临不同的地质安全问题，也就需要自觉地针对各自的问题研究正确的应对策略。

由于缺乏正确的自我认知，盲目追求所谓“发展”或快速城镇化，城镇建设自然会出现事倍功半或陷入困境。地质灾害调查评价与风险区划服务土地开发利用、城镇安居、工程建设和社会保险，是现代“城镇人”必须树立的科学理念。

地质工作必须超前于土地利用规划，或者说，地质环境开发利用必须以地质调查评价结论作为依据，特别是地质环境脆弱区的开发应作为关键地带（critical zone）立法限制。规划是上层建筑，地质是安全基础。建筑规划师需要培育规划、设计、施工、运营、维护全过程的地质环境科学利用观和防灾减灾理念，才能使自己的规划建筑具备坚实的安全基础。地质师需要树立服务规划建设的理念，力求自己的工作成果科学有据，简明易懂，才能服务到位，实现自我价值，推动减灾文明发展与社会行动。因此，城镇规划建设过程中，地质师与规划师是彼此互馈的伙伴关系，而不是相互疏离或彼此无关。

2. 地质环境及其变化

在城镇建设过程中，地质灾害防治与地质环境科学利用是一体两面，主要涉及区域、场址和地基三个尺度的地质安全问题。一般地，城镇建设规划阶段的地质环境安全评价或地质灾害风险区划属于中尺度场址评价问题。

2.1 地质环境

在区域尺度上，区域评价边界是多个局域水系的共同分水岭，涉及区域内部多个地质环境单元。实际工作围绕“地形、地质、水文”三个基本要素开展工作，调查识别和分析预测地质灾害，评价区域地质安全性和环境稳定性，提出人类活动或灵生地质作用（anthropogeneous geological processes）的合理方式及限度[1]。研究成果服务于区域地质环境合理开发利用与防灾减灾规划，支撑土地利用、城镇建设和生态环境保护相关的立法、决策和监管，避免过度向山要地，进沟发展，甚至挺进洪泛区，造成被动抗灾的困境[2]。区域地质环境研究属于大尺度小比例尺问题（1∶5万—1∶10万或以上）。

在场址尺度上，一般涉及单个地质环境单元的内外地质灾害风险，考虑问题的范围到该地质单元的局域分水岭。研究的主要问题包括避免把沟河流路如河床、河漫滩等规划为建设工程区或人类居住区，评价预测远程地质灾害风险，服务于工程场址安全，并作为风险管理或风险调控的依据。场址地质环境研究属于中尺度中比例尺问题（1∶1万—1∶5万）。

在单个地质块体或地基稳定尺度上，要避免民居建筑物和工程设施规划建设在危险地质体上。工作重点是研究建筑物所在地质块体及其上工程地基的稳定性，确保避开所在区段的单体滑坡、山洪泥石流灾害风险。研究工作要突出“原型观测”“原型试验”“原型研究”“原型设计”和“原型检验”的理念，避免轻视地质认识深度而迷信或依赖物理模拟或智能模拟[3]。基于变形和强度控制，重点研究地质块体在特定激发因素作用下的变化及其持续期或驰豫期。确有必要且条件许可时，可考虑研究地质块体安全性改良的可行性、工程对策及开发利用的限制条件等。块体或地基地质环境评价属于小尺度大比例尺问题（1∶1千—1∶1万）。

2.2 地质环境变化

城镇建设的地质环境安全主要受控于地质环境变化，地质环境变化主要体现为边界条件、初始条件和激发条件的变化[4-5]。地质环境变化会导致地质块体或单元发生物理力学意义上的失衡破坏，形成地质安全隐患，直至引发地质灾害。

例如，滑坡灾害的边界条件包括地形高差、坡度、微地貌效应、地质体完整性及其所处褶皱构造部位、断层上下盘关系等，这些条件控制研究对象的分割面、表面或交界面的特性，决定了地质力学模型中跨越不连续边界处的渗流场、应力场的性质。初始条件及其改变主要涉及岩土的含水状态、物理、水理和力学性质、地下水的性质和静、动力学平衡条件等，更精细的描述则包括地质体的初始位移量、初始位移速度、位移加速度和初始应力状态等初始变量组合。

激发条件的实现一方面依赖于激发因素的位置、时机、强度、周期和持续时间等，另一方面也与地质体的边界条件与初始条件对外界激发作用的敏感性密切相关。例如，台风暴雨会激发大面积的群发性坡面泥石流，持续降雨会孕育激发大滑坡的发生，大幅度的水库水位涨落对顺层斜坡或松散堆积体失稳会产生强烈的激发作用，而强烈地震，特别是能够产生地震波放大效应的区域或地段则可能会激发大型山崩或顺层大滑坡。

不同的主导激发因素可能形成不同的灾害链式反应。例如，地震作用引发山体破坏—堵塞河道—溃决洪水泥石流—冲淤作用—损毁土地、村镇及工程设施等链式灾害；台风/强降雨作用引发山体破坏—堵塞河道—溃决洪水泥石流—冲淤作用—损毁土地、村镇及工程设施等链式灾害；不合理的人类活动引发山体破坏—堵塞河道—溃决洪水泥石流—冲淤作用—损毁土地、村镇及工程设施等链式灾害。

3. 认识论与方法论

城镇建设三个尺度的地质安全评价都需要正确的认识论和方法论理念作为指导，认识论解决问题的可知性，方法论解决问题的处置对策。一般地，宏观把握采用整体论以定性，具体分析采用分割论以定量，二者结合，相互补充，相互校验，共同解决问题[6]。

3.1 认识论

在认识论方面，工程地质问题或地质灾害的共性和个性都具有复杂性、非线性性、不确定性或随机性，决定了地质灾害发生的空间、时间、强度和危害的确定性研判是有条件的。问题的根源主要是地质体重力作用的失衡，其共性和个性反映了地质体边界条件、初始条件和激发条件的组合变化。对于确定时间、空间和作用条件，把问题简化为线性和确定性问题处理是可以接受的，简单性的叠加基本可以描述其成因模式，不确定性或随机性可以限制在有限影响的尺度上。因此，立足于反映研究对象的整体特征或满足减灾的基本需求，可以确立工程地质问题或地质灾害是可认识、可防治的。

3.2 方法论

在方法论方面，宏观层面可以立足于非线性、复杂性思考问题，实际工作可以采用线性组合、确定论方法解决问题，现有的数理科学、基础地学、工程地质和岩土体力学等用于研究防灾减灾问题是有效的。整体论是战略指导性理念，用以宏观把握工程地质问题或地质灾害的共性，判断概化全局性的问题，谋划防治对策和优化工程主体布局，指导修正基于分割论得到的结果。分割论是战术指导性理念，用以解剖工程地质问题或地质灾害的个性，分析成因机理，计算单元体的属性，并把结果反馈到整体论层面进行对照检验、评判修正，追求有限时空的确定性，基本达到“逼近实在”。

科学利用地质环境或宏观谋划防治地质灾害需要整体论。地质灾害调查区划按行政单元或流域部署就是立足于整体论，野外按分图幅开展工作，按地质块体单元描述是立足于分割论。立足于数理统计分析的地质灾害区域评价和预测预警是整体论，滑坡单体勘查评价与监测预报是分割论。地质灾害防治工程的概念设计或顶层设计是整体论，地质块体分析、数值计算和工程结构设计是分割论。

4. 地质环境利用误区

4.1 基本认识

初步考察我国部分城镇的地质环境利用过程，可以把城镇建设过程中地质环境开发利用的认识误区或失误划分为四种类型，即理念误导型、主观蛮干型、盲目扩张型和管理失控型。

（1）理念误导型，是指不是根据地质环境条件进行规划建设，没有把地质工作作为土地利用规划的先导，而是“围绕工程需要搞地质”，工程规划建设到哪里，地质工作就部署到哪里，完全违背科学技术认知规律和基本建设程序，如三峡库区巴东县新城区的规划建设。

（2）主观蛮干型，是指不尊重科学知识，不懂得山体斜坡的自然稳定性是长期形成并逐渐休止的，不顾地质环境条件而随意扩大城镇建设场址，凭主观意志就决定开挖斜坡，不进行预加固可行性论证或实施预加固，招致重大滑坡险情甚至灾难的情形，如四川省丹巴县城。

（3）盲目扩张型，是指对城镇所处的地质环境条件、地质灾害危险性和风险性缺乏科学认知，随意扩展规划建设区域，占用了山洪泥石流通道，形成重大地质隐患或酿成重大灾难，如甘肃省舟曲县城。

（4）管理失控型，是指认识到所处地质环境的恶劣态势，但综合防治体系建设滞后，搬迁避让行动拖延，甚至城镇建设继续扩展而陷入更为被动的局面，如重庆市武隆县羊角镇。

4.2 案例分析

4.2.1 理念误导型：三峡库区巴东县新城区建设“三次选址，两次搬迁”

三峡库区巴东县新城区规划建设中的地质工作总体上走了一条被动应对的路子，基本是跟着工程需要搞地质[7]。

1982 年，巴东县新城址选定黄土坡一带并陆续开始建设。1988 年勘察确认该地段存在巨型古滑坡（黄土坡滑坡）而重新选址。1992 年，第二次选址将巴东县城中心区规划在云沱，勘察后认为云沱地段存在“异常地质体”（赵树岭滑坡）而迫使巴东新城建设总体规划第二次变更。1996 年，第三次选址把巴东县政府机关建设中心定在西瀼坡。2002 年，即开始移民迁建 20 年后，又提出了巴东顺层大斜坡会否发生“意大利瓦伊昂式滑坡灾难”的担忧[8]。

前后历经 20 多年的建设与变更，巴东县新城区自东向西逐渐形成黄土坡、大坪、白土坡、云沱和西瀼坡等 5 个小区，沿江展布在长约 8km、宽约 1km 的狭长区域内，分别对应着巴东大斜坡上四条冲沟分割的五个斜坡单元，总面积约 17.5km²。

巴东县新城区先后开展多次 1∶1 万、1∶5 千、1∶2 千比例尺的工程地质调查工作，虽然部分工作覆盖了整个扇形斜坡区，但工作的先行性、空间精度和认识深度不足以提出限制地质环境开发的基本要求，不能支撑建设规划的编制或限制建设规划的随意性。存在的主要问题是:（1）规划选址阶段工程地质调查研究滞后，未能超前服务于移民工程建设;（2）对已发现的古滑坡体重复性调查、考察或局部性研究工作较多，全面系统的分析论证不够;（3）在科学观念上局限于就滑坡论滑坡，没有或很少考虑整个巴东复杂斜坡系统的分布、结构、演化及稳定性;（4）缺乏区域系统性或整体论的思想指导，建设过程中遇到滑坡灾害或地质隐患就引起震惊。

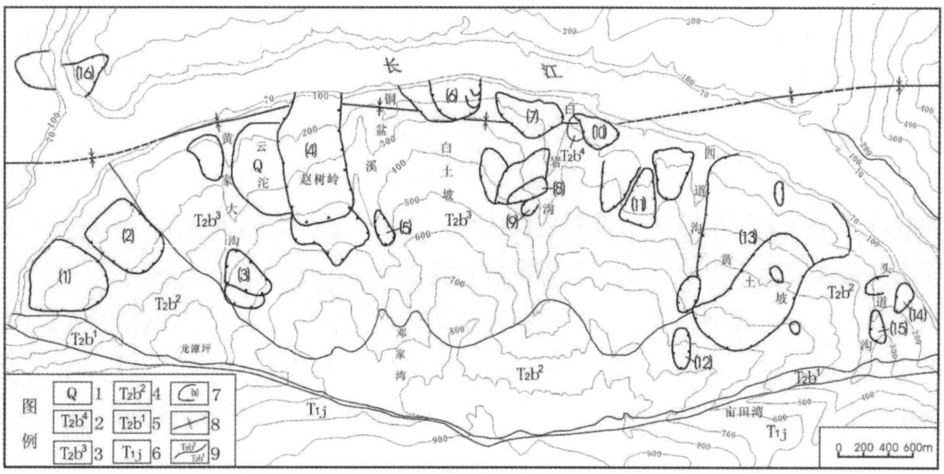

图 1　巴东斜坡区工程地质图

1—第四系；2—三叠系巴东组第四段；3—三叠系巴东组第三段；4—三叠系巴东组第二段；5—三叠系巴东组第一段；6—三叠系嘉陵江组；7—滑坡及编号；8—向斜构造；9—地层分界线。

（1）童家坪滑坡;（2）西瀼坡西滑坡;（3）谭家湾滑坡;（4）赵树岭滑坡;（5）大岩洞滑坡;（6）榨坊坪滑坡;（7）谭家坪滑坡;（8）花坪滑坡;（9）白岩沟西滑坡;（10）红石包滑坡;（11）凉水溪滑坡;（12）丁家湾滑坡;（13）黄土坡滑坡;（14）三峡教育服务公司滑坡;（15）大园子滑坡;（16）滩坪滑坡。

2005年，作者通过分析前人资料和现场野外调查，编制了巴东斜坡区工程地质图并分区评价。巴东斜坡区发育滑坡20余处，黄土坡滑坡和赵树岭滑坡为巨型滑坡，其他为大、中型滑坡（图1）。

研究发现，巴东县新城区所在的扇形大斜坡是一个复杂斜坡系统，是在官渡口—东瀼口向斜南翼（单斜山）的地质背景下，持续经受长江快速侵蚀下切作用，河谷岸坡快速临空导致其自身重力产生强烈的侧向卸荷与滑移等浅表生地质改造作用过程而形成的。巴东大斜坡可划分表层崩塌滑坡成因为主的堆积层、冲沟分割且浅表生地质形迹发育的层状顺倾的中间基岩层和整体连续顺倾的深层基岩层等三个层次。数值模拟发现，在长江侵蚀下切的不同阶段，巴东斜坡体前缘和后缘接近底界面位置塑性变形区分布集中，但不具备沿深层界面发生整体滑动剪出的可能性[7]。

4.2.2　主观蛮干型：四川丹巴县城酿成特大滑坡险情

四川省丹巴县城后山因切坡建设，导致后山斜坡出现大规模滑坡险情，严重威胁县城主城区的安全，造成社会各界恐慌，花费巨资应急治理。滑坡体纵长280m，宽270m，平均厚度约30m，方量约$220\times10^4m^3$。变形斜坡体主要由崩坡积物组成，坡体内未见地下水。滑带为亚砂土－块碎石土。基岩为志留纪灰白色石榴石二云片岩和黑云母斜长变粒岩及少量大理岩，总体倾向与坡面一致，局部斜交，倾角35°—45°，变形斜坡整体基本顺崩积层与基岩接触面蠕动滑脱[9]。

滑坡险情威胁省道211线、303线、1067户居民、4620人生命财产、主城区建筑物84幢、城镇公共设施和工商企业安全以及金川河（大渡河上游）的畅通（图2）。

丹巴县城建设街后山斜坡变形迹象始发现于2002年8月。自2004年12月以来斜坡变形活动开始强烈，2005年1月斜坡变形加剧。2005年2月3日和2月14日两次雨雪天气过程影响，斜坡开裂变形速度明显加快。2005年2月20日加速，日均位移量17—33mm。到2005年3月25日，斜坡前缘累计位移536.9—848.6mm。

建设街后山的大规模开挖始于2004年3月，虽修建了5—11级堡坎，高约15m，但多为简易浆砌石护坡。滑坡整体向前的推动作用一方面造成建筑物墙面的剪裂和鼓出，另一方面导致护坡多处开裂错位。

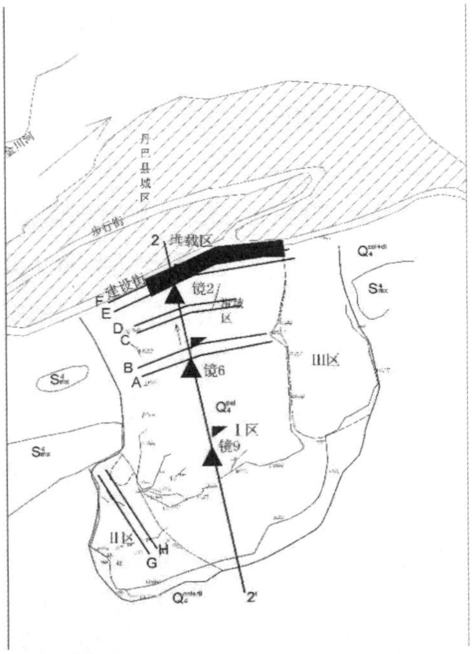

图2 丹巴县城滑坡险情分区（Ⅰ、Ⅱ、Ⅲ）与监测防治工程布置图[9]

注：镜2、镜6、镜9为监测点；$Q4^{del}$ — 第四纪全新世崩破积物；Smx^4—志留纪茂县群第四组片岩夹大理岩；A、B、C、D、E、F、G、H为预应力锚索布设位置。

斜坡变形起因于城镇建设不合理开挖坡脚，破坏斜坡的结构和完整性，使原本较陡的斜坡临空面增大，斜坡原有地应力条件发生改变，斜坡坡脚支撑减弱，整个斜坡从前缘向后山逐次卸荷—拉裂—牵引并渐进发展，形成整体性滑坡险情。

应急抢险工程采用了在斜坡前缘堆载反压控制变形发展势头。在开挖后拟建筑的空地上或利用已建成的多层楼房或框架，连续堆放砂石袋，对其前缘压载，恢复补偿坡脚抗滑力，有效减缓了滑坡的变形速率。经过一周时间工作，堆载$7170m^3$，基本控制了滑坡险情。应急工程完成后，滑坡治理进入锚索抗滑桩工程正常实施阶段。

4.2.3 盲目扩张型：甘肃舟曲“8·8”山洪泥石流灾难事件

2010年8月8日0时12分，甘肃省舟曲县城区及上游村庄遭受特大山洪泥石流灾害，造成1765人死亡失踪和重大财产损失[10]。

山洪泥石流主要来源于三眼峪沟和罗家峪沟。三眼峪沟流域面积$25.75km^2$，主沟由大眼峪沟和小眼峪沟组成，三者汇流后平面形态呈“Y”形（图3）。罗家峪沟流域面积$12.37km^2$。舟曲县城北部山区山高沟深，县城高程一般在1400m以下，北山汇水区分水岭高程达 3828m，具备形成强大汇流冲击的重力势能条件。

1879 年 7 月 1 日武都 Ms8 级地震引发的大眼峪沟口崩塌体（H2）的跌水作用为本次山洪泥石流灾害提供了较高的初速度。崩塌体前缘受山洪泥石流冲蚀切割形成高约 50m 的陡坎跌水，整体坡角 45° 以上，局部地段 65°。崩塌体直接堵塞了出山口，其上游基本淤平，下游北侧东端形成跌水，形成类似于黄河“壶口瀑布”一样的景观。小眼峪出山口也有类似的跌水作用。跌水势能形成大、小峪口流体加速段，高位山洪似瀑布一样倾泻而下，山洪泥石流峰头“幕墙”到达县城仍高达 8m。

对于舟曲灾难性事件，可能存在两个角度的认识，一是地质灾害防治问题，二是地质环境科学利用问题。从地质灾害防治角度看问题，早就发现了隐患的存在，也实施了防治工程，又处于一个强调“群测群防”为主的防灾时代，就算充分考虑灾难发生在午夜，公众社会自然会发问，是已有的防治工程失效？还是监测预警水平不够？警报发布不及时？

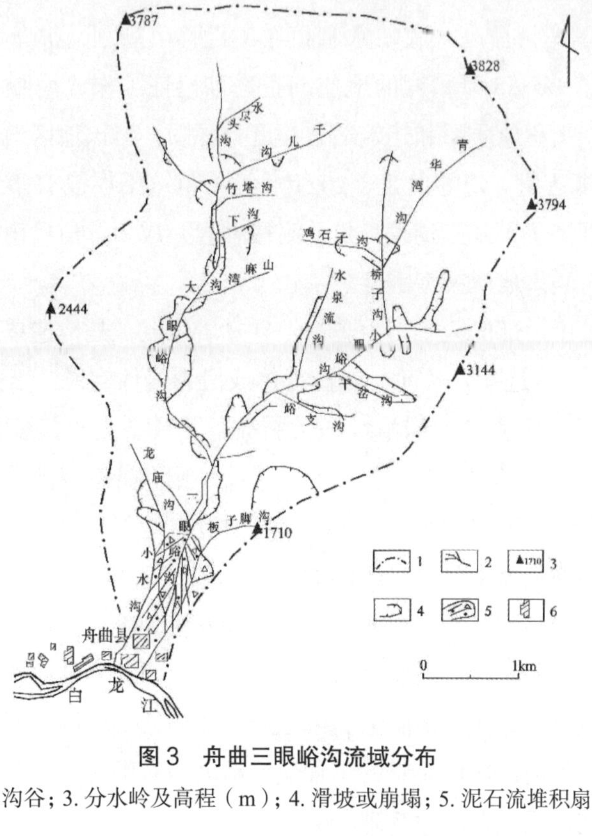

图 3　舟曲三眼峪沟流域分布

1. 流域界限；2. 沟谷；3. 分水岭及高程（m）；4. 滑坡或崩塌；5. 泥石流堆积扇；6. 县城。

从地质环境科学利用看问题，山洪沟或季节性河流的河床、河漫滩是自然的流水行洪区，是绝对不可以规划为工程建设区或人类居住区的。各级阶地、夷平面才是不会遭受洪水袭击的地段，才可以建设工程。舟曲劫难反映出当地多年来对三眼峪沟谷暴发山洪泥石流的危害虽然具有一定防范，但对快速城镇化过程中山地灾害风险的认知严重不足，以致部分建筑占用了山洪泥石流进入白龙江的通道，增大了人居建筑与山洪泥石流遭遇的可能性和危险性。可以说，是一个“醉汉睡马路，自觉很宽敞！”的问题，或者是不懂得“It is stupid to sleep in the flood plain！”[11]。

因此，城镇规划建设让开河床、河漫滩，自觉疏浚河道，维护行洪区畅通，才能避开或消除灾害风险。

4.2.4 管理失控型：重庆武隆县羊角镇搬迁迟延，继续扩建陷入困境

重庆市武隆县羊角镇位于乌江中游峡谷的相对宽缓地段，坐落在羊角古、老崩滑堆积体上。羊角镇前靠历史崩塌冲入乌江形成的“五里羊角滩”，后依地质历史时期形成的崩滑堆积斜坡，远望南山陡崖和危岩带。羊角镇乌江水位汛期影响高程 180.2m，属于长江三峡水库局部淹没的集镇。

1992 年，羊角镇被列入三峡水利枢纽建设移民规划，准备搬迁到上游土坎一带，并开展了 1∶2.5 万精度的地质调查选址论证工作，编制了羊角和土坎的微地貌分区图、工程地质图和建筑适宜程度分区图，对该地区地质环境和地质灾害特征形成初步认识。遗憾的是，20 年后，羊角镇不但没有搬迁，甚或逐步缩减规模，反而开展了大规模建设，目前高楼林立，成为羊角后山巨大危岩带和滑坡威胁的对象，陷入地质灾害困境。

羊角大斜坡中后部的云子山由志留纪砂页岩组成，是构造单斜山经长期侵蚀后的“残留峰”，不是基岩滑动、变位岩体或滑裂岩体问题。云子山的存在决定了该大斜坡不是一个完整的崩滑堆积大斜坡，不具备大规模整体深层滑动的条件，不存在统一的大滑坡问题。长期崩滑堆积作用和持续降雨影响，斜坡区多期多区域的局部蠕动、滑移作用和零星的小规模滑坡是存在的[12]。

羊角镇的地质危险主要来自南山危岩的变形开裂和崩塌，其引发因素主要是南山陡崖地形上的高陡临空、地质结构上节理发育和崖下长期开采煤矿、硫铁矿形成的采空区。羊角区域地质安全对策包括停止南山陡崖带下的采矿活动，开展监测预警和应急演练，主动清除危石或危岩，加固云子山体，搬迁避让危险区段的居民等。羊角斜坡区应停止新的工程建设活动，对暂时不能搬迁避让的居民点和工程设施实施地质灾害风险管理。

5. 结论

（1）地质环境下垫面安全是生存安全的基础。地质工作必须超前于土地利用规划，或者说，地质环境开发利用必须以地质调查评价结论作为依据。

（2）城镇建设地质安全评价应采用整体论进行定性分析，采用分割论进行定量评价。

（3）城镇建设的地质环境安全主要受控于地质环境变化，地质环境变化主要体现为边界条件、初始条件和激发条件的变化。

（4）城镇建设过程中地质环境开发利用误区可划分为理念误导型、主观蛮干型、盲目扩张型和管理失控型等四种类型。

（5）防灾减灾理念应逐渐由政府减灾走向政府与社会结合减灾，再到社会减灾为主，逐步实行地质灾害防治或土地利用风险管理和保险制度。

致谢：论文主体内容曾应邀在“地质灾害防治战略学术论坛”（兰州，2015.4.25—27）、“第六届国家综合防灾减灾与可持续发展论坛”（北京，2015.5.7）作报告。特此说明并致谢！

参考文献

［1］刘传正 . 1995，环境工程地质学导论［M］. 北京：地质出版社。

［2］刘传正，刘艳辉 . 2012，论地质灾害防治与地质环境利用［J］. 吉林大学学报（地球科学版），42（5）：1469-1476.

［3］刘传正 . 2009，重大地质灾害防治理论与实践［M］. 北京：科学出版社。

［4］刘传正 . 2005，论地质环境变化与地质灾害减轻战略［J］. 地质通报，24（7）：597-602.

［5］刘传正 . 2013，论地质灾害防治的科学理念［J］. 水文地质工程地质，40（6）：1-7.

［6］刘传正 . 2015，论地质灾害防治科学的哲学观［J］. 水文地质工程地质，42（2）卷首语。

［7］刘传正，刘艳辉，连建发 . 2006，长江三峡巴东复杂斜坡系统成因研究［J］. 地质论评，52（4）：510-521.

［8］刘传正 . 2013，意大利瓦依昂水库滑坡五十年［J］. 水文地质工程地质，40（5）卷首语。

［9］范宣梅，许强，黄润秋等 . 2007，丹巴县城后山滑坡锚固动态优化设计和信息化施工［J］. 岩石力学与工程学报，26（增刊 2）：231-238.

［10］刘传正，苗天宝，陈红旗等 . 2011，甘肃舟曲 2010 年 8 月 8 日特大山洪泥石流灾害的基本特征及成因［J］. 地质通报，30（1）：141-150.

全球气候变化背景下
城市气象灾害风险综合防范的若干思考

叶谦
（北京师范大学）

摘要 城市从初期为了抵御自然灾害和外来入侵而建，发展到今天成为推动人类社会文明发展的核心场所，是人类社会与自然生态系统相互作用、共同发展演化的结晶。随着全球人口持续增加，城市所特有的聚集人口和创新能力，使城市化成为减轻人类对自然生态系统日趋加重压力的不二选择。然而，从全球范围和历史角度看，城市的生成、发展、衰退乃至湮灭过程，都是人类社会与地球自然生态系统相互影响、相互作用结果。在当今以全球气候变化为代表的全球环境变化日趋显著，以经济全球化为代表的人类社会系统互联性快速增加，使城市和城市化所面临的风险向复杂化、综合化和多样化方向发展。本文对现代城市和城市化过程的综合灾害风险进行分析归纳，从城市系统的复杂性、信息通信技术快速发展和气象信息服务产业发展等角度，分析城市气象在城市灾害风险综合防范中的机遇和挑战，并对城市气象在城市灾害风险防范体系过程建设中的重点发展方向提出建议。文章强调指出，城市气象作为城市灾害风险综合防范的重要组成部分，从历史发展角度看，城市气象的发展将全面引导气象科学技术与应用进入到新层次。因此，城市气象的发展必须尽快融入到城市发展的历史进程中，在为当前城市安全和发展提供气象保障的同时，更应高度关注为城市的可持续发展提供服务。

关键词 气象灾害，城市化，综合风险防范，全球气候变化，复杂系统

1. 引言

随着城市人口密集度增加，城市为人类社会的政治、文化、科学技术和经济发展提供了必要条件。从未来发展趋势看，全球人口的持续增加，直接导致人类活动对地球生态环境的压力日趋严重，而城市所应具有的能源和资源高效利用、高劳动生产率、高社会福利、高创造力等特点，使城市化成为保护自然环境和资源，实现人类社会与地球自然系统协调可持续发展的必由之路。城市化也成为评价一个国家的发达程度重要指标之一。但是，需要特别指出的是，从全球范围和历史角度看，城市的生成、发展、衰退乃至湮灭过程，也是人类社会与地球自然生态系统相互影响、相互作用的过程，而人类对自然生态系统缺乏完整认识和短视行为，在大部分城市文明的消亡中起着主导作用。

工业化革命以来，人类社会选择了以化石燃料为基础、以“无代价”消耗公共自然资源（包括水、大气和自然生态环境）的经济发展模式。随着以二氧化碳为代表的温室气体排放的加剧和在大气中的迅速累积，以全球气候变化为代表的全球环境变化已经对人类赖以生存的自然生态系统造成严重影响。各种天气气候极端事件在发生频率、强度、持续时间和影响范围所呈现的显著变化，对当代人类的生存已经造成危害，并威胁着人类未来的生存发展[1]。

城市作为人类文明的重要组成部分，一方面随着全球人口的快速增长和人口结构的变化，包括发展中国家的总人口高速增加和年轻化，发达国家老龄化，原有城市发展模式难以为继；另一方面，在全球气候变化影响下，城市所面临的风险日趋复杂化、综合化和多样化，新的社会和环境风险也在不断产生。

在第二节，本文简单回顾城市在历史上的发展和功能，指出城市化是人类社会发展的高级阶段，也是减少人类对生态系统影响的不二选择。第三节对现代城市和城市化过程中出现的综合灾害风险进行简单分析归纳，并在第四节从城市发展角度，提出城市气象在城市灾害风险综合防范中的机遇和挑战。第五节从城市系统的复杂性、信息通信技术快速发展和气象信息服务产业发展角度，对构建城市灾害风险防范体系中的城市气象重点方向提出建议。

2. 城市化是人类社会发展的高级阶段

著名经济学家、诺贝尔奖获得者 Amartya Sen 在其名著《贫困与饥荒》中指出[2]，自城市出现以来，它作为食物的主要储藏地，在许多国家和地区是人们躲避自然饥荒的避难所。

在东西方文明史上，城市为居民提供了保护、安全和自由，更重要的是，城市作为一个国家甚至一个地区的政治、社会、经济、文化，以及科学技术的中心，还传承和延续着人类文明。例如，从全球范围看，城市大多都是在经济（包括矿产、制造业、商贸、交通运输、服务业）、政治、宗教、教育、娱乐、健康和休闲等人类活动的推动下得以发展的。城市人口空间上的相对高密度聚集，为人与人之间进行高强度的交流提供了有利条件，促进了科技和艺术的创新和发明。

城市在人类社会发展史上的功能和作用显见于不同语言的词根中。例如，在拉丁语中，城市一词的词根是“civitas”，由它衍生出“文明（civilisation）”一词。英语现代大都市社区（metropolitan communities）则来自于希腊语所用的“城邦（polis）”一词。在汉语中，以“用土墙围起来的市场”象形字描述城，《说文解字》中将城字面意思定义为：“城，以盛民也”，明确了城与村镇的区别。而城市则是由两部分组成的，一部分是“城”，也就是城墙，一部分是“市”，也就是市场，这两个方面结合起来说明了城市的功能。

联合国[3]将现代城市的功能总结为下面四个方面：

（1）城市是一个地区、一个国家，乃至世界的经济、贸易和交通增长的发动机。城市通过提供高密度和高效的分工服务，以及高质量的交通、通信、电力等基础设施，所产生的规模化、集聚化和本地化效应，驱动着地区和全球经济的发展。

（2）城市是社会变革的发源地，也是促进和加强社会公平的领导者。城市不仅为居民提供更多的商品和服务的选择，更是在思想上为社会、文化、经济、技术乃至政治上的变化和进步提供了环境。

（3）城市是知识创新和专业化生产和服务的中心。城市促进创造性思维和创新。密集的工作和生活环境，使城市里的人们产生更多的互动和沟通的机会，促进创造性思维，而知识的溢出效应为新思路和新技术产生提供了基本条件。

（4）城市是人类社会可持续发展的核心。随着经济全球化的进一步深入，在信息通信和计算机网络技术的推动下，城市，特别是那些承担着全球和区域政治、经济、科技中心功能的国际大都市，都将负有人类文化、社会和环境管理卫士，以及维护本国、本地区，乃至世界的经济、社会和政治稳定的责任。

随着全球人口的持续增加，人类活动对地球生态环境的压力日趋严重，城市所应具有的能源和资源高效利用、高劳动生产率、高社会福利、高创造力等特点，使城市化成为保护自然环境和资源，实现人类社会与地球自然系统协调可持续发展的必由之路。

Joel Kotkin 在《城市的历史》一书中对一个伟大城市的三大特性给出了明确定义，即神圣、安全、繁荣之地，只有具备了这三点的城市，才为公民提供了身份的认同、生活安全的保障以及自由的商业贸易，才能更好地聚合与激发人们的思想，从而步入伟大，而不止是庞大[4]。

20 世纪是人类历史上具有里程碑意义的一个世纪。在这一百年间，人类社会完成了城市人口超越农村人口的重要关口。1900 年，全球都市人口只有 2.2 亿人，2002 年增至 30 亿人，2008 年达 33 亿人，城市人口首次突破全球总人口的 50%。据估计，世界人口还将快速增长。到 2050 年，总人口将达到 90 亿人，其中，70% 的人口将居住在城市[5]。目前，全球已经有超过一半的人口，发达国家更是有 80%左右的人口生活在城市和大都市地区。

虽然受到历史文化宗教等社会原因和经济发展阶段影响，不同国家和地区人口增长和人口分布情况迥然不同，发展中国家总人口快速增加且将维持一段时间的年轻化，发达国家则快速进入老龄社会，但是，不论不同国家城市发展途径将如何不同，在新的可持续发展科学理念下，充分使用新技术、新材料，建设新型智慧城市，最终成为伟大城市，都将是全球人类社会所追求的共同目标。

3. 城市与城市化所面临的综合风险

经过工业化革命两百年多来的建设发展，现代城市已经从初期相对单一的功能，发展成为由制度、经济、社会和自然（或生态）四大子系统组成的结构复杂、开放的社会生态系统[6]。其中每个子系统又是由不同类型、不同范围、不同层次的子系统组成[7]。以社会子系统为例，其组成就包含了城市政府各个部门，各类企业、社区、媒体和不同教育水平、不同经济收入的居民等。

工业化革命以来，在以英美为代表的发达国家，绝大部分现代城市的出现和发展是与以化石燃料为基础的经济发展模式，以消耗全球自然资源为代价的大工业生产发展紧密交织在一起的，越来越多的人和资本被城市不断新生的行业和机遇吸附、聚集到一起。这些城市在制定发展规划时，更多的是考虑维持自身生存发展所必需的基础设施、生命线工程的建设，以满足人口和财富大量集聚的需要。在这个发展过程中，虽然各国的现代城市和大都市区荟萃了地区或国家政治、经济和文化的精华，但由于城市文化准备不足，包括“城市病”在内的社会问题日趋严重。

除此之外，在全球气候变化背景下，各类天气气候极端事件所引发的自然灾害也在逐年增多。世界气象组织的统计发现，全球 90% 的自然灾害，70% 的伤亡人数，75% 的经济损失都是由水文气象灾害引起的。从全球范围看，随着全球气候变化的影响日渐明显，由其引发的各类自然灾害无论在发生频率、强度还是影响范围将会出现显著变化[1]。城市的人口和物质资产集聚程度高，在全球气候变化背景下，自然灾害与城市的社会脆弱性叠加，共同形成城市所特有的综合风险。

但是，令人遗憾的是，发展中国家受到社会经济和科技发展水平所限，在城市化过程中，往往又在步发达国家的后尘。以我国城市发展现状为例。1978 年改革开放后，我国城市化进入迅速推进阶段。由于缺乏科学、合理和前瞻性的人口及产业的空间活动的规划及政策引导，我国城市化发展具有发展水平非典型性、地区发展不平衡、公共服务水平低、基础设施建设难以跟上城市发展等特点[8]。目前，以交通拥堵、环境污染、贫困失业、住房紧张、健康危害、城市灾害、安全弱化等为特征的一系列社会问题，在我国不同规模城市，尤其是大和特大城市（群）都有程度不同的表现。

由于我国大部分城市位于自然致灾因子的多发区，其中，70% 以上的大城市、半数以上的人口、75%以上的工农业产值，分布在气象、海洋、洪水、地震等自然灾害严重的地区，60%以上城市的防洪标准低于国家的规定，这些都使我国城市面临的各类灾害风险在迅速提高[9]。

从城市未来的发展趋势看，城市系统将更加复杂，城市在国民经济发展过程中的地位也将不断提高。因此，作为一个完全由人类掌控的综合体，城市一方面正在面临本地区和全球自然生态环境恶化所引发的、不断增长的灾害风险；另一方面，应对和处理许多紧迫的全球环境威胁，包括气候变化、水资源短缺、生物多样性丧失、资源稀缺等都需要考虑城市问题[4, 10, 11]。

4. 城市气象在应对城市综合灾害风险中的机遇和挑战

安全，是城市对市民生命、财产和自由的保障，也是评价一座城市是否伟大的关键指标之一[5]。由于城市系统的复杂性，应对城市天气气候灾害风险也面临着新的挑战。

首先，城市防灾减灾必须建立在综合风险防范的基础上，而目前在城市综合风险防范的科技领域缺乏投入，直接导致了科学技术水平落后与研究服务队伍的严重不足。科学研究和相关技术的缺乏，难以为不同城市建立相应的综合灾害风险评价指标体系和相关标准，对所发生的灾害风险也缺乏综合评估模型和方法。因此，虽然目前我国许多城市已建立了灾害应急指挥体系，但由于缺乏综合集成的科技支撑，往往导致预警、应急、救援、灾害评估、恢复重建等各阶段的脱节，形成了新的风险。

其次，随着经济改革的进一步深化，我国又将面临新一轮的城市发展。在城市规划中如何预防和应对由城市化和高新技术迅猛发展所引发的灾害风险对政府决策者的新挑战。目前，我国城市风险管理还主要将注意力集中在对自然灾害、事故灾难、公共卫生、社会安全等传统的风险领域进行部门防范的阶段，对由高科技发展带来的新近凸显的风险、新的生物灾害、网络时代的金融风险、全球变化与全球化引发的自然资源与市场安全风险，以及有关国民经济决策如大型工程决策失误等带来的风险则明显应对能力欠缺。这使得“传统”灾害，如天气气候灾害，发生在新的社会经济背景下时，应急响应与综合控制力不从心，不但加剧了灾害损失，还往往造成社会的不稳定。2012 年北京“7 · 21”特大暴雨就是一个典型的案例。

最后，是来自于城市气象自身发展的新挑战。与气象科学其他分支相比，城市气象的发展更需要有创新思维和快速适应社会发展的能力。这主要体现在以下几个方面：

（1）社会生态系统定量化数据信息的获取。

如前所述，城市是人类社会发展的高级阶段。然而，虽然现代城市的建立和发展完全是由人类控制的，自然环境和自然资源的约束在城市发展过程中所起作用也越来越明显。但是，由于城市社会和经济发展日新月异，不但组成城市系统的要素在不断变化，它们之间的相互作用关系更是多变。这使得许多要素，特别是社会要素难以定量测量。因此，城市气象科研人员将需要技术上和理念上的创新，以获取必要的信息数据，特别是定量化的灾害信息，为最终建立应对城市灾害风险所需相关灾害风险模型，以及开展灾害风险及其影响的模拟评估工作提供基本信息。

（2）城市系统是典型的复杂非线性系统。

城市功能和布局往往呈现强时空非均匀性和强不对称性。城市各个子系统之间协同和竞争关系同时存在，特别是城市具备非常强的自组织、自学习、自适应能力，在其发展中形态和功能不断变化。城市系统这种强非线性，使城市发展目标不断更新，也促使城市气象理论研究必须摆脱以往传统气象的发展模式，在城市气象信息的采集手段、监测网布局、不同时空尺度预报模型的耦合、利用模拟技术与服务对象的互动等方面大幅度提高相应的设备和理论能力，使城市气象能够具备与城市变化同步的发展能力。

（3）城市气象的服务对象多样化且变化快。

这首先体现在城市规划管理发生的变化，同以往的各种功能交织在一起，逐步向建设不同功能区，如金融区、商务区、学院区、高新技术开发区等特色功能方向发展；其次，各个行业，特别是服务行业的经营方式不断变化。如各种服务的连锁化。最后，在信息技术的支持下，城市正在逐步实现各个环节上的动态监测，包括能源、水、交通、物流等方面的全监控。而城市居民，特别是所谓“新人类”的年青一代，在生活和工作中大量使用高科技产品，也从根本上改变了旧的生活和工作方式。城市气象服务对象的多元化和快变，对城市气象信息在时空分辨率、信息内容、发布方式等都提出新的要求。

城市气象在积极应对以上列举新挑战的同时，更需要尽快改变传统发展观念，迎接这些挑战给城市气象发展所带来的新机遇。为了提高城市应对由于全球气候变化引发的天气气候灾害风险的综合防范能力，城市气象不仅要在科学上进一步加强研究，还要在为城市管理服务、城市灾害经济学和城市气象服务体制建设等方面进行全方位的创新。

从科学研究层面上看，由于全球气候变化背景下的城市天气气候灾害风险的复杂性，要建立相应的综合防范体系，需要从多学科集成分析入手，深入了解和掌握灾害风险形成与演变的规律，并以复杂系统动力学为基础，研究城市复杂开放系统下的人与自然相互作用过程与灾害风险形成机制、发展趋向及其时空格局的演变规律。其中，一方面要提高降低灾害风险能力，包括短期预警和中长期模拟预测能力；另一方面，要研究分析灾害影响的传播与扩散机制，以确保灾害发生后城市能够尽快恢复正常运营。

从为城市管理服务层面上看，城市气象需要为建立与可持续发展目标相融合的综合灾害风险防范模式提供科学支撑。在小样本和不完备样本条件下，深入研究城市灾害风险脆弱性、恢复性评价方法和建模，并通过对不同情景下灾害风险的模拟，建立城市灾害风险社会脆弱性评价模型，并进一步开发建立城市天气气候灾害影响的综合风险防范体系，这包括全球气候变化背景下城市适应各种灾害风险的制度设计、防范各类相关灾害风险的标准体系的建立，以及不同情景（时空尺度不同、成因机制不同、承灾体脆弱性与恢复性差别突出等）下的城市灾害风险模拟及高风险区划分等基础性工作。

从城市灾害经济学层面上看，城市气象工作者需要从学科交叉的角度（自然科学、社会科学以及人文科学与技术科学等），与其他学科共同探求城市灾害风险（特别是在适应全球气候变化方面）有效转移的经济途径，一方面为城市政府在制定相关财政政策时提供科学依据，另一方面，为开发缓解不同时空尺度、成因机制各异灾害风险技术的企业提供科学支持。

从城市气象服务体制层面上看，城市气象是信息服务业的一部分。为了更好地满足城市用户种类多，需求个性化的特点，需要通过和教育部门的共同合作，开辟交叉学科课程，培养能够准确传达气象信息，为社会提供服务的气象信息服务产业从业人员，为建立新型气象信息服务行业提供必要的人才资源。与此同步，城市气象服务需要通过与社会各利益相关者，包括政府、企业、科学界、社会公众、媒体等的相互沟通和合作，共同搭建防范城市灾害风险的公共信息服务平台。同时，需要企业的积极参与，在减灾防灾的产品开发、灾害相关信息的采集、预警预报信息发布、灾害影响的有效转移等方面建立新的市场，促进城市气象信息服务产业的发展。

5. 城市气象灾害综合风险防范中的几个重点研究方向

从气象重点服务对象的变化角度看，气象起源于对农业的服务，其后为了满足战争和经济发展的需要，气象科技和气象服务在过去的半个多世纪得到迅速发展，气象的未来发展将主要面对人类所主导的、人与自然相互作用的城市复杂系统，因此，城市气象在天气气候灾害综合风险防范的理论、技术和应用服务等领域将有着巨大的发展空间。

城市系统的复杂与快变和多变，使城市灾害风险性不断提高。天气气候作为影响城市安全和稳定发展的重要因素，历史将城市气象推向前台。然而，与传统气象科技发展途径和方式所不同的是，城市气象不能延续传统气象理论和技术的要求循规蹈矩的发展，而必须与其他相关学科和服务对象共同合作，以紧随，甚至超过城市发展地步伐，探索城市灾害风险防范中的预防、预警、应急、救灾、恢复重建等各个环节中所涉及的气象问题。

首先，城市是典型的复杂系统，对其结构和演变过程的认识还有待于复杂系统基础理论研究的突破性进展。然而，正如混沌理论起源于数值天气预报，对城市天气气候灾害风险的分析研究，也有可能为复杂系统基础理论研究的突破作出贡献。作为第一步，从城市气象服务对象需求出发，采取多学科融合的研究方法，分析城市气象灾害风险的产生、驱动力与发展演变机制，构建城市气象灾害综合风险防范的系统动力学理论框架，应是城市气象灾害综合风险防范基础理论研究中的重点。

其次，与传统气象科学相同，城市气象的发展离不开实际观测的信息数据。但与传统气象对数据采集和分析是围绕气象科学需求展开不同的是，城市气象信息数据的来源则是广泛的、多元的和非传统气象标准的。这些信息不但包括传统的数字化定量数据，更多的是来自于社会多种渠道的文字和音影像信息。对于数据的处理，也将从常规的数学处理模型，进入到数据挖掘 (Data Mining)、对来自于短信、微博等新信息源的文字挖掘 (Text Mining) 和来自于动态影像监测源的影像挖掘 (Image Mining)。因此，在技术上，应高度重视信息通信技术在城市气象中的应用，发展新的信息数据处理技术，为充分利用非传统信息数据提供技术支持。

最后，在应用服务上，要积极推进发展能够满足城市发展需要的气象信息服务产业，大力培养一批接受过多学科和交叉学科培训的、具备与用户沟通能力的气象信息服务专职从业人员。同时，要充分利用日新月异的信息通信技术、产品和服务，大力发展多媒体、可视化技术，为气象信息服务从业人员提供以描述性、图像和动态方式为主的决策辅助工具，通过了解用户决策过程，以互动方式帮助用户进行决策选择，并对可能后果进行预测和评估。

6. 小结

为了满足不断增长的人口生存需要和尽可能减少对自然生态系统的压力，城市化已经成为人类社会发展的必由之路。自 20 世纪 90 年代以来的信息通信技术革命，极大地促进了网络经济、知识经济的形成和发展，催化了整体经济的转型升级，城市也率先进入了信息社会。以建设节能环保、绿色低碳、社会包容的可持续发展为目标的城市化也已经全面展开。在这个过程中，由于城市系统和自身发展的复杂性将大幅度提高，在全球气候变化影响与城市快速发展两者叠加的影响下，必将使城市灾害风险日趋复杂化、综合化和多样化。

城市气象是城市灾害风险综合防范的重要组成部分。与传统气象发展途径不同，城市气象应从用户需求入手，在全面整合来自于用户和气象部门的数据、文字、声音和影像信息的基础上，开发可视化互动式决策系统，为气象信息服务产业的从业人员提供必要的工具，帮助城市管理者提高决策能力，推动城市灾害风险综合防范体系在监测、预报、预警和评估等各个方面的深入发展。

参考文献

[1] Field, C B, Barros V, Stocker T F, etc. A Special Report of Working Groups I and II of the Intergovernmental Panel on Climate Change: Summary for Policymakers. In: Managing the Risks of Extreme Events and Disasters to Advance Climate Change Adaptation. Cambridge, UK, and New York, NY, USA: Cambridge University Press, 2012.

[2] Sen, Amartya. *Poverty and Famines: An Essay on Entitlement and Deprivation*. Oxford: Clarendon Press, 1981.

[3] United Nations Human Settlements Programme. *The Economic Role of Cities, The Global Urban Economic Dialogue Series*. Nairobi: United Nations Human Settlements Programme, 2011.

[4] 乔尔·克特金（著）, 谢佩奴（译）. 城市的历史 . 台湾 : 联经出版社 , 2006.

[5] United Nations. *World Population Prospects: The 2010 Revision Population Database*. 2011.

[6] Shi, Peijun, Carlo Jaeger, Qian Ye. *Integrated Risk Governance Science Plan and Case Studies of Large-scale Disasters*. Springer, 2013.

[7] Harrison, Collins. *Urban Development Challenges for GSS, GSS Workshop on: Territorial vs Functional Patterns*. Tempe: Arizona State University, 2013.

[8] 李嘉岩 . 我国城市化发展的历史、现状与未来 [J] . 当代中国史研究，2003, 10(5): 94-99.

[9] 陈婧，刘婧，王志强等 . 中国城市综合灾害风险管理现状与对策 [J] . 自然灾害学报 , 2006, l5(6): 17-22.

[10] 爱德华·格莱泽（著）, 刘润泉（译）. 城市的胜利 [M] . 上海 : 上海社会科学院出版社 , 2012.

[11] 中国科学院可持续发展战略研究组 . 中国可持续发展战略报告——全球视野下的中国可持续发展 [M] . 北京 : 科学出版社 , 2012.

新型城镇化下城乡建设防灾减灾基本对策与建议

王志涛[1,2]，苏经宇[1,2]

（1. 北京工业大学北京城市与工程安全减灾中心；2. 北京工业大学抗震减灾研究所）

摘要 党的十八大提出新型城镇化发展战略，作为全面建设小康社会的基本载体。同时，我国又是一个灾害多发国家，在城镇化进程中居安思危，做好防灾减灾工作，为全面提升城镇化质量和保障城镇可持续发展的作用至关重要。本文从我国灾害背景和城镇化两个角度出发，探讨了新型城镇化下我国城乡建设防灾减灾面临的严峻形势，基于此提出了以防灾减灾规划、工程灾害防御、灾害监测预警以及灾后应急响应与救灾为支撑点的新型城镇防灾减灾体系框架。最后，结合上述的新型城镇防灾减灾体系，对新型城镇化防灾减灾重点任务给出了若干建议。

关键词 新型城镇化，防灾减灾，防灾体系，防灾策略

1. 新型城镇化下防灾减灾面临的形势

世界经济与社会发展的历史经验和我国几十年建设与改革的实践都表明，城镇化是经济与社会发展的必由之路。城镇化水平不仅是一个国家或地区经济发展水平的标志，同时又是社会文明程度的标志之一。2012 年党的十八大提出坚持走中国特色新型工业化、信息化、城镇化、农业现代化道路，将建设新型城镇化上升为全面建设小康社会的基本载体。2014 年国家正式发布了《国家新型城镇化规划（2014—2020 年）》，是指导全国城镇化健康发展的宏观性、战略性、基础性规划，其出台也将新型城镇化研究提升到一个新的高度。

新型城镇化是健康的城镇化，“健康”是其重要标签。新型城镇化包含了人

口、经济、基础设施、资源和环境等各个方面的城镇化，通过新型城镇化发展使城镇成为具有较高品质的宜居之所。新型城镇化要实现城镇由速度扩张向质量提升的转变，其关键的一环是提高城镇化质量，而城镇防灾减灾能力与水平应作为衡量城镇化质量的一项重要指标。因此，《国家新型城镇化规划》提出了要健全防灾减灾救灾体制、完善城镇应急管理体系、加强防灾减灾能力建设的基本要求。同时，由于我国是一个灾害多发国家，气象、地震、地质灾害、洪水、火灾、爆炸等灾害时有发生（图 1），给我国经济社会发展和人民生命财产带来了巨大损失。在国家实施新型城镇化规划的轨道中，顺应新型城镇化的方向，反思并深入研究城镇规划过程中安全防灾存在的问题，做到居安思危、灾前防御，对全面提升城镇化质量和保障城镇可持续发展起着至关重要的作用。

图 1　我国多发的各类自然和人为灾害

要解决新型城镇化中防灾减灾问题，需要我们对城镇灾害有一个全面的认识。灾害系统论认为，灾害的形成是由孕灾环境、致灾因子和承灾体共同作用的结果，其中，孕灾环境和致灾因子是灾害形成的外因，也是灾害产生的客观条件，如果没有致灾因子的存在也就没有了灾害发生的原动力；而承灾体本身则是灾害形成的内因，同样如果没有承载致灾因子作用的实际对象诸如工程、经济、人员等，也不会产生灾害，就像一次地震发生在荒无人烟的沙漠则不会形成灾害一样。从我国实际情况来看，在孕灾环境和致灾因子方面，中国位于欧亚大陆东部，太平洋西岸，由于其特殊的地理位置，强烈的地壳运动，多山的地形，不稳定的季风气候等导致孕灾环境复杂，同时也形成种类多样的致灾因子，这也是我国自然灾害具有灾害种类多，分布地域广，发生频率高，造成损失重的根本原因。另外，由于城镇化过程中人们的生产活动及其与自然环境的相互影响，也会产生一些新的人为或复合孕灾环境和致灾因子，如近几年引起社会广泛关注的雾霾则是由工业生产、汽车尾气等多种人为因素交织在一起形成的灾害现象。在承灾体方面，我们可以把城镇看作一个集合了人口、财富、工程设施等的庞大和复合型极强的承灾体系统，其内部各种因素、各子系统相互依存、相互影响。随着城镇化进程的加快，城市建成区的扩大以及工程建设的增加，其易损性也随着城镇承灾体的复杂程度不断增加，在致灾因子作用下承灾体的灾变极易产生连锁、放大效应，造成严重的灾难。

综上所述可以看出，由时间、空间、强度均具有较强不确定性的致灾因子作用在一个人员、财产和工程集中的城镇复合承灾体上，使得城镇灾害无论在频度、损失程度，还是影响深度等各方面都呈现出非线性递增的趋势（图2）。

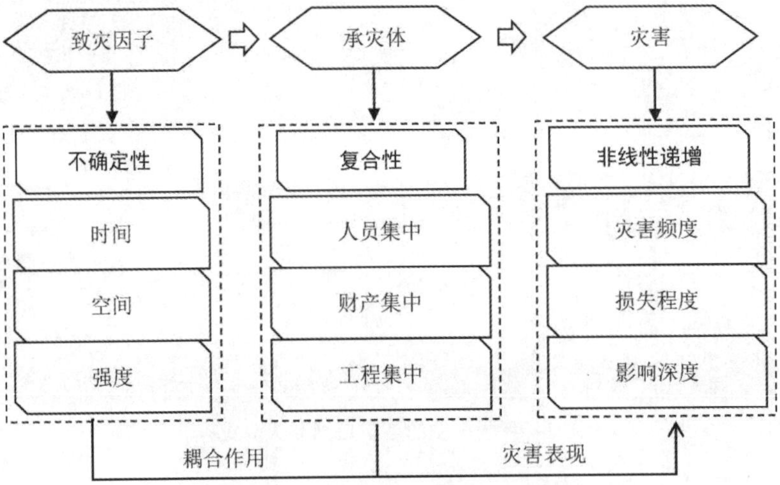

图2　城镇化灾害形势示意图

新型城镇化目标是实现以人为本的经济、社会、环境的协调可持续发展，城镇安全是永恒的主题。而在城镇化过程中，客观上脱离不了孕灾环境、致灾因子的束缚，主观上随着城镇化进程的进一步推进，城镇承灾体的复杂性和易损性还将不断增大，这将导致城镇灾害风险明显增多。同时，长期以来的城市建设对防灾减灾建设考虑不足，形成了目前城镇防灾欠账的现实窘境，也造成了目前城镇防灾压力巨大的现状。新一代城镇建设如果仍不重视防灾减灾或重视不足，那么，脆弱的城镇在未来的损失将是无法估量的。因此，新型城镇化防灾减灾面临着严峻的形势，构建完善的新型城镇防灾减灾体系迫在眉睫。

2. 城乡建设防灾减灾体系框架

通过上述灾害形成过程的分析可以知道，灾害由致灾因子作用于承灾体后才能形成，致灾因子是灾害形成的外因，而承灾体是灾害形成的内因。一般来说，灾害程度随着致灾因子强度增强而变大，随承灾体的防灾减灾能力增强而变弱（图 3）。因此，通过改善孕灾环境、消除和减少致灾因子或降低其强度、提高承灾体防灾减灾能力等都是减轻城乡灾害的有效途径。

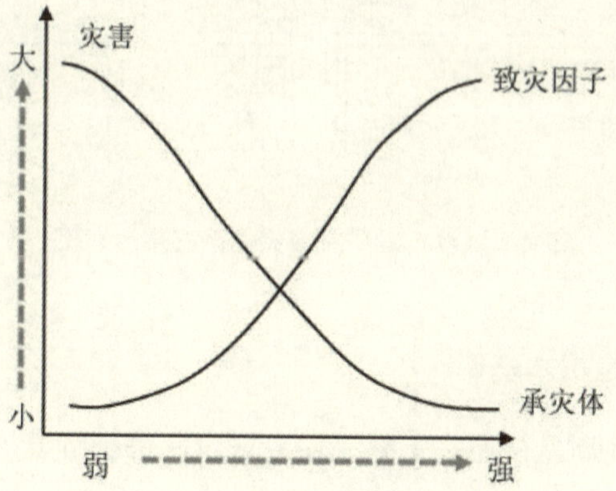

图 3　致灾因子与承灾体对灾害程度影响示意图

同时也需要注意到，灾害有的是可以避免的，有的则是不可避免的。譬如，城市火灾、爆炸等危险源可以通过人为手段消除，技术事故、工程事故等人为灾害通过严密设计和监管也是可以防范的。但不同于人为灾害，改善较大规模自然灾害的孕灾环境和致灾因子一般并不容易实现，对于大规模的气象灾害、地质灾害、地震灾害等人类迄今还无法控制，工程技术的发展也仍然无法保证工程和项目的绝对安全。因此，可以得到以下结论，提高新型城镇防灾减灾能力应采用综合减灾途径，在不同阶段采用多种方式综合的手段应对不同致灾因子对城乡的复合影响。

基于上述分析，本文从灾前、灾时、灾后不同阶段灾害对城镇的影响出发，同时贯彻“预防为主，防、抗、避、救”相结合的方针，初步构建了新型城镇防灾减灾体系框架（图 4）。该体系由 4 个支撑点组成，分别为防灾减灾规划、建设工程灾害防御、灾害监测预警与重大工程紧急处置、灾后应急响应与救灾。

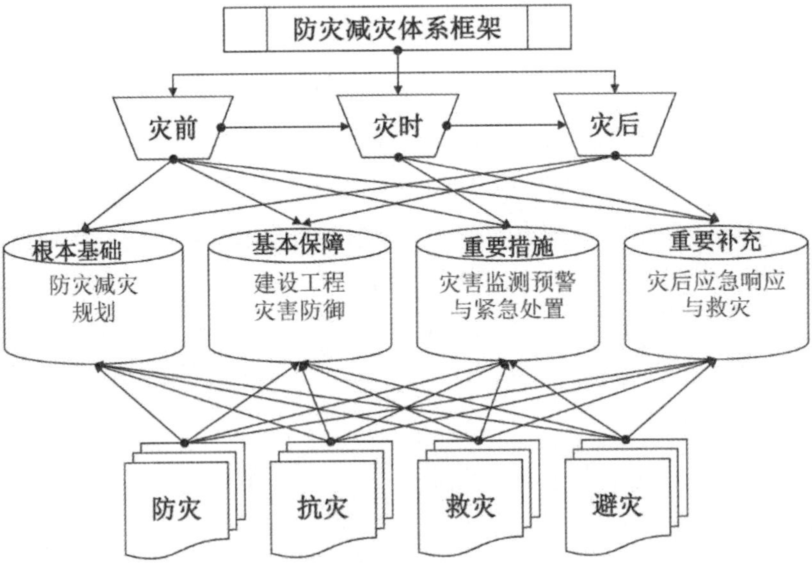

图 4 城乡建设防灾减灾体系框架示意图

2.1 防灾减灾规划是根本基础

城乡防灾减灾规划是从源头上解决城乡安全和可持续发展的根本基础，只有制定好科学合理的防灾减灾规划，我们才能把新型城镇防灾减灾工作这一盘棋走好。防灾减灾规划是通过统筹考虑各种灾害与突发事件的影响，从宏观大局角度把握城乡建设防灾减灾工作，是城乡建设防灾减灾体系的第一个支撑点，并为后续三个支撑点的建设奠定基础。防灾减灾规划的意义主要体现在以下几个方面，一是控制城乡防灾空间结构和用地安全，减少灾害的发生和蔓延；二是根据城镇灾害防御目标总体把握城乡各类承灾体的抗灾设防水平，使城乡承灾体具有抗御预期水平灾害的能力；三是促进城乡各类防灾资源的优化整合，并为城乡应急保障基础设施建设提供支撑平台；四是规划安排灾后应急避难与安置空间，提高灾后民众的避难条件，并为灾后恢复重建提供据点。

目前，我国的防灾减灾规划从国家宏观层面有国家、地方、行业的防灾减灾规划，如国务院办公厅发布的《国家综合防灾减灾规划》、住建部发布的《城乡建设系统防灾减灾规划》等；从城乡空间层面有区域、省域、城市、镇（乡）村几个层面的防灾规划。如此一来可以形成一个自上而下的防灾减灾规划体系，容易将防灾减灾的方针、政策、任务等逐层分解并得以实施。但不可否认的是，目前我国防灾减灾规划仍存在许多问题，在此不再赘述。

2.2 城乡建设工程抗灾设防是基本保障

历史灾害经验表明，城镇各类承灾体（如建筑、生命线工程）破坏是造成人员伤亡和经济损失的最直接原因。在2008年、2010年和2011年分别在中国、海地和日本发生了三次地震（表1），从震级来看，海地地震最小为7.3级，日本最大为9.0级，而造成的建设工程破坏和人员伤亡则恰好相反。究其原因是因为各个国家对灾害防御的设防水平不同，日本采取了较高的抗震设防水平，而海地基本上处于未设防的状态。

表1 三次地震灾害损失对比

名称	时间	震级	人员伤亡	经济损失
海地	2010—01—12	7.3级	22.25万人死亡，19.6万人受伤	超过整个国家GDP的一半
汶川	2008—05—12	8.0级	遇难69227人，受伤374643人，失踪17923人	8452亿元
东日本	2011—03—11	9.0级	地震及海啸造成15769人死亡、4227人失踪	约1.5万亿元

工程抗灾设防是采用增强单个承灾体抗灾能力的方式，保障其在预定设防标准灾害下安全达到减灾目的，如地震设防标准用工程在设计使用期内遭受不同规模地震的超越概率来表示，并实现“小震不坏、中震可修、大震不倒”的基本抗震设防目标。因此，全面开展城乡建设工程抗灾设防以提高其防灾减灾能力是有效减轻城乡灾害损失的重要手段之一，是城乡防灾减灾能力的基本保障，也是新型城镇化防灾减灾体系的第一道防线。同时，根据灾害影响大小及救灾的需求，需要对重点工程如区域防洪工程、机场等关键设施和要害系统提高其设防标准。

2.3 灾害监测预警与重大工程设施紧急处置是减灾重要措施

建设工程灾害防御是针对特定灾害强度下对特定工程所开展的准备工作，由于灾害及人员的动态变化特征，应避免城镇灾害在不知情或准备不足的情况下发生，而及时、准确的灾害预警是实现上述目的之重要措施。目前，灾害监测、分析和预警预报系统已广泛用于水文、气象、海洋、生物、地震及地质灾害等多方面，形成了遍布各地、相互交织的灾害监测、预警网络，极大地减少了灾害造成的影响。如北京建设的灾害天气预警塔，在遭遇暴雨、雷电、冰雹等灾害性天气时，预警塔上将发出蓝黄橙红四种颜色，提示市民主动防御避险。

而灾害一旦发生后，有效的重大工程紧急处置则是控制直接灾害进一步扩大化的重要手段。如日本的新干线，在新潟地震中经受了考验。地震发生时，一共有八组列车正在行驶，其中有三组地震感应器启动，列车断电迅速停驶，避免了人员的伤亡。因此，利用现代信息、网络、3S等现代化技术建设灾害预警系统和重大工程紧急处置系统，系统收集和分析各类灾害数据，并进行灾害风险快速评估，在灾害时及时提供可靠的灾变信息，为政府决策和民众紧急撤离提供强有力的保障，避免灾害的进一步扩大，是减轻城乡灾害的重要措施。

2.4 灾后应急响应与救灾是减灾重要补充

当防灾减灾系统某一支撑点缺失、不足或在特大灾害下失效时，需要通过有效的应急响应与救灾进行补救。如前所述，由于灾害是突发的且不确定性非常大的事件，所以目前单体工程抗灾使用的设防标准冒有一定的风险，并不能避免一些极端强度灾害事件发生，也就是说第一道防线存在被击溃的危险性。此时快速有效的应急救灾与恢复重建则显得至关重要，可以挽救人民生命，减轻灾害损失，控制灾害的进一步蔓延（如我们常说的救灾黄金72小时）。因此完善灾后应急救灾与恢复重建是减轻城乡灾害的重要补充，是城乡建设防灾减灾体系的第二道防线。

城乡建设防灾减灾体系是从灾前、灾时、灾后各个时序对防灾减灾的需求出发，按照“预防为主，防、抗、避、救”相结合的方针，并坚持灾害防御多道防线的理念发展形成的，通过四个支撑点之间相互关联、相互依托达到全方位保障城乡安全的作用。需要引起注意的是，该体系的建设需要四个支撑点相互支撑、相互补充，从而构成完整的综合防灾减灾体系。同时，对于不同灾种和不同经济社会发展阶段，四个支撑点的具体内容和任务方面会有区别，需要结合经济投入-防灾效益合理确定。

3. 新型城镇化防灾减灾若干建议

结合我国新型城镇化防灾减灾的严峻形势，有以下几个方面的重点任务需要引起重视。

3.1 城乡安全，法制保障

我国当前的减灾工作并未使灾害损失从根本上得到有效控制。客观上是由于前面提到的我国灾害背景严重，城镇化发展过程中防灾方面带来的新问题，经济社会的快速发展增加了城镇易损性等；主观上则是由于缺乏由国家强制力保证的制度规则导致综合减灾工作不到位所造成的。而同样是在灾害多发的日本，具有相对完善的防灾减灾法律体系，如《灾害对策基本法》是日本减灾工作的基本法律，还有《灾害救助法》《被害者生活再建支援法》等。

法治社会必须依法减灾，减灾立法就是要以法律规范的形式，把这一综合灾害管理系统固定化、制度化，赋予其权威性和强制性。建议加快制定我国的综合性减灾基本法，完善减灾法律法规体系，使灾害预防、灾中救助和灾后恢复重建都有法律依据，切实维护灾民的合法权益。这是贯彻依法治国方略，建设社会主义法治国家在减灾工作中的具体体现和必然要求。

3.2 统筹资源，形成合力

综合防御是城乡应对各种自然灾害的根本对策，要实现综合减灾需要多途径、多手段进行，然而我国现行减灾体制远不能满足当前减灾形势的发展需要。一方面，目前我国灾害管理基本上是“分兵把守”的状态，减灾管理工作政出多门，令不一致，不利于统一指挥和协调，同样不能实现减灾资源配置的最优化和灾害损失的最小化；另一方面，减灾工作程序不规范，制度建设、组织机构、决策系统、工作方式等落后于减灾工作的实际需要。

同样以日本的经验为例来说，2001 年中央政府进行了一系列改革之后，新增设了名为“防灾特命担当大臣”的职位，用来协调整个政府的综合减灾措施，有效地促进了各部门、各行业的减灾工作。因此，建议改革和完善现行防灾减灾体制，建立高层次领导管理机构，促进跨部门、跨行业、跨地区的协调与合作。如此可以有效地统筹各类防灾资源，避免防灾减灾工作碎片化和“木桶短板效应”，可持续性地共同推进城乡防灾减灾工作的深入开展。

3.3 顶层设计，规划先行

新型城镇化防灾减灾应做好顶层设计，对防灾减灾工作进行宏观把控，坚持规划先行，充分发挥规划的先导作用、主导作用和统筹作用，明确防灾减灾目标、落实各层面各系统防灾减灾指标、找准防灾减灾坐标，推动防灾减灾工作科学发展，避免盲目建设。城乡防灾减灾规划应包括灾害预防、应急救灾和恢复重建的全过程，规划的重点在于因势利导、趋利避害，而不只是应急救灾和事后补救。因此，需要保障防灾建设与城市建设同步进行，防止“头痛医头脚痛医脚”，避免新型城镇化过程中出现“防灾欠账”。

3.4 风险评估，防灾切入

由于致灾因子的不确定性和承灾体的复合性都呈现着风险特征，风险评估是开展防灾减灾管理和技术决策的科学依据。因此，城乡防灾减灾应建立在风险管理的基础上，把握城镇化建设中的灾害风险规律与特点，为减灾控制决策找到切入点，实现防灾投入和灾害对城市造成的可能损失效率最大化。

3.5 城乡统筹，协调发展

我国长期以来实行的是城乡二元化的体制，由于城市与农村在管理、投入等机制上都有较大差别，不可避免地也造成了防灾减灾管理重城市轻农村的现象，也导致了目前“高风险的城市，不设防的农村”的现实窘境。

《国家新型城镇化规划》将“推动城乡发展一体化”作为专门的一篇进行安排，足见国家对城乡一体化的重视。在城乡一体化大的背景下，建议坚持改革，打破城乡二元结构，统筹城市及乡村不同层面的防灾需求。根据我国历史原因和现实情况，通过改革逐步形成适应我国国情的农村地区防灾减灾管理机制，全面提升农村地区的防灾能力，形成城乡防灾减灾能力协调发展的新格局。

3.6 补齐欠账，不欠新账

对由于历史原因形成的防灾减灾欠缺，根据灾害风险程度分期分批进行改造，补齐防灾减灾方面的欠账。同时，紧抓新型城镇化历史机遇，全面提升城镇防灾减灾能力，做到防灾不欠新账，保障城镇健康与可持续发展。

参考文献

[1] 国家新型城镇化规划。

[2] 郭光磊.北京市新型城镇化问题研究［M］.北京：中国社会科学出版社，2013.

[3] 翟宝辉.城市综合防灾［M］.北京：中国发展出版社，2007.

[4] 张继永.基于孕灾环境的突发事件连锁反应模型研究［D］.大连理工大学，2010.

[5] 史培军.四论灾害系统研究的理论与实践［J］.自然灾害学报，2005, 14(6): 1-7.

[6] 王志涛，苏经宇，刘朝峰.城乡建设防灾减灾面临的挑战与对策［J］.城市规划，2013，No.2：51-55.

城市化需有序适应极端天气气候变化

严中伟[1]，刘盛和[2]，叶谦[3]，王君[1]

（1. 中国科学院大气物理研究所；2. 中国科学院地理科学与资源研究所；
3. 北京师范大学地表过程与资源生态国家重点实验室）

摘要 我国主要城镇群多位于天气气候灾害频发区，如夏季群发性暴雨的三个频发中心正好分别覆盖京津冀、长三角、珠三角城市群，华东南还是热浪频发中心。近百年全球平均变暖近1℃，中国区域更甚达1.2℃强，热浪、暴雨等极端天气趋强，风速减弱而静稳天气（雾霾）趋频。城市化改变局地环境的同时可加剧某些气候变化后果。因而，有序适应气候变化，是保障我国城市化可持续发展的必由之路。为此建议：一方面要加强区域性极端天气气候变化预估、城市化的气候效应、有序适应气候变化等基础性科研；另一方面需从政策层面保障在城市化规划、建设和投资相关决策体系中设置“气候变化风险评估”的环节。

关键词 城市化，气候变化，极端天气，灾害风险，有序适应

1. 引言

城市化是中国实现可持续发展的关键环节之一。自20世纪90年代中期以来我国城市化发展速率维持在年均1%以上的较高水平（图1）。预计未来二三十年，将有约10亿居民集中在京津冀、长三角、珠三角及其他若干大型城镇群区域。人居和经济活动的集中，或有助于改善国家资源运用和社会管理效率，但也孕育着较高的极端天气气候灾害风险。如何合理规划城市化，规避或减小气候变化导致的灾害风险，是涉及我国能否实现可持续发展的重要问题之一。

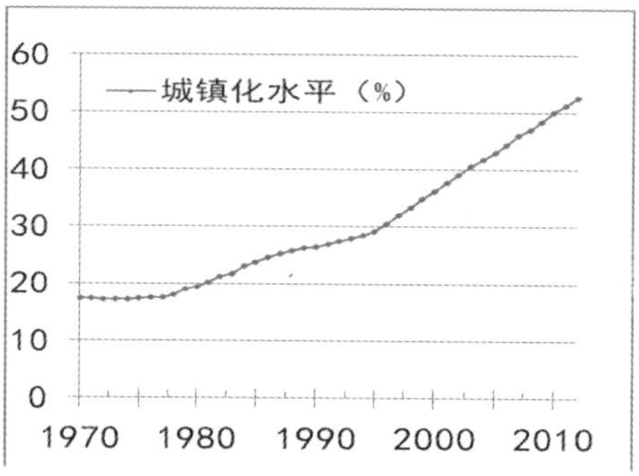

图 1　1970 年以来我国人口城镇化水平的演变

据《中国统计年鉴 2013》相关数据绘制。

和我国城市化迅速发展趋势相应的是，全球气候显著变暖，导致一些极端天气气候灾害趋频趋强，城市区域尤其深受其害。2012 年 7 月 21 日北京特大暴雨，导致罕见的城市居民淹死案例；2013 年夏季华东极端热浪，导致上海、杭州多地热死人；而近年来我国尤其是城市区域的雾霾问题，更受到日益广泛的关注。这一系列极端天气气候现象并非偶然。全球气候变暖，正是导致一些区域暴雨、热浪和雾霾等极端天气频发的大背景；而城市化则可能加剧某些极端天气灾害风险。正如联合国人类住区规划署[1]指出的那样，城市化和气候变化日渐以危险的方式交织在一起，其结果可能对城市生活质量、经济和社会稳定造成空前的负面影响。

中国的城市化发展面临怎样的气候变化风险？城市化发展如何应对极端天气气候变化？本文仅在综述近年相关气候变化研究的基础上作一探讨，并提出政策措施建议。

2. 中国主要城市化区域面临的气候变化风险

2.1　全球气候变暖、中国变暖更甚

据世界气象组织，2014 年成为全球平均表面温度有现代气象记录以来的最暖年，20 世纪初期以来的近百年间，全球平均变暖率达近 1℃ / 百年（图 2 上）。地处欧亚大陆东部的中国区域变暖更甚于全球平均，1909 年以来的百年间，我国记录最完整的十几个站点平均变暖达约 1.5℃（图 2 下）。

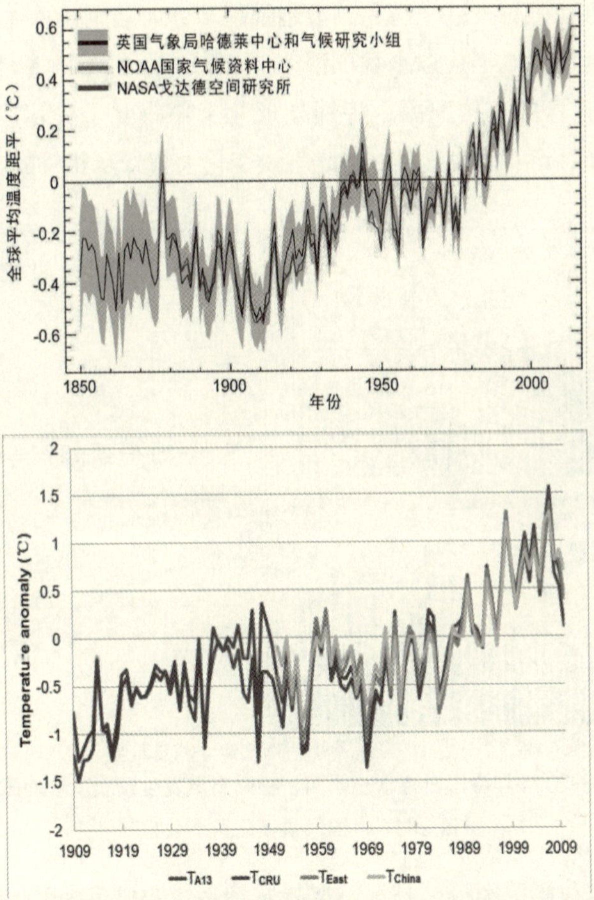

图 2　多种资料计算的 1850 年以来全球平均表面温度距平序列（上——引自世界气象组织）和 1900 年以来的中国多站平均气温距平序列（下——引自 Cao et al 2013[2]）

由于我国长期气象观测站大多位于城市区域，上述平均气温序列所记录的百年增暖包含了部分城市化导致的局地增暖成分。近有研究估计，各地观测序列中城市化信号占所记录的总增暖趋势 9%—24% 不等（Zhao et al 2014[3]），平均而言应在 20% 以内。扣除这部分局地信号，中国近百年来的大尺度气候增暖应为 1.2℃强。最新发布的《2014 中国气候变化监测公报》结果是：1901—2014 年间中国平均增暖约 1.1℃，略低于上述估计，但也仍高于全球平均增暖趋势。

显然，总体而言，我国是受全球变暖影响较大的一个区域。而城市区域叠加有城市化导致的局地增暖效应，可加剧相应的气候变化后果。

2.2　极端天气趋强趋频

全球气候变暖，各地天气气候的异常响应各具特色，但现有研究反映出来的较为普遍的现象是：极端旱涝和热浪趋强趋多，大陆风速总体趋缓。如图 3A、B 所示，自 20 世纪 60 年代以来我国降水频次减少，但暴雨事件增多，这是旱、涝灾害均趋于频繁的直接原因，特别如近几十年华北干旱化以及 2012 年北京“7 · 21”特大暴雨等灾害性事件，与此气候变化大背景是相符的。

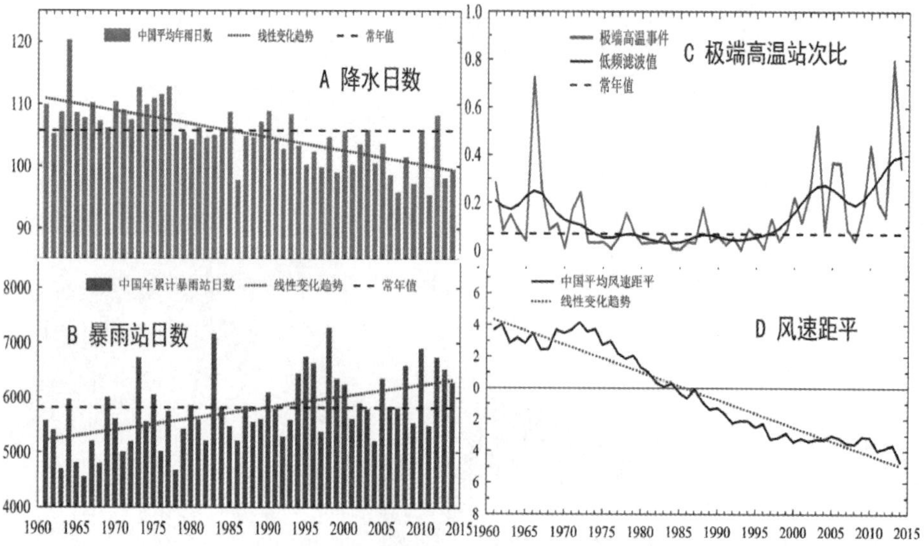

图 3　1961—2014 年中国日降水、暴雨、极端高温发生频次及年均风速距平变化
（引自 2014 中国气候变化监测公报[4]）

近十几年来我国范围极端高温站次异常增多，2013 年创历史新高（图 3C），主要源于 2013 年夏季华东城镇群为中心的大范围超级热浪。

另一个值得关注的事实是如图 3D 显示的那样，我国区域平均风速自 60 年代以来持续减弱。这是近十几年我国雾霾趋频的一个背景因素，因为静风稳定正是雾霾天气特征之一。

2.3　城市化区域面临的极端天气气候变化

由于高密度的社会、经济活动，同等程度的极端天气气候事件对于城镇群相比其他区域而言具有更大的灾害性威胁。不幸的是，我国一些主要城镇群恰恰位于某些极端天气气候事件频发的区域。例如，华东一带是我国热浪发生频率最高的中心之一（Ding et al 2010[5]），其范围涵盖了近 30 年发展最为迅猛的长三角城镇群以及以武汉为中心的中部城镇群。随着全球变暖，极端热浪趋频趋强，是这一带城市化发展必须面临的问题。华南和西北内陆的城市化发展，同样需要考虑如何应对日益严峻的热浪气候变化。

群发性暴雨是导致大规模洪涝灾害的直接原因。我国三个群发性暴雨频发中心分别位于：华南、江淮流域和环渤海地区，对应东亚夏季风雨带由南往北推进的三个阶段（Tu et al 2011 [6]）。三者恰好分别涵盖了我国三个超级城镇群：珠三角、长三角和京津冀城镇群。统计分析表明，20 世纪 60 年代以来我国大陆群发性暴雨的发生频率增多 28%，平均强度和范围都有所增大。举世瞩目的 2012 年“7 · 21”北京特大暴雨正是在此气候变化背景下发生的。这些区域城市化发展至少应考虑提升相应的防洪涝建设标准。

进一步还需认识到，城市化发展会促进某些极端天气气候现象。例如城市热岛效应有助于加剧极端热浪；城市建筑群的扩张有助于减缓近地面风速、形成静稳大气边界层，从而加剧雾霾现象。以风速为例，近几十年我国大部分地区风速减弱，主要是因为全球变暖背景下东亚季风环流趋弱（Jiang et al 2010 [7]; Li et al 2011 [8]）。而在城市化发展迅速的区域，近地面风速减缓尤其明显。图 4 显示，60 年代以来北京地区风速普遍减弱（观测序列的线性趋势为负），中心城区风速减弱尤甚（图中黑色区）。如果风速减弱是雾霾频发的一个气象背景因素，那么城市化中心区域无疑更易于遭遇雾霾侵袭。这和近年发生的事实相吻合。

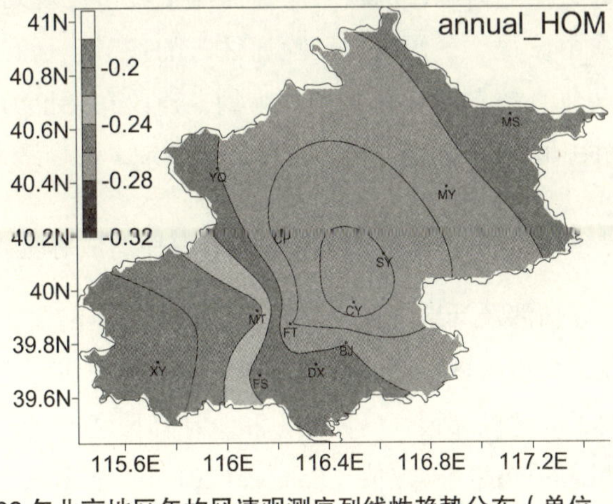

图 4　1960—2008 年北京地区年均风速观测序列线性趋势分布（单位：m/s/dec）。引自 [8]

3. 城市化发展应对气候变化的政策措施

3.1　构建适时评估城市化区域气候变化风险的政策体系

根据 IPCC 最新评估报告 [9]，由于工业革命以来人类活动排放导致的大气温室气体浓度仍在持续增长，未来几十年到百年尺度的时期内全球气候仍将继续变暖。诚如此，则上节所言我国主要城市化区域很可能面临进一步的极端天气气候变化。为避免或减缓气候变化对城市化发展的不利影响，必须适时评估当地气候变化风险，作为城市化发展规划和相应建设标准等方面的参考依据。

事实上，近年来一些国际金融机构在投资各地基础建设时已强制要求作气候变化风险评估。例如，2012年亚洲发展银行（ADB）拟贷款用于重庆城乡改造工程，即要求当地建筑设计部门提供未来气候变化风险评估报告，并据此改善相应设计标准。比如城市沿江防洪堤岸的建设，按我国惯例是基于“20年一遇”洪涝水平而设计的。这种多年前根据以往气象水文观测统计制定的“20年一遇”水平，随气候变化已不再适用。同样，重庆山地道路的建设也须考虑当地极端高温和暴雨天气趋强的后果（如路面熔化、山地滑坡等）而改进设计标准。气候变化风险评估虽不利于ADB改善其投资审批期较长而被诟病的问题，但却有利于保障所投资的基础建设项目的可持续性效益。这一点无疑值得新兴机构（如我国主导的亚洲基础建设投资银行等）借鉴。

保障城市化的可持续发展，显然远非仅是投资者的利益所在，更应是我国各级决策部门的职责所在。为此，从政策层面保障在城市化规划、建设和投资审批等相关决策体系中设置“气候变化风险评估”的环节，是有益的。以国务院2009年颁布的《规划环境影响评价条例》为例，建议在评价内容部分补充增加“规划对区域气候的影响及气候变化风险评估”的条款。

3.2 加强区域气候变化预估、城市化气候效应、有序适应等基础科研

气候变化风险评估涉及局地气候变化的预估研究。目前关于全球气候变化的预估尚存不确定性，城市区域尺度的极端天气气候变化预估更亟须加强相关的基础科研。特别是关于局部极端天气气候模拟和统计降尺度预估，其结果可较直接地应用于城市化伴随的灾害风险评估（Fan et al 2013[10]；2015[11]）。

进一步地，还需认识到，城市化伴随的土地利用、能源集中供需和社会经济活动演变，在改变城市自身对灾害的暴露度和脆弱性的同时，也影响区域气候的演变（如Wang et al 2012[12]），加剧某些极端天气气候变化风险。叶笃正等（2008[13]）提出的有序适应，其核心思想之一就是，在考虑气候变化风险时，还要考虑人类活动本身反馈加剧气候变化的后果，才能发展完善的应对策略。就城市化的有序适应而言，需充分了解极端天气气候变化与城市化相互影响的机理和后果。

基础科研如何服务于城市化发展呢？Zhang 等（2009[14]）对美国东北部城市群的城市热岛模拟研究具有启发性：观测表明热浪来袭时 Baltimore 比其南面的首都 DC 地区更热；虚拟气候模拟显示，如把 Columbia 及更上风向的 DC 城镇群恢复为自然植被，Baltimore 的热岛效应就大大减弱（图 5）。

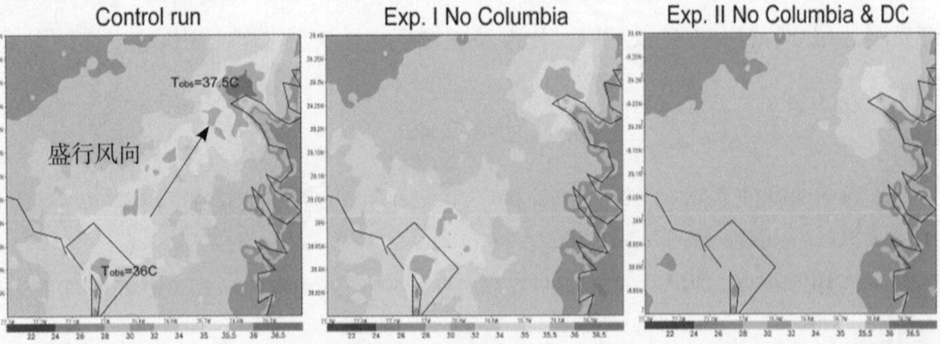

图 5　区域气候模式中 DC-Columbia-Baltimore 城市带热岛（左，箭头为盛行风向）及去掉上风向的 Columbia（中）乃至 DC（右）城镇群后 Baltimore 热岛显著减弱的情景（引自[14]）

对于已定型的美国城市群，上述研究仅有助于理解观测到的“Baltimore 热浪风险更甚于其南面的首都”这一事实。然而，对于我国很多区域而言，开展类似的虚拟模拟研究，就可服务于修改城市化布局规划，以避免或减缓目标区的灾害风险。

近年来关于我国城市化的气候效应研究方兴未艾，但还需加强引导，鼓励自然和社会学科的协作（例如通过复杂系统动力学的方法联结不同学科的模式研究等），才能更直接地服务于我国城市化的可持续发展。

4. 小结

（1）我国是受近百年全球气候变暖影响较大的区域，尤其是近几十年来，极端天气气候事件（如极端旱涝、热浪、雾霾等）趋频趋强。而城市化发展必然改变局地环境，进而影响区域气候变化，不当的城市化发展可加剧局部气候变化风险。

（2）我国主要城镇群恰好位于一些极端天气气候频发区。气候变化已开始影响城市化的进程，如根据早年观测制定的很多城乡建设标准已不再适用；一些国际金融机构则开始强制性要求其投资项目必须进行气候变化风险评估。

（3）有序适应气候变化是保障我国城市化可持续发展的必由之路。为此，一方面要加强区域极端天气气候变化预估、城市化的气候效应等基础科学和应用研究；另一方面则需在政策层面落实应对措施，如在城市化规划、建设和投资等方面的决策体系中加入“气候变化风险评估”的环节。

近年来我国日益关注“气候变化”，一定程度上是出于国际气候谈判的需要。然而，日益严峻的气候变化现实告诫我们：应对气候变化，更是涉及我国自身可持续发展的重要议题。本文仅就城市化发展如何应对气候变化作一初探，以抛砖引玉。

参考文献

[1] UN-Habitat (United Nations Human Settlements Programme), 2011. *Cities and climate change: global report on human settlements*. Earthscan Ltd, UK.

[2] Cao LJ et al., 2013. *Instrumental temperature series in eastern and central China back to the nineteenth century*. J. Geophys. Res., 118: 8197-8207.

[3] Zhao P et al., 2014. *Trend of surface air temperature in eastern China and associated large-scale climate variability over the last 100 years*. J. Clim., 27: 4693-4703.

[4] 中国气象局, 2015.《2014年中国气候变化监测公报》。

[5] Ding T, Qian W, and Yan ZW, 2010. *Changes in hot days and heat waves in China during* 1961-2007. Int. J. Climatol., 30: 1452-1462.

[6] Tu K, Yan ZW, and Wang Y, 2011. A spatial cluster analysis of heavy rains in China. *Atmos. Ocean. Sci. Lett.*, 4(1): 36-40.

[7] Jiang Y et al., 2010. Changes in wind speed over China during 1956-2004. *Theor Appl Climatol*, 99(3-4): 421-430.

[8] Li Z, Yan ZW, Tu K, Liu WD, and Wang YC, 2011. Changes in wind speed and extremes in Beijing during 1960-2008 based on homogenized observations. *Adv. Atmos. Sci.*, 28(2): 408-420.

[9] Intergovernmental Panel on Climate Change (IPCC), 2013. *Climate Change 2013: The Physical Science Basis. Contribution of Working Group I to the Fourth Assessment Report of the Intergovernmental Panel on Climate Change*. Cambridge and New York: Cambridge University Press.

[10] Fan LJ et al., 2013. *Statistical downscaling of summer temperature extremes in Northern China*. Adv. Atmos. Sci., 30(4):1085-1095.

[11] Fan LJ et al., 2015. Comparison between two statistical downscaling methods for summer daily rainfall in Chongqing, China. *Int. J. Climatol.*, doi:10.1002/joc.4246.

[12] Wang J et al., 2012. Nested high resolution modeling the impact of urbanization on regional climate in three vast urban agglomerations in China. J. *Geophys. Res.*, 117: D21103.

[13] 叶笃正, 严中伟, 2008. 全球变暖的有序适应问题. 气象学报, 66(6): 855-856.

[14] Zhang DL et al., 2009. Upstream urbanization exacerbates urban heat island effects. *Geophys. Res. Letts.*, 36: L24401.

三

防灾减灾技术与产业发展

尼泊尔地震的遥感监测与评估

范一大[1,2]
（1. 民政部国家减灾中心；2. 国家减灾委专家委员会）

摘要 本文回顾了2015年4月25日尼泊尔8.1级地震灾害影响与损失的基本情况，展示了遥感数据获取、孕灾环境分析、房屋存量提取与统计、灾后房屋损毁监测、次生灾害监测与道路损毁评估、紧急转移安置监测等方面的成果，介绍了此次地震灾害损失综合评估的内容、方法和过程，提出了今后灾害遥感监测与评估工作的重点。

关键词 尼泊尔，地震，遥感，监测，评估

尼泊尔8.1级地震中国西藏灾区范围大、地形复杂、环境恶劣，遥感技术在灾区孕灾环境分析、房屋存量提取、实物量损毁监测等方面具有明显的优势，为开展灾害范围评估、实物量毁损评估、直接经济损失评估等灾害综合评估工作提供了重要的数据与技术支撑，在本次地震灾害监测与评估中发挥了重要作用。

1. 地震基本情况

2015年4月25日14时11分，尼泊尔（北纬28.2度，东经84.7度）发生8.1级地震，震源深度20千米。地震震中位于尼泊尔第二大城市博克拉。尼泊尔、中国、印度、孟加拉国、巴基斯坦均有震感。与尼泊尔毗邻的我国西藏自治区日喀则市聂拉木县、定日县、吉隆县震感强烈。

1.1 地震烈度及影响范围

此次地震灾区最高烈度为Ⅸ度及以上，Ⅵ度区及以上总面积约为21.47万km^2，如图1（a）所示。中国境内Ⅵ度区及以上总面积约4.71万平方千米，西藏自治区日喀则市聂拉木、吉隆、定日、定结、岗巴、仲巴、萨嘎、萨迦、拉孜、昂仁10个县

受灾，如图 1（b）所示。位于Ⅵ度区之外的日喀则市亚东、江孜、南木林、谢通门、白朗、康马、仁布、桑珠孜和阿里地区普兰县 9 个县（区）也受到地震波及，造成个别居民点有少量破坏。

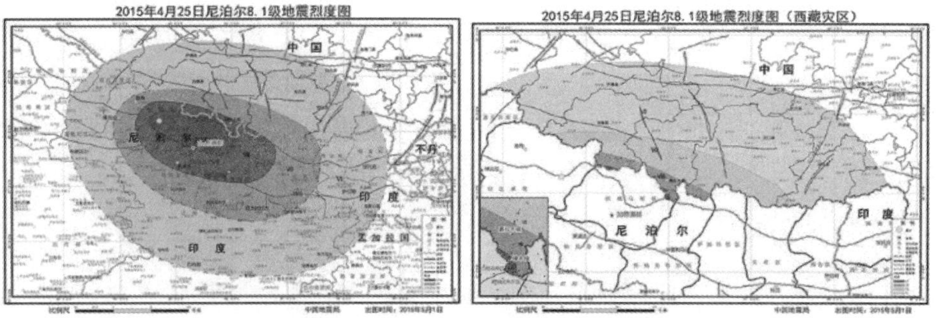

（a）地震烈度图（整个灾区）（b）地震烈度图（西藏灾区）

图 1　尼泊尔 8.1 级地震烈度图

1.2　地震灾害损失

截至 2015 年 5 月 5 日统计，此次地震共造成尼泊尔 7500 余人死亡；中国西藏自治区日喀则市、阿里地区 19 个县 30 万人受灾，26 人死亡，3 人失踪，6.4 万人紧急转移安置；近 2700 间房屋倒塌，3.7 万间严重损坏（如图 2 所示）。

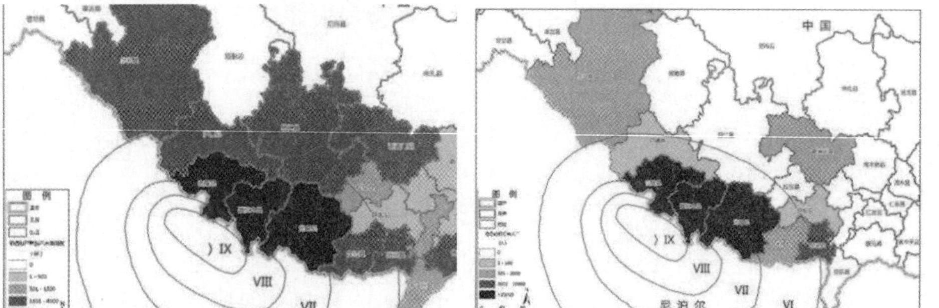

（a）倒塌和严重损坏房屋间数分布图（5 月 4 日）（b）紧急转移安置人口分布图（5 月 4 日）

图 2　尼泊尔 8.1 级地震西藏灾区灾害损失分布

1.3　救灾应急响应

针对尼泊尔 8.1 级地震对西藏自治区人民群众生产生活造成的影响，4 月 25 日 17 时，国家减灾委、民政部紧急启动国家Ⅳ级救灾应急响应。根据灾情发展和灾区特殊情况，4 月 26 日 16 时将救灾应急响应等级紧急提升至Ⅲ级，国家减灾委秘书长、民政部副部长窦玉沛率国务院救灾工作组赶赴灾区，查看灾情，慰问灾区干部群众和救援人员，协助和配合地方政府开展抗震救灾工作。

2. 遥感监测评估

2.1 工作流程

地震灾害遥感监测评估工作主要基于民政部国家减灾中心已经建设的灾害遥感监测与评估业务系统，开展遥感数据获取、遥感数据标准化处理、灾害信息提取和产品制作与发布四个方面的主要工作，具体工作流程如图 3 所示。

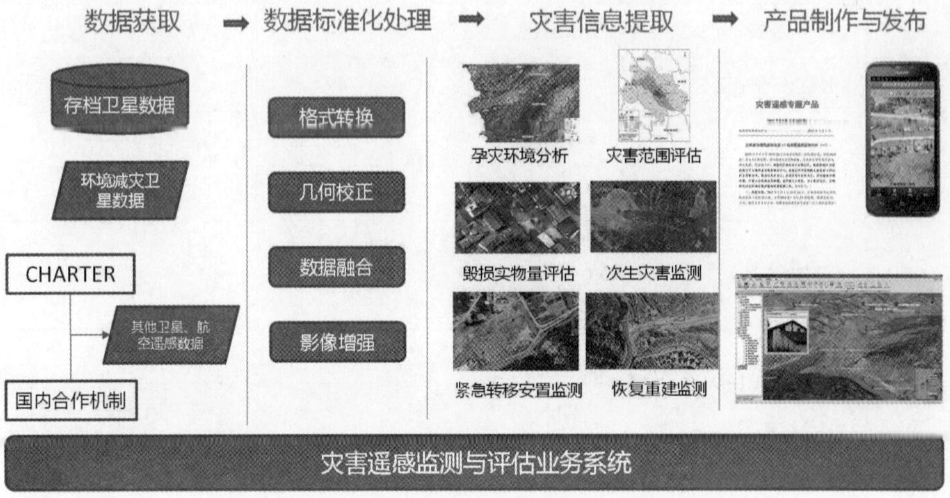

图 3　尼泊尔 8.1 级地震遥感监测评估工作流程

2.2 遥感数据获取

地震发生后，第一时间启动国内卫星数据应急协调机制，并于当日正式启动国际减灾合作宪章机制。截至 2015 年 5 月 6 日，获取国内外高分辨率遥感数据（空间分辨率优于 10m）308 景，如表 1 所示。

表1　获取的国内外高分辨率遥感数据列表

序号	卫星名称	传感器类型	空间分辨率（m）	获取的影像数量	
				灾前/景	灾后/景
1	GF1	PMS1(多光谱)	8	9	11
		PMS2(多光谱)	8	9	19
		PMS1（全色）	2	9	11
		PMS2（全色）	2	9	19
2	GF2	PMS2	3.24	/	3
3	RapidEye	MSI	6.5	/	6
4	KZ-1	TDICCD	1.2	/	76
5	ISS	MS0903	3	7	/
6	KOMPSAT2	MSC	4	1	/
7	Pleiades	PHR 1B	0.5	/	1
		PHR 1A	0.5	/	2
8	GEOEYE	MSI	1.8	11	/
		PAN	1.9	3	/
9	WORLDVIEW	MSI	/	4	23
		PAN	/	3	32
10	ZY-3	MUX	5.8	6	/
		NAD	5.8	3	/
11	TIANGONG	VLC	0.5	/	18
12	遥感卫星	CCD	1	/	3
		SAR	1.5	/	1
13	ALOS2	SAR	2.5	/	2
14	Sentinel-1	SAR	20	1	6
合计:				75	233

2.3　孕灾环境分析

西藏自治区受灾区域地处喜马拉雅山脉中段，北部为藏南高原和雅鲁藏布江流域，地势南高北低，平均海拔在4000米以上。灾区地表覆盖类型以草地为主，人口密度小，居民地、耕地零散分布于道路两侧。重灾区吉隆镇至热索桥口岸、聂拉木镇至樟木口岸道路两侧地势险峻，地质灾害风险高，灾害救助难度大。灾区地表覆盖及人口密度分布如图4所示。

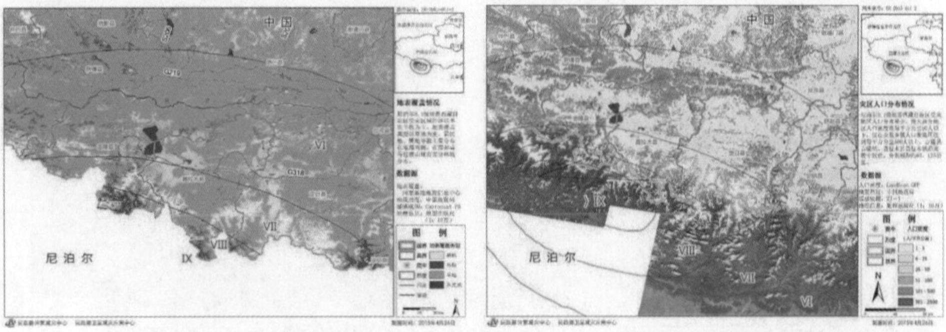

（a）受灾区域地表覆盖图　　　　（b）灾区人口密度分布图

图4　西藏灾区地表覆盖与人口密度分布

2.4　房屋存量提取与统计

基于灾前高分辨率遥感影像，提取受灾区域不同烈度区下房屋的分布、结构等信息。定日县和聂拉木县房屋存量与分布信息如图5所示。

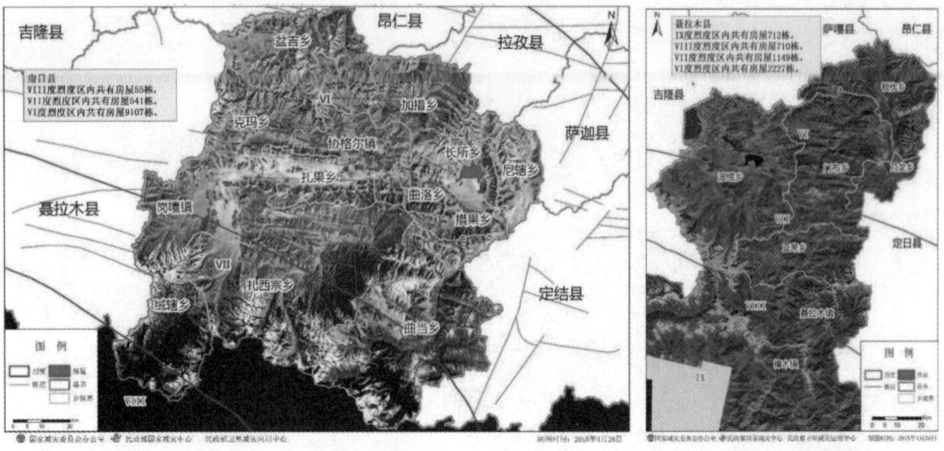

（a）定日县房屋遥感监测图　　　　（b）聂拉木县房屋遥感监测图

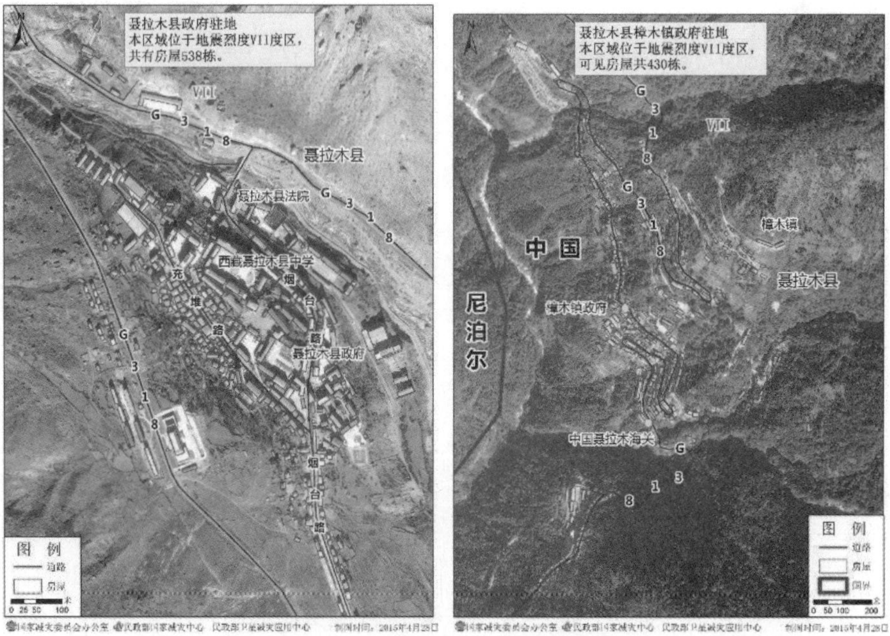

（c）聂拉木县房屋遥感监测图（局部）

图 5 西藏灾区定日县和聂拉木县房屋遥感监测图

2.5 灾后房屋损毁监测

基于灾后高分辨率遥感影像，提取受灾区域损毁房屋信息。樟木口岸和吉隆口岸灾后损毁房屋遥感监测信息如图 6 所示。

（a）樟木口岸　　（b）吉隆口岸

图 6 西藏自治区灾后损毁房屋遥感监测

2.6 次生灾害监测与道路毁损评估

此次地震造成聂拉木县聂拉木镇发生 18 处山体滑坡（滑坡体垂直面积达 4.3 万 km^2），2km 道路毁损，如图 7 所示。

（a）道路损毁遥感监测

（b）山体滑坡与道路损毁遥感监测

图 7　西藏灾区聂拉木县聂拉木镇山体滑坡与道路损毁遥感监测

2.7 紧急转移安置监测

基于灾后高分辨率遥感影像，通过解译帐篷的数量、分布，开展了紧急转移安置遥感监测。4 月 27 日，聂拉木县聂拉木镇共计搭建帐篷 113 顶，受地形因素影响，帐篷搭建较为分散，仅在镇中心小学出现部分帐篷集中搭建，如图 8 所示。

图 8 西藏灾区聂拉木县聂拉木镇紧急转移安置遥感监测

3. 灾害损失综合评估

3.1 评估内容

针对此次地震灾害，启动灾后损失综合评估工作，采用灾情上报、现场调查、遥感解译、经验模型等多种技术方法手段，全面评估灾害影响范围、受灾程度，对人口、房屋、基础设施、产业、社会事业、居民财产、土地资源等造成的直接经济损失。

表 2　灾害损失综合评估内容

评估内容	评估方法
范围评估	利用综合灾情指数方法以县 / 乡镇为单元的范围评估
实物量毁损评估	综合利用现场调查、经验模型、地方统计上报和遥感解译等多种方法，从受灾人口、房屋毁损数量评估到综合的实物量评估
直接经济损失评估	以实物量评估为基础，利用经济损失核算等方法的经济损失评估

3.2　评估方法

基于多种数据资源，充分利用统计分析、模型计算、校核检验、研判会商等多种方法，具体评估方法与技术流程如图 9 所示。

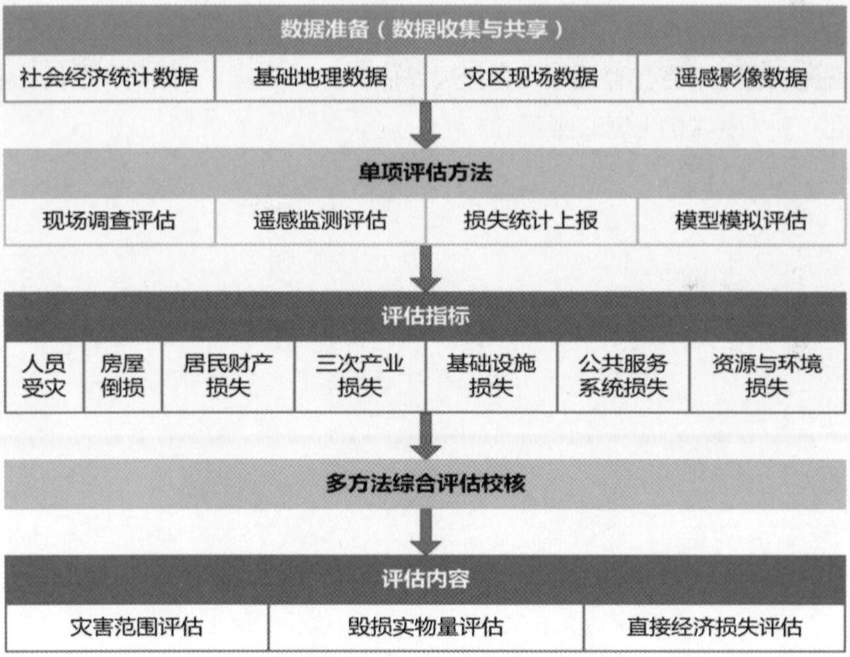

图 9　灾害损失综合评估方法与技术流程

3.3　评估过程

2015 年 4 月 27 日，正式启动灾害损失综合评估工作，根据国务院有关会议精神，由民政部、地震局、发展改革委组织开展地震损失综合评估工作，国家减灾委专家委员会承担评估工作，国家减灾中心具体承担技术支持工作。具体评估过程如下：

5月9—14日，灾害评估组深入地震灾区开展了现场调查评估工作。

5月16日，举行了评估组专家讨论会，讨论评估结果、修改评估报告。

5月17日，国家减灾委专家委组织开展了专家会商会，审核评估结果。

5月19日，与西藏自治区党委政府、国家有关部门通报评估结果，征求意见，修改完善后上报国务院。

4. 结论与展望

为了更好地发挥遥感技术在灾害监测与评估工作中的作用，一方面我们需要进一步健全特别重大自然灾害数据共享与获取机制，快速获取和共享灾区基础数据与灾后重点区域高分辨率数据，从而为灾害应急救援和综合评估提供数据支撑；另一方面，我们需要进一步优化数据处理流程，提高快速信息提取与分析能力，并加强地面核查、遥感监测在灾害损失评估中的综合应用，做到“定量、定位”精细化、科学客观的灾害监测评估。

中国东部大地形背景下霾灾害频发的天气气候影响问题*

徐祥德[1] 丁国安[1] 赵天良[2]

（1. 中国气象科学研究院灾害天气国家重点实验室；
2. 南京信息工程大学气象灾害预报预警与评估协同创新中心）

摘要 近年来，经济的快速发展和城市化导致大量的污染物排放及其生成的气溶胶使环境恶化，其时间长、分布广、影响范围大。我国的大气污染已经从20世纪80年代的点源污染发展到90年代的城市污染，21世纪开始演变为区域性、复合性大气污染。卫星遥感与观测资料综合分析均可发现冬季中国东部气溶胶高值区位于青藏高原、黄土高原东侧高原与平原的过渡带，且高值区呈南—北向带状分布，大地形动力效应与中国东部霾高发区时空分布呈显著相关特征；青藏高原与黄土高原大地形东侧背风坡的“下卷气流”所形成的“弱风区”，其可产生“避风港”效应。春、夏、秋、冬不同季节霾日相对峰值位于大地形背风坡反气旋涡旋下沉处，且冬季出现霾日发生频数高峰极值现象，此类高原“背风坡”动力效应不利于中国东部工业群区与城市群区大气污染排放物扩散，尤其抑制了污染物向高空的对流输送。城市大气环境的应对决策提出了控制周边源影响等具有挑战性的应用理论题，其是北京环境污染治理决策亟待解决的关键环节之一。北京向南开口的“马蹄形谷地”存在大气污染“滞留”“堆积”综合效应。北京异常污染或重污染过程存在区域性低层大气气流“汇合”或辐合特征，且其与南部周边“上游”污染源远距离输送轨迹呈某种关联现象。

从不同年代际阶段霾频发状况与中国东部大气热力结构相关联的

* 财政部公益性行业（气象）科研专项（GYHY201406001）、环保公益性行业（气象）科研专项（201509001，201409027）、科技支撑计划（S2014BAC22B04）和国家自然科学基金重点项目（41130960）资助。

视角出发，进一步分析中国东部年代际大气温度垂直廓线。发现近十年大气气温垂直廓线出现了显著的“上暖下冷”距平结构（“逆温盖”）特征，且近十年大气风速不仅在边界层减弱，而且大气风速垂直廓线在对流中下层亦出现年代际异常弱风速特征，这些因素造成了此阶段在该区域大气污染扩散与对流受到严重抑制，在近十年中国区域 CO_2 排放加剧的大背景下，此大气温度与风速距平特殊的垂直结构可能是中国东部区域霾频发的重要年代际“气候调节”因素之一。

关键词 大地形，霾，避风港效应，气候调节，逆温盖

1. 引言

近年来，随着工业发展与人类活动的加剧，人们十分关注气溶胶的影响及其气候效应问题，与人为气溶胶相关的“变异”云现象亦是十分引人注目的焦点。印度洋试验（INDOEX）的科学家所提出的“亚洲棕色云”这一名词，它被用来描述1—3月间出现在南亚地区、热带印度洋、阿拉伯海和孟加拉湾上空的“棕色霾”[1-2]。这种霾已经被新闻界称作“地毯似的污染”，而且，这种污染绝不是只在亚洲地区，也出现在北美、欧洲和世界其他地区的大城市上空，在大西洋上空可延伸1000多公里[3-5]。从能源消费来看，2000—2010年仅10年期间我国能源消费总量就增加120%，其中煤炭占一次能源比例高达70%，远高于发达国家20%—30%的比例，且大多数煤炭消费集中在华北、华中及华东等重度霾污染地区[6]。

经济的快速发展和城市化导致大量的污染物排放及其生成的气溶胶使环境恶化，其时间长、分布广、影响范围大，还可对区域气候造成一定影响，但同样霾也可受到气象条件及其大气环流背景的调制[7-10]。对于城市霾的影响越来越受到政府与公众的关注。我国的大气污染已经从20世纪80年代的点源污染发展到90年代的城市污染，21世纪开始演变为区域性、复合性大气污染[11]。对于处于大地形东侧中国东部霾天气频发地区存在大地形动力、热力效应。很多研究指出，大气环流、局地气象要素、边界层结构与特殊地形的叠加，极其不利于污染物扩散。青藏高原、黄土高原与东部平原“三阶梯”特殊的大地形作用（图2）及其大气环流背景的“气候调节”是否可导致中国东部城市群落上空污染源排放颗粒物长期累积，是否会造成具有显著年代际气候特征？另外，中国东部区域大气热力结构及其大气环流变化是否也会影响大范围“霾”生消长周期（年代际）变异现象？在西风带背景下中国区域大地形东侧“避风港”效应是否显著影响着

区域霾空间分布特征？

2. 高原东侧特殊大地形背景下中国东部区域大气环境承载能力影响问题

卫星遥感与观测资料综合分析均可发现冬季中国东部气溶胶高值区位于青藏高原、黄土高原东侧高原与平原的过渡带，且高值区呈南—北向带状分布，另外，青藏高原东缘四川盆地亦有另一气溶胶高值中心。由图 1 可发现冬季中国东部气溶胶分布与大地形结构可能存在某种相关关系。

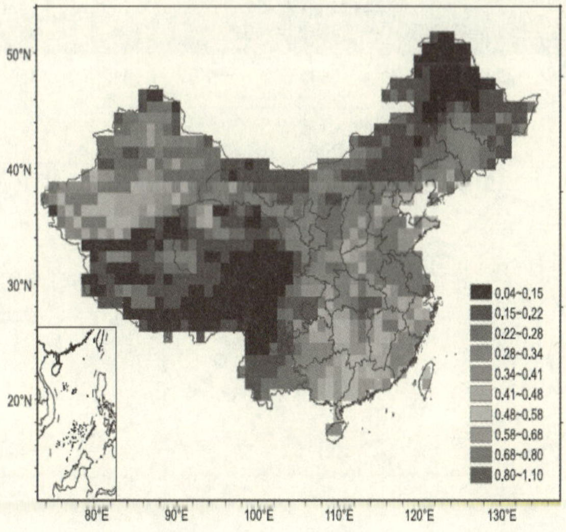

图 1 卫星遥感 MODIS 反演的中国区域 2001—2011 年平均的（550 nm）气溶胶光学厚度

京津冀山前平原地区强而厚的逆温层和低的混合层高度将污染物强烈地压缩于近地层[12]。分析计算西风带背景下高原大地形东侧“背风坡”环流及其季节特征，以探讨大地形动力效应与中国东部霾高发区时空分布相关特征；青藏高原与黄土高原大地形东侧背风坡存着在“下卷气流”形成的“弱风区”，其可产生“避风港”效应。由图 2（a）可发现冬季青藏高原东侧大地形“背风坡”气流伴随下卷气流，构成了长期的顺时针垂直涡旋结构。此大地形东侧“弱风区”亦恰对应图 2（b）中近地层风速低值区（弱风区）。大地形东侧风速低值中心区，该区域恰对应图 2（a）的“背风坡”垂直环流图主体“下卷气流区”，也恰对应图 2（c）中国区域冬季平均霾日数的峰值区，此类高原“背风坡”的环流圈东侧下沉气流动力效应不利于中国东部工业群区与城市群区大气污染排放物扩散，尤其是抑制了污染物向高空的对流输送。由图2（c）可发现春、夏、秋、冬不同季节霾日相对峰值位于大地形背风坡反气旋涡旋下沉处，且冬季霾日发生双峰极值现象，第二峰值为沿海处，秋、春、夏季峰值大小依次降低。

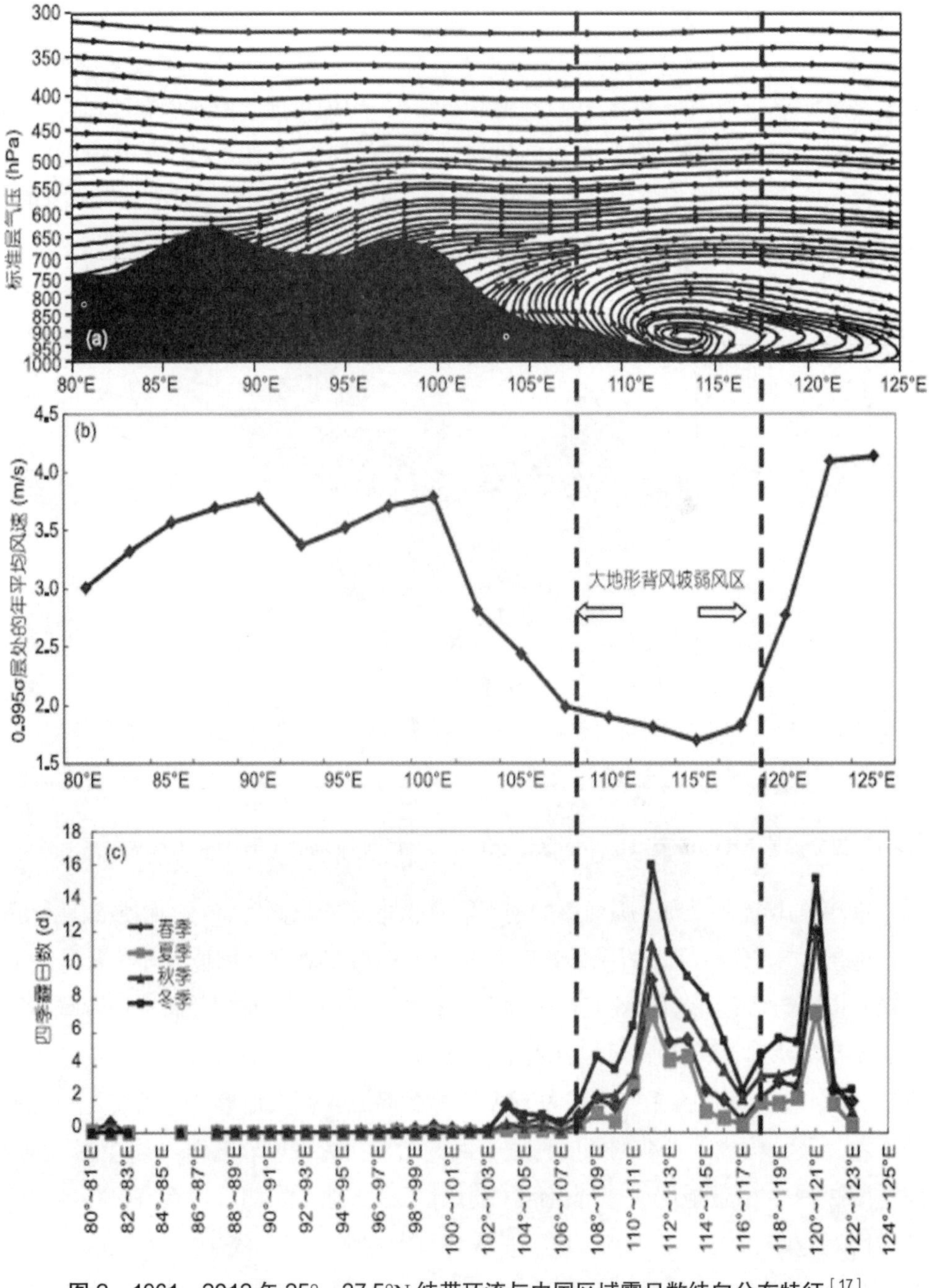

图2　1961—2012年25°—37.5°N纬带环流与中国区域霾日数纬向分布特征[17]

（a）年平均垂直环流结构，（b）年平均近地层风速，（c）四季霾日数

3. 北京城市周边污染源输送通道与影响域问题

城市大气环境的应对决策提出了控制周边源影响等具挑战性的应用理论问题，其是北京环境污染治理决策亟待解决的关键环节之一。在大气风温湿特定条件下通常污染物以城市烟羽的形式被传播到下风方，烟羽范围可以向下游输送数百公里远[13]。经济发达区域可构成“城市群”，多个城市污染物扩散混合构成城市之间的羽流影响效应及其区域性大范围污染扩散现象。风云三号卫星有关气溶胶光学厚度的分布图像，展现了中国东部大地形东侧空气污染区域性特征（图 1）[14]。由于城市周边地形的“山谷风”“海陆风”局地环流作用，以及城市尺度热岛效应诸因素均可综合影响或加剧城市内以及与郊区周边地区污染扩散、混合等过程。控制周边排放源影响，最关键的环节还在于认识区域性污染扩散、输送过程中的周边城市群落排放源影响域的“影响半径”有多大？如何进一步揭示周边城市影响源及其扩散轨迹？因此，认识与“追踪”周边城市污染排放源及其影响域，对控制城市大气污染具有重要科学价值与实际应用意义，亦是北京等区域经济圈可持续发展过程中亟待解决的城市群落环境影响“瓶颈”问题之一。

北京处于北面倚山，南向平原的山谷地形，亦呈类似三面环山向南开口的“马蹄形”结构。北京城郊及周边大地形在当地区域性气候背景下可能形成特殊的周边地形“山谷风”日变化以及远、近距离污染物的动力输送与扩散，其综合效应导致北京地区污染物在城郊“马蹄形”谷地内的扩散构成周边大地形山谷“堆积”现象[11]。北京地区在北京盛行偏南风背景下，周边大地形“马蹄形”结构及城市建筑群“多尺度”特征分布，将抑制南来污染物继续向北输送，而导致城市周边来自南部空气污染物在北京地区的“迁移”过程或短期“堆积”现象。显然，在上述地理、气候以及城市发展格局等诸多方面综合影响下，会导致周边地区排放源对北京大气污染影响特征。

通过大量样本分析研究，采用北京市与周边地区河北省、天津等 PM10 客观分析场可发现，PM10 浓度场呈气溶胶高值影响域中心自南向北延伸特征（图 3a），揭示出气溶胶存在远距离的输送结构的可能性，若进一步计算 MODIS 卫星遥感—地面观测相结合的气溶胶变分订正场（图 3b）可发现上述来自南部周边污染源影响的清晰高分辨率气溶胶带状输送通道（石家庄—北京），此现象亦揭示了北京周边地区地面大气污染扩散路径及其影响域特征。由上述研究分析发现，在偏南流场条件下，类似图 3 卫星遥感变分订正气溶胶高浓度输送通道轨迹现象可能与北京周边大地形及其城市群布局对区域大气污染扩散及其相互影响效应相关[12]。

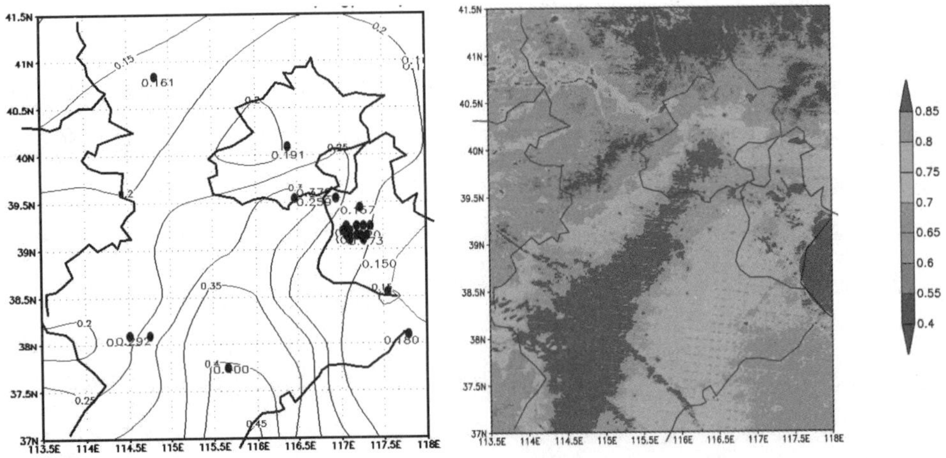

（a）　　　　　　　　　　　　　　（b）

图 3　2002 年 2 月 3 日 MODIS 卫星遥感变分订正气溶胶光学厚度场与北京城市测点观测结果[12]

（a）北京周边地区空气质量站监测的 PM10 分析场；（b）卫星遥感变分订正气溶胶光学厚度场
注：矩形区为气溶胶带状输送通道。

考虑城市周边污染源影响域与低层大气结构相关特征，采用大气重污染与空气质量良好两类典型样本，对比分析北京城市及周边低层大气流场差异。图 4 为 9 个样本两类空气质量（好、差）的流场特征，对比分析图 4（a）和 4（b）可发现，冬季北京城市空气质量良好状况下低层（925 hPa）大气流场背景呈西北气流特征，此类主导风向加速了空气污染物扩散、稀释过程。北京城市重污染过程则相反，低层（925 hPa）大气流场呈西北与东南的气流汇合带特征，此类局地流场辐合带特征有利于北京城市周边污染物通过此汇合带污染物输向北京，且在北京南部周边“马蹄形”地形山谷内“滞留”“堆积”，难以扩散，从而加剧了北京城市及周边污染过程。另外，如图 4 所示，选取异常重污染日样本合成流场辐合带恰与图 3（b）气溶胶带状输送通道（石家庄—北京）相吻合（两图中矩形区所示），这表明气溶胶带状输送通道（石家庄—北京）与局地流场辐合带密切相关。将上述北京城市低层（925 hPa）与北京地区 BECAPEX 试验期间异常重污染过程北京金盏乡大气廓线仪风场垂直剖面时间演变特征对照，可发现上述重污染日合成流场北京城市南部及其周边地区边界层为持续偏南转偏东南气流。上述合成流场表明，北京异常污染或重污染过程存在局地周边污染源的“汇合”

及其南部周边“上游”污染源远距离输送“滞留”“堆积”在“马蹄形谷地”综合效应[15-16]。

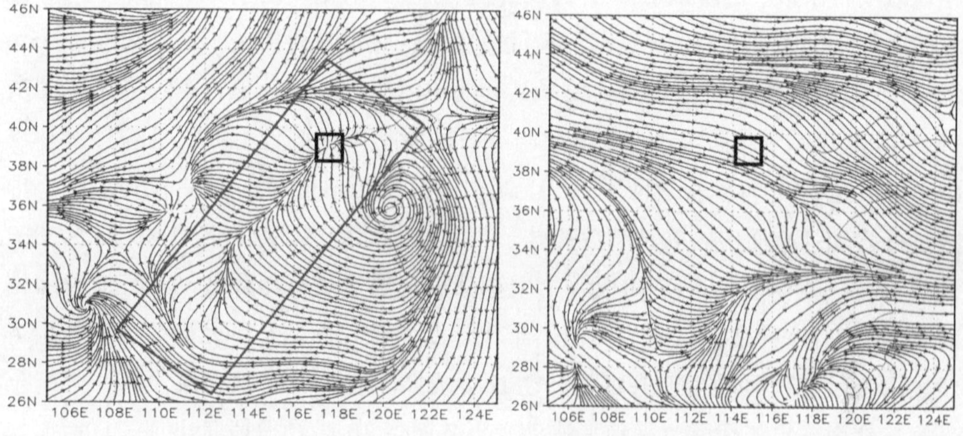

（a）　　　　（b）

图 4　BECAPEX 试验 2001 年 1—3 月北京地区大气重污染与空气质量良好两类典型样本低层（925 hPa）大气合成流场特征[10]

注：方框为北京城区及近郊范围；矩角形区为流场辐合带；（a）北京重污染日（9 个样本）平均合成流场特征；（b）北京典型空气质量良好日（9 个样本）平均流场特征

4. 中国东部区域霾天气变化的“三阶段”年代际特征

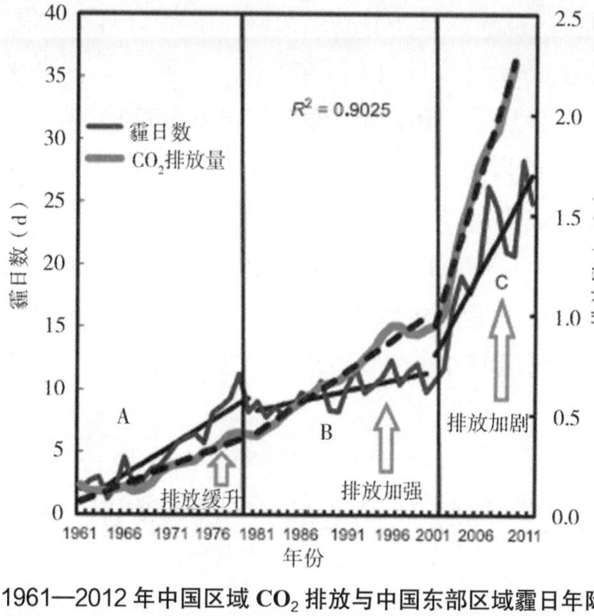

图 5　1961—2012 年中国区域 CO_2 排放与中国东部区域霾日年际变化[17]

根据图 5 中中国区域 CO_2 排放源强度年际变化曲线的变化特征可将其划分为 A、B、C 三个阶段，即 A 阶段 1961—1980 年缓升阶段、B 阶段 1981—2000 年显著上升阶段、C 阶段 2001—2012 年急剧上升阶段。上述 CO_2 排放 A、B、C 三阶段与中国东部（110°E 以东）霾日数年际变化呈显著相关（信度标准达 95% 以上），但两者年际变化之间的关系又非简单的线性相关。值得探讨的是中国东部自 1980 年前（A 阶段）CO_2 排放与霾日两者呈同步线性上升，且霾日上升较 CO_2 排放趋势更为显著（图 5）；但到了 1981—2000 年（B 阶段）虽然 CO_2 排放量持续加强，而中国霾日频数却处于年际弱波动的“平缓”变化阶段；2000—2012 年 CO_2 加剧上升第三阶段，中国东部霾日数量虽有年际波动，日变化却相对“平缓”，这种现象称之为类似于年代际变化“气候调节”效应。为何初始 A 阶段两者呈年代际同步上升特征，在 B 阶段伴随着 CO_2 排放持续上升，中国东部霾日却表现出年代际“平稳”波动变化？而近 10 年 C 阶段又出现霾日增加与 CO_2 年代际同步异常加剧的现象？将在 CO_2 排放影响背景下气象诸多气候影响因子中选取中国大地形动力效应与大气热力结构的年代际两影响因素，以重点探讨 20 世纪 80 年代后中国区域工业与城市发展快速阶段 B 与 C 阶段中霾天气“缓变”与频发异常的“气候调节”效应。

近 10 年 CO_2 排放持续，排放量呈加剧上升趋势，此 C 阶段中国东部霾日数频发区出现了加剧“变异”现象，C 阶段在高原东侧相对于前两个 A、B 阶段，冬季与秋季霾频发区显著扩展，甚至在相对“清洁”时段春、夏季高原东侧霾频发区亦扩展，霾日时空分布原季节性特征变得“模糊”，且呈频发“变异”特征。过去除冬季外中国东部沿海霾日偏少区亦发生了“突变”，由冬季霾高发时段蔓延至春、秋、夏季，其中京津冀、长三角、珠三角为三个霾高发集中区，并有向东北地区“蔓延”的趋势。这表明中国区域排放影响加大，以及年代际气候背景变化均可能对中国霾频发区季节特征产生重要的“调节”“变异”作用。C 阶段（2001—2012 年）这种与 CO_2 排放量剧增同步的霾高发区分布“变异”特征已构成中国大气污染恶化的大范围区域性“强信号”。这提示我们思考在高原东侧特殊大地形背景下中国东部区域大气环境承载能力“阈值”对气候季节性调制响应问题。

5. 霾天气“缓变”与频发异常的“气候调节”效应

除了人们已熟悉的边界层大气逆温层的影响因素外，中国东部霾年代际变异现象是否亦受类似上述大尺度大气热力层结年际变化特征影响？计算结果也可发现在 25°—37.5°N 纬带和 80°—130°E 东—西向地区平均垂直廓线图上（图 6），1961—1980 年、1981—2000 年、2001—2012 年三阶段过程大气温度层结呈显著的差异。从三阶段霾频发状况与中国东部大气热力结构相关联的视角出发，进一步分析中国东部 110°E 以东（25°N—40°N）纬带三阶段年代际大气温度垂直廓线。由图 6(a) 可发现近十年 C 阶段大气温度结构较前两阶段 (A、B) 发生异变现象，此阶段大气气温垂直廓线 600hpa 高度出现了显著的“逆温盖”距平特征，而 A、B 两阶段可以发现大气气温垂直结构与 C 阶段成“反位相”，A、B 两阶段大气层结构上，在 600hpa 为相对“低谷”，其以下大气结构呈“上冷下暖”的距平特征。B 阶段在 CO_2 排放虽然处于显著上升阶段，中国东部霾日变化却处于平缓状态，并未显著上升，这说明 B 阶段的大气垂直热力结构对 CO_2 排放引发的霾天气起了重要抑制作用。由此可见，在近十年中国区域 CO_2 排放加剧的大背景下，此大气温度特殊的垂直结构可能是中国东部区域霾频发的重要“气候调节”因素之一。另外，由图 6(b) 亦可发现对应于 A、B、C 三阶段大气结构变化的状况，C 阶段大气风速垂直距平结构亦与 A、B 两阶段存在显著的差异，尤其在 600hpa 高度以下 C 阶段大气风速为“低谷”状况，这种现象可能说明近十年大气风速不仅在边界层减弱，而且大气风速垂直廓线在对流中下层（600hpa 以下）亦出现年代际异常弱风速特征，这些因素均可造成此阶段在该区域大气污染扩散与对流受到严重抑制[17]。

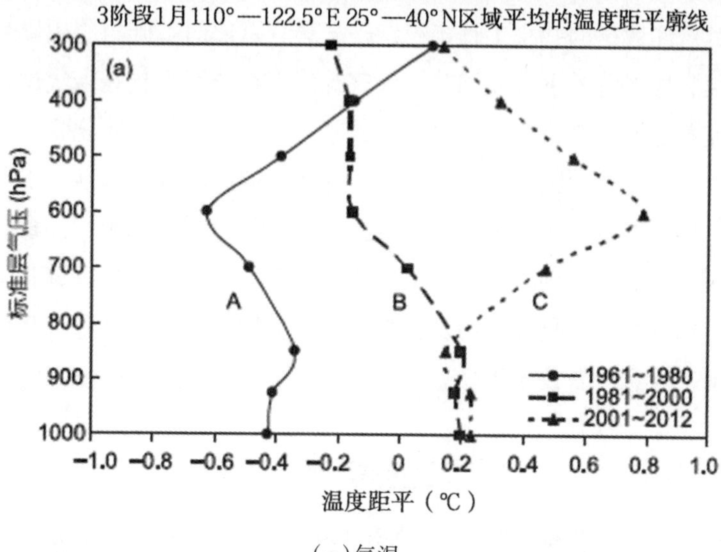

（a）气温

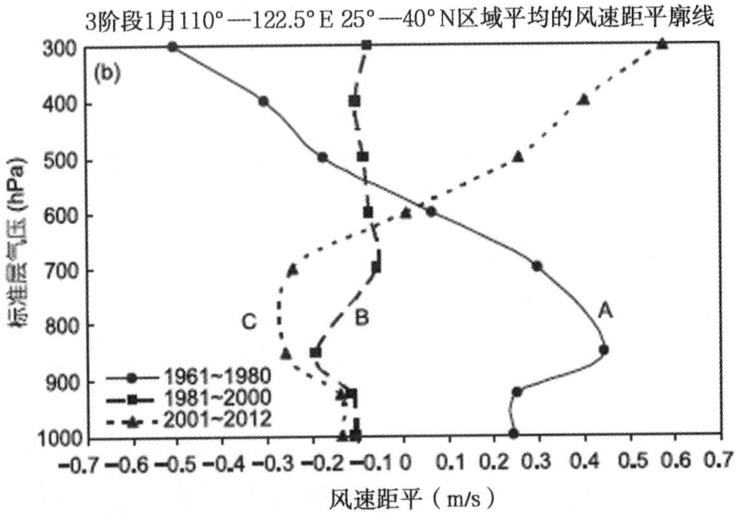

（b）风速

图6 霾频数年际变化A、B、C三阶段大地形110°E以东（25°—40°N）纬带距平垂直廓线[17]

6. 结语

深化认知霾形成大气化学、物理过程，尤其是大气污染的复合机理，与认识霾与天气、气候的关联性，上述两方面是大气污染调控决策的关键问题之一。为此，逐步加强环保、气象等跨部门科技合作，推进科研—业务大气环境观测网优化设计及其观测数据的共享工程，组织跨学科、跨部门基础与应用研究团队，基于上述有关大地形背景下气候调节、天气等诸多影响因素与霾天气过程的相关机理研究，完善区域性气象、环保跨部门天基—地基—空基一体化联合监测网，加强区域大气污染过程中大地形、气候、天气系统的影响效应评估，重点研究在不同的天气气候的背景下区域大气污染源的影响程度及其影响域，探索气象和大气化学耦合模式对霾天气预警与防控决策技术，着力发展适用于区域联防联控污染源解析、追踪分析、影响评估与调控新技术，为区域大气污染联防联控提供科学依据与应对决策系统新技术。

参考文献

[1] Ramanathan V, Chung V C, Kim D. *Atmospheric brown clouds: Impacts on South Asian climate and hydrological cycle*. Proc Natl Acad Sci USA, 2005, 102: 5326–5333.

[2] Seinfeld J. Atmospheric science: Black carbon and brown clouds. *Nat Geosci*, 2008, 1: 15–16.

[3] Center for Clouds, Chemistry and Climate (C4). *UNEP Assessment Report*. San Diego: University of California, 2002. 12–55.

[4] Ramanathan V, Ramana M V, Roberts G. Warming trends in Asia amplified by brown cloud solar absorption. *Nature*, 2007, 448: 575–578.

[5] Chan C K, Yao X H. Air pollution in mega cities in China. *Atmos Environ*, 2008, 42: 1–42.

[6] 国家统计局能源统计司．中国能源统计年鉴 2001 [M]．北京：中国统计出版社，2001.

[7] 施晓晖，徐祥德．北京及周边气溶胶区域影响与大雾相关特征的研究进展 [J]．地球物理学报，2012, 55: 3230–3239.

[8] 张人禾，李强，张若楠．2013 年 1 月中国东部持续性强雾霾天气产生的气象条件分析 [J]．中国科学：地球科学，2014, 44: 27–36.

[9] 张小曳，孙俊英，王亚强等．我国雾霾成因及其治理的思考 [J]．科学通报，2013, 58:1178–1187.

[10] 王明星．1999. 大气化学 [M]．北京．气象出版社，180- 183.

[11] 王跃思，姚利，王莉莉等．2013 年元月我国中东部地区强霾污染成因分析 [J]．中国科学：地球科学，2014, 44: 15–26.

[12] 徐祥德．2002. 城市化环境大气污染模型动力学问题 [J]．应用气象学报，13 (特刊): 1-12.

[13] Oke T R, 1987. The surface energy budgets of urban areas. *Modeling the Urbar Boundary Layer*. Boston: Amer Meteor Soc. 1-52.

[14] 徐祥德，周秀骥，翁永辉等．2003b. 星载 MODIS 资料与地面光度计探测气溶胶变分场 [J]．科学通报，48(15): 1680-1685.

[15] 徐祥德，周秀骥，施晓晖．2005a. 城市群落大气污染源影响的空间结构及尺度特征 [J]．中国科学（D 辑：地球科学），35(1): 1-19.

[16] 徐祥德，周丽，周秀骥．2004. 城市大气环境重污染过程周边影响域 [J]．中国科学，34(6): 958-966.

[17] 徐祥德，王寅钧，赵天良等．2015. 中国大地形东侧霾空间分布“避风港”效应及其“气候调节”影响下的年代际变异 [J]．科学通报，60(12): 1132-1143.

仙台减轻灾害风险框架与空间信息技术应用

李素菊
（民政部国家减灾中心）

摘要 2015年3月第三次联合国世界减少灾害风险大会上通过的《2015—2030年仙台减少灾害风险框架》将理解风险作为四大优先领域之首，特别倡导利用空间信息等技术对灾害风险开展长期、多灾种和以解决问题为驱动力的研究。随着对地观测等空间信息技术的迅速发展，其用于灾害风险评估的能力不断增强，同时在全球和区域层面出现多个空间信息减灾合作机制，技术发展与国际合作将为世界减少灾害风险作出贡献。

关键词 空间信息技术，对地观测，减轻灾害风险，仙台框架

1. 引言（仙台框架的背景）

2015年3月14—18日，举世瞩目的第三次世界减少灾害风险大会在日本宫城县仙台市举行，并通过《2015—2030年仙台减少灾害风险框架》（以下简称《框架》）。1994年第一次世界减灾大会通过《建立更安全的世界的横滨战略和行动计划》，2005年第二次世界减灾大会通过《2005—2015年兵库行动纲领：加强国家和社区的抗灾能力》。与前两次会议相比，本次会议规模最大、级别最高，通过的框架覆盖时间也最长，且简明扼要、重点突出、具有前瞻性和面向行动。《框架》确定了四大优先行动领域，分别是理解灾害风险；加强灾害风险治理，管理灾害风险；投资于减少灾害风险，提高抗灾能力；和加强备灾以作出有效响应，并在复原、恢复和重建中让灾区“重建得更好”。

空间信息技术主要包括遥感技术、地理信息技术和导航定位技术，通常三项技术综合应用于灾害风险评估中。作为四大优先领域之首，《框架》中对空间信息技术在理解灾害风险优先行动领域中的应用有明确的行动要求，即在国家和地

方各级应“(第 24 段（c）项）酌情使用地理空间信息技术，以适当形式编制和定期更新地方灾害风险信息，包括风险地图，并向决策者、大众和灾患社区传播这种信息”，“(第 24 段（f）项)推动实时获取可靠数据，利用包括地理信息系统在内的空间和实地信息，并使用信息和通信技术创新，改进计量工具以及数据的收集、分析和传播”。在全球和区域各级应“(第 25 段（c）项)通过国际合作包括技术转让，促进和加强获得、分享和使用适当非敏感性数据和信息、通信、地理空间和天基技术及相关服务的机会；继续开展和加强实地和遥感地球和气候观测。”

2. 空间信息技术灾害风险管理应用能力与现状

2.1　评估灾害风险的要素组成

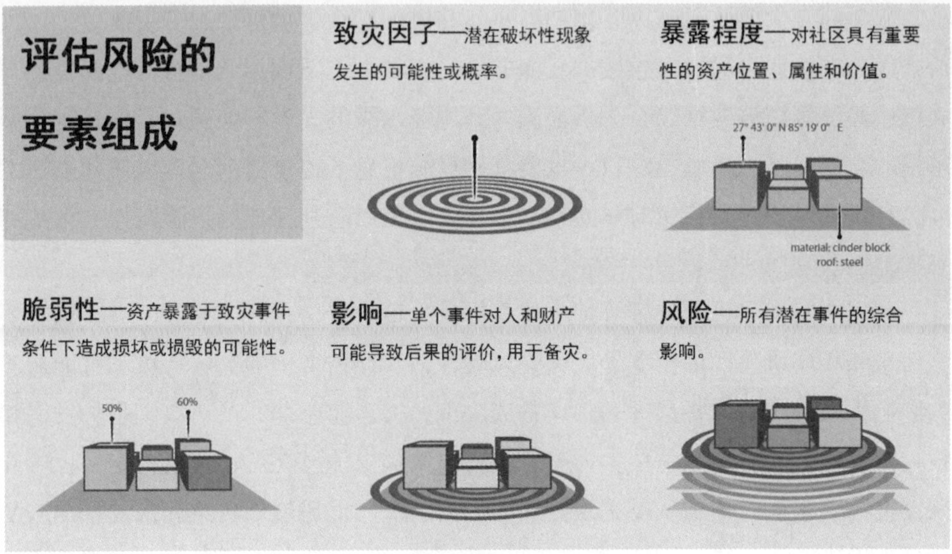

图 1　灾害风险评估要素及关系图

灾害风险信息是灾害风险管理决策的基础。致灾因子、暴露程度和脆弱性是评估灾害风险的三个基本要素。灾害影响是单个灾害事件对人和财产可能导致后果的评估，而灾害风险则是所有潜在灾害事件可能造成影响的综合，用于灾害风险评估的模型有成百上千种，具体模型的选择则要依据评估需求及模型对区域和对象的适用性而定，综合风险评估通常是多模型多数据综合应用的结果。

2.2 空间信息技术减少灾害风险作用

空间信息技术特别是遥感技术在多尺度动态监测致灾因子和暴露程度等灾害风险要素方面优势明显，进一步可用于开展灾害风险评估，为防灾备灾提供服务。同时也可用于支持灾害预警、损失评估及恢复重建监测管理。

致灾因子监测要求高时效性。不同特点卫星对不同致灾因子监测应用优势不同，大尺度高时间分辨率的气象卫星对于台风形成和路径跟踪可实现近实时监测；雷达卫星的主动成像特点使其可用于对洪水范围开展全天候动态监测；红外波段对于热源比较敏感，适合用于探测森林草原火灾的火点和过火范围信息；通过多时相基于遥感数据的植被、土壤等相关干旱指数分析，可对大范围干旱情况开展定期监测。

暴露程度监测对精度要求较高，受灾地区的人口与房屋、农业、工业等经济财产及道路、重要基础设施等暴露信息是开展灾害风险和损失评估的重要基础。相关信息主要使用不同时相的高空间分辨率影像数据提取或分析获得。如人口密度分布信息可通过遥感数据反演的灯光指数、土地利用和地形等空间信息与人口、经济等统计数据综合分析得到。利用亚米级的光学影像通过目标识别模型可提取交通道路、机场、港口等重要基础设施信息。鉴于目前全球城镇化加速发展，利用多时相遥感影像对暴露程度信息定期更新有利于提高风险与损失评估结果准确性。

利用空间技术可为灾害管理全过程提供决策支持信息。灾前基于灾害风险要素信息和相应风险评估模型开展灾害风险评估，评估得到的灾害等级和可能造成的影响信息可支持灾害预警和防灾备灾决策；灾害应急期间可对灾害态势发展和损失情况进行动态监测评估，为应急救灾决策提供信息支持；灾情稳定后，可开展灾害综合损失评估和恢复重建监测，为灾区恢复重建规划决策和恢复重建进度管理提供支持。

2.3 空间信息技术减少灾害风险应用机遇与挑战

近年来空间信息设施与技术发展迅速，对地观测与减灾支撑能力不断增强。各国非常重视空间信息设施与技术的投入与发展。以对地观测卫星为例，已经有40多个国家每年平均投入约70亿—80亿美元政府资金用于发展对地观测卫星技术，同时来自商业与公—私伙伴关系的投入也不断增加。目前全球有100多颗对地观测卫星在轨运行，这些卫星运行与观测模式各异，携带的传感器类型多样，可从太空对地球进行近实时、多要素、立体、多维观测。随着空间信息技术的发展，空间信息已经成为支持各国灾害管理决策不可或缺的重要信息源之一，包括中国在内的多个国家已经将空间信息纳入国家灾害管理体系，并与国家防灾减灾规划和管理工作规程有机衔接。

虽然空间信息技术发展迅速，但有限的空间资源和技术主要集中在少数具有航天能力的国家，而全球所有国家均面临灾害风险，空间资源和灾害风险分布的不平衡性及新一代互联技术的发展推动了全球和区域空间数据与产品开放共享政策和平台的出现。目前各国的大尺度高时间分辨率的气象卫星数据已经在全球公开共享并组网观测，大大提高了对热带风暴和极端气候灾害事件等大尺度灾害事件的近实时观测跟踪能力。中分辨率的美国陆地卫星系列数据也自本世纪初开始在全球开放，目前已经分别成为各国灾害暴露程度监测的重要数据源。近年来我国的环境减灾卫星 AB 星和新发射的高分一号等中分辨率卫星数据也在条件许可范围内针对重大灾害应急需求共享。基于中分辨率遥感卫星数据等我国的全球 30 米陆地覆盖数据产品也于今年全球开放。同时，基于迅速发展 Web2.0 技术和空间信息技术发展起来的众包制图技术成为全球开放空间信息的重要手段，如开放街道地图已经覆盖全球且在一些国家的精度已经证明与商业数据一致。

空间技术合作机制发展迅速，成为全球共同应对防灾减灾的重要趋势。2000 年启动由 16 个空间机构参与的空间与重大灾害国际合作宪章机制已经为全球 400 多次重大灾害应急提供 20 多颗对地观测卫星数据支持。2006 年联合国大会审议设立的联合国灾害管理与应急反应天基信息平台旨在为灾害全过程提供空间信息服务。欧空局的哥白尼计划将利用其哨兵系列卫星并结合其他卫星提供应急制图服务，目前可为欧盟成员国和其他地区国家提供 24/7 的服务模式，日常条件下提供风险评估产品，应急条件下提供应急监测产品。全球对地观测组织将防灾减灾作为 9 大应用领域之一；对地观测卫星委员会根据仙台减轻灾害风险框架制订了对地观测灾害风险应用战略并开展专项示范研究；亚洲哨兵计划可为在亚洲区域发生的重大灾害提供卫星遥感数据。

虽然可用于灾害风险监测评估的空间数据和信息量增加迅速，应用能力也不断增强，但从灾害风险管理形势与需求角度出发，目前空间技术在防灾减灾应用中仍存在一些挑战和差距，主要包括：一是目前的应用以大灾应急监测与损失评估为主，而对灾害风险应用特别是造成全球主要风险的广布型小型灾害和缓发型灾害风险关注不够。且有限的遥感卫星在大灾应急期间观测时间和区域集中，数据冗余严重；二是卫星数据量和新型数据种类增加迅速，而数据处理分析水平和灾害风险应用能力亟待提高，特别在发展中国家普遍面临空间技术应用能力薄弱的挑战；三是大量相关应用科研成果以学术成果形式交流为主，业务转化率低，可用、实用、易用性不强；四是机构间协同不够，缺乏相应的标准，导致存在信息数据共享壁垒，低水平信息重复程度高，高水平信息分析不足，造成人力资源浪费。同时空间资源共享与协同应用工具使用要求专业门槛较高，社会包容性与参与度提升空间大。

3. 对地观测支持国家灾害风险管理战略

针对《仙台减轻灾害风险框架》，为共同推动全球对地观测资源和空间技术在各国灾害风险管理中的应用能力，在仙台召开第三次世界减灾大会期间，由包括联合国外空司、联合国亚太经社会、联合国国际减灾署、对地观测组织、对地观测卫星委员会、欧盟、德国宇航局、中国民政部国家减灾中心等机构在内的17个国际、区域、国家和非政府组织或机制共同发起倡议，提出对地观测支持国家灾害风险管理战略倡议，拟设立对地观测技术应用灾害风险减轻协同框架，旨在有以上相关组织或机制并欢迎更多相关成员加入共同组成全球合作伙伴关系，共同承诺通过已有机制之间的协同加强空间技术和对地观测资源在所有层面的应用，并为该技术更好更有效用于全球减轻灾害风险作出贡献。

倡议白皮书提出了与目前应用进展相关的五项核心合作目标，一是通过经验教训交流等方式继续加强卫星资源和空间技术利益攸关方及全球层面减轻灾害风险专家和决策者之间的对话；二是作为全球对地观测资源和空间技术用于减轻灾害风险实践的信息源和信息库，可通过开展调查和编制规范等方式提高已有技术在灾害致灾因子、暴露和风险的监测能力；三是就如何更好将空间技术与减轻灾害风险相关的发展战略和公关政策相结合提出决策建议；四是在《仙台减轻灾害风险框架》的执行过程监督中强化空间技术应用相关内容；五是发动更多的相关方加入该全球合作伙伴战略。根据战略框架，合作伙伴之间基于自愿、无法律约束但明确承诺的基础上开展合作，实行开放的合作模式，欢迎有意愿成员随时加入。倡议分为三个阶段，自世界减灾大会开始，24个月之内形成概念，48个月之内形成原型，之后进入正式运行期。

4. 未来展望

在全球气候变化和全球城镇化的大背景下，全球面临的灾害风险日益加剧，灾害风险管理面临严峻的形势。《仙台减轻灾害风险框架》为未来 15 年的全球减轻灾害风险确定了方向，特别是以解决问题为驱动力确定的优先领域和必须采取的行动，具有很强的指导性和操作性。空间信息资源与技术作为框架中明确的支撑第一优先领域的重要手段，其在框架执行期间的迅速发展期，将为全球减轻灾害风险提供更加先进、多样和丰富的数据源，通过与移动互联等新一代信息技术的结合，将在信息技术应用上期望有重大突破和进步。未来空间信息技术在我国防灾减灾应用中应强调需求引导，如仙台框架中强调的解决问题为驱动力原则，应用中进一步加强需求分析，以实现从信息服务到知识服务和决策支持的转变；应注重风险，从支持以应急为主的灾害管理到支持以理解风险基础的覆盖灾害全过程的风险管理；应共享协同，从目前以数据获取单环节共享为主到通过合作实现从需求到服务的全过程多层次共享与协同；应开放包容，将社会科学与自然科学相结合，应用工具和手段开放中降低使用门槛，实现从业务应用到社会化应用；应强化标准规范，实现从目前以国内为主的服务到全球一体化服务，切实为全球合作伙伴战略作出贡献。

参考文献

[1] 2015—2030 年仙台减少灾害风险框架 . 联合国大会 A/RES69/283.

[2] Understanding Risk in an Evolving World-Emerging Best Practices in Natural Disaster Risk Assessment. GFDRR 2014.

[3] Earth Observations in support of national Strategies for disaster-risk management-A Synergy Framework for the Integration of Earth Observation Technologies into Disaster Risk Reduction, Document Nr.6: White Paper for Earth Observation Partnership. 25 February 2015.

[4] Goodchild, Michael F. and Glennon, J.Alan(2010), Crowdsourcing geographic information for disaster response: a research frontier, International Journal of Digital Earth, 3:3, 231-241.

[5] Satellite Earth Observation in Support of Disaster Risk Reduction-Special 2015 WCDRR Edition. European Space Agency 2015.

减灾、防灾与“给能量留有空间”的对策问题 *

陈刚毅 [1]，陆雅君 [2]，刘思齐 [1]
（1 成都信息工程大学；2 安徽省气象局）

摘要 根据欧阳首承提出的“搅动能守恒定律”揭示的能量不能脱离物质，而必须给能量留有空间的理论，论述了能量空间与自然灾害和灾变动力的相互关系和作用，给出了能量空间在灾后重建工程、防洪减灾规划和生态环境规划等的应用和对策。并强调自然灾害、人为建筑工程“必须给能量留有空间”，才能更为有效地防灾、减灾。提出了“给能量留有空间”是针对当代科学遗漏了能量空间问题提出的新的科学命题。

关键字 搅动能守恒，能量空间，防灾减灾，灾后重建

1. 前言

汶川大地震震动了中国的同时也震惊了世界，刻苦、耐劳的中华民族，又一次在世界人们面前展示了大爱和坚不可摧的意志，及拯救危难的能力。尤其是人们于灾后重建的冷静思考中，找回与自然灾害抗争的毅力和勇气的同时也找回曾经被歪曲的人类智慧：“天行健，君子以自强不息”，和曾经几千年实践中获取的辩证思维。起源于物质第一位的“格物致知”学识，欧阳首承教授按现代语言表述的“能量不能脱离物质，必须给能量留有空间”，就是来自中国古代的“能量转换的三环稳定性”的“搅动能守恒律”。它不仅揭示了当代科学的能量守恒律的不完善，也说明了能量不会走向“虚空”而必须“给能量留有空间”[1]。

地震是地球运行中演化的必然事件，并为特殊的变化事件。可以说，至今人

---

* 本文已正式发表在《中国工程科学》2011 年第 13 卷第 3 期。

们的知识领域中，还没有完全包含变化事件的原因和过程。显然，人们还没有认识的问题，不能按人们的观念、立场处理地震等自然灾害的具体事件。或者说作为第二个问题，则涉及了欧阳首承教授强调的“站在自然界的立场上，自然界的任何事件都是必然的”，不能因为人们目前还不能理解它，而按人为的主观立场将其称为“非确定或偶然性”。无疑，这就有个如何正确地认识客观事件，和人类应当运用符合客观变化事件的理论和方法问题。为此，人们应该有人类的智慧，特别是来自教训中反省的智慧。

站在自然的客观角度，地震本身并没有有意“杀人”或破坏“人们的家园”。无疑，若事前能够给出正确预测，就可以极大地减少或免除人类的伤亡。并由此涉及了人们应该明确“变化事件”的特殊性，不能以大概率方法预测“小概率事件”，否则还会有重大伤亡在等待着人们。尽管自然灾害预测必然成为人们关注的问题，只是还应当注意到正确预测仅仅是自然灾害课题研究中的一个方面。更为有效的防灾、减灾，在于人们更应当认识到“能量不能脱离物质，必须给能量留有空间”。

尽管气象灾害与地震灾害有性质、状态的差别，但都拥有目前人类的机械能力不能抗拒的能量。现在的人们对于暴雨洪水灾害，已经由过去的“堵、截”改为“为洪水让路”的对策。那么对于人类还不能运用机械方式抗拒的前提下，是否也应当启用“给能量留有空间”的对策呢？或者说如何应对自然灾害的问题，应当启用人类应对事件性质的分类对策，而不是统统沿袭当代科学的机械性原理。

对于地震问题，按照欧阳首承教授的研究至少有如下 3 个问题值得人们分析和研究。

2. 灾害的由来、特殊性与对策

2.1 地震的不可避免性

地震或重大地震不是现在人们的机械力所能够抗拒的，并由于旋转星球的赤道线速度永远大于其两侧中纬度地区的线速度，必然导致地壳向赤道两侧挤压；并配合地球“极移”的反挤压而引发地震。即地震是地球运行演化中的必然现象，或称为“地震不可避免”。所以，涉及大地震的极移不仅影响天气变化，也往往导致一个时期的气候调整。无疑，这也是人们反思中的一种认识，而引出人们如何思考对策问题。

2.2 变化事件的特殊性

地震作为自然灾害，特别是涉及大范围的系列性地震是地球运行中自行调整的特殊性问题。或确切地讲，特殊性事件作为人们的传统概念，则相对于一般性而言多被人们称为“小概率”事件。即使按逻辑推理，“小概率”事件不可能按“大概率”方法给出正确预测。如果将一般性对应于诸多事件的平均数，则不难发现所谓“小概率”事件的实质，恰恰为变化事件。遂有作为变化问题的演化科学，或称为过程物理学。而必然构成“物有本末，事有始终”的原因和过程性。也可以说，“过程物理学”的实质是研究“变化事件”。并站在自然界的立场上，“变化事件”本身是客观存在而非“偶然性”。

所以，演化科学本身没有“偶然或不确定性”。无疑，这是人们在反思的认识中触及了认识观念的变革。这一观念的改变导致了作者导师，欧阳首承教授做法的改变，并创立了“变化信息数字化”分析方法。

作为大灾后的反思，运行300余年的数量分析体系，不仅汶川大地震乃至于其余震，或邻近的西藏、青海和新疆等地的地震均没有给出一次的可信赖的预报。于是，人们不得不痛定思痛，而追究“数量的形式和事件后性”。无疑，“形式性”不能告诉人们事件的具体性；“事件后性”不可能先于事件“通知”人们地震即将发生。无疑，这实质上等于已经给300年来的当代科学体系，作出了具体和生动的总结。近百年来人们的“偶然性”认识观，无非是站在与自然界对立的主观立场上，不理解客观变化性的产物。从而也耽误了科学的最基础概念之一的“时间是什么”，一直延续至今而没有深入研究。即使300年后不仅不知道“时间是什么”，也没有找到解决“时间问题”的门径。然而，不解决时间是什么，就根本不能进入变化事件的领域。由此，自然也不能解决自然灾害的预测问题。应当说，研究、处理变化的问题，不能再延续“时间是哲学概念”，而应当将其转化为物理的技术方法问题。

无疑，预测属于防灾的内涵，并基本上得给出正确的预测。预测本身还涉及信息取样、事件的性质和人们的认识的原理以及方法等的变革问题。鉴于目前的知识领域中，连“时间是什么”都没有成为人们明确的问题，或者说至今的科学成就对于预测问题的基本常识，还处在空白的历史阶段，或基本上不能成为行管部门的决策依据的时候，则防灾、减灾的主要措施应当立足于“给能量留有空间”。即使人们中有先知先觉者，但人们还没有普遍意识到或醒悟的时候，依然不能发挥公众效应，至多是体现于自救而已。

2.3 “给能量留有空间”与防灾、减灾

自然灾害是物质演化问题中的重大变化事件，遂有维护物质不变性运行的当代科学遇到了挑战。这也是为什么，包括地震在内的自然灾害屡屡预测失误的基本原因。或称为汶川大地震后，应当引起深入和广泛的思考，而不应限于少数人的学术界。

无疑，畅通无阻的第一推动，可以说不会有物质的损伤或破坏。相应的也不会有灾害发生。相对应的物质世界中，不会有“畅通无阻”。由此，必然涉及了物质的相互作用，而相互作用必然导致物质的损伤或损坏，遂有物质变化的演化科学。

演化科学是研究物质变化和转换的科学，而必然涉及事件变化、转换的原因和过程性。相应地作为科学走向成熟的标志，就是完善能量转换的守恒律。由此，也就遇到了当代科学的能量守恒，仅仅限于速度的平方的 $\frac{1}{2}mv^2$ 或 mc^2 而遇到了问题。

由此，必然引出一个速度的平方可以构成动能，那么角速度的平方是否是动能呢？特别是角速度体现于速度的空间分布不均匀而包括了速度。遂使欧阳首承提出搅动能的概念[2-3]。鉴于当代科学遗漏了旋转的动能，和以动能守恒限制不稳定能量，恰恰违背了能量转换需要空间，并实质上不懂得曲率空间的物质存在和转换的物理规律。重要的是搅动能守恒与非守恒，可以由当代科学的第一推动过渡到物质演化的“第二搅动”。应当值得人们重视和改变观念的问题是，搅动能揭示了能量不能脱离物质，而必须给能量留有空间。否则必然限制了能量转换而导致破坏性。同时也说明了能量不能进入“虚空”。当代科学未给能量留有物质空间，能量集中爆发必然引发物质剧烈的变化，导致破坏性灾害。

3. 给能量留有物质空间与重建防灾技术

搅动能守恒律的准三环稳定性原理[2, 4]揭示了“物有本末，事有始终”的过程性和能量的转换性，既包含了当代科学的数量结果定律，也体现了自然界存在事件过程定律，并也应该明确“变化事件不能等同于数量”。搅动能守恒律在于揭示物质的能量转换和传递过程，和在于能量转换需要物质空间。尤其是，自然灾害的预测尽管是必要的，但预测的准确性不等于因预测正确，就能做到有效的减灾、防灾。实际有效的减灾、防灾，可以通过搅动能转换或传递的第二环流

（间接环流）空间的能量容纳性，而容纳、转移了破坏性的不稳定能量。

例如，古建筑木房的活动结构，为地震能量转换留有了空间。搅动能守恒律原理可用于灾后重建工程、重建规划设计或生态环境规划及演化预测问题等。

“5 · 12”汶川大地震教训告诉人们，即便对一次破坏性地震进行了成功的震前预报，地震还是会形成重大的灾害，必然造成严重的经济损失。其中就有人们的认识还需要解决的问题，即如何认识和对待地震的不稳定或称为“破坏性”能量问题。或称为人们是否是“以硬碰硬”地抗衡，还采用“以柔克刚”策略的对策问题。

作为“以柔克刚”的对策，则就是“给能量留有转换空间”，而为事先预防或尽可能地将灾害减少到最小。

作为汲取教训，人们已经熟睹于地震并没有直接“杀人”或损坏财产，而主要是通过人类自己建造的建筑物和环境没有具备转换地震的“破坏”能量，而造成了人员伤亡和经济损失。遵循“给能量留有转换空间”，即使人们考察震后实地现场，似乎也可以有所收获。

3.1 灾后建筑物重建与工程防灾技术

汶川地震后，北川和银厂沟许多的建筑物至今还掩埋在山的下面，地震中心的映秀镇现在也依然到处可见坍落的“采石场”。而坍落的“采石场”的自然坡度基本上遵循 7/11。

无疑，此种现象揭示了一个人们值得重视的自然原理，即在地球上存在曲率空间与欧几里得空间转换的自然坍落度问题。实际上人类早在现代文明之前，已经知道了 7/11 这个被称为神秘的结构比（实质是 7/11 隐含了圆周率 P），并记载于中国古代的《河图》和至今还遗存于埃及、美洲的金字塔等的曲率与直线的转换关系[3]，乃至于诸多的曲率与直线的转换关系中。7/11 是大自然曲率空间与欧几里得空间转换的结构比，并赋予了人类知识深邃的内涵。显然，满足这个结构比则体现搅动能守恒律的稳定性。遂有自然物质具有能量自转换和传递机制。不满足结构比，按搅动能守恒律的物质演化性，物质不能形成能量自转换机制和传递，并因演化的剧烈不稳定能量造成破坏性[3-4]。地球上的金字塔尽管经受 4000 余年的地震和风吹雨打，今天依然还屹立于人们的面前。因此，人类建筑物的重建，应尊重曲率空间与欧几里得空间转换的结构比，实现人类自身建筑物真正和谐于自然的环境化。或者说，人们爱护或保护环境的本身，也应当真正懂得自然环境应该和谐的内涵。

人们在治水的历程中，已经历经失败的教训，至今已经初步懂得了“为洪水让路”。无疑，地震灾后重建中，城镇和新农村建设选址和建筑结构必须注重搅动能守恒律的曲率空间与欧几里得空间转换的结构比，特别是地震断裂带，要为能量转换留有空间。或在重建中：首先是建筑物重建工程的选择地址，应当注意除了地质条件外，选址的坡度应当小于或等于 7/11，即使发生地震，也无山体垮塌之忧。

由于人类的视觉处于进化的正前方性，被“设计”为欧几里得空间，遂有人们总认为“以直为美”。由此，可见人类具有先天的局域性。为此，人们必须以智慧纠正人类自身的局域性错觉，而维护自身的生存。掌握曲率空间与欧氏空间的转换，是人类自身求得生存的需要。“活着真好”，得为真正可以活着而改造人们的认识观，而不要为视觉所迷惑。

3.2 防洪减灾规划设计

地震区内的城镇和新农村的重建中，震后因天气引发的次生灾害及气象灾害的预防，也是灾后重建减灾防灾重要内容，否则重建的成果可因洪水、泥石流等次生灾害而毁灭。

洪水及其运行也必然是遵循自然物质的演化规律，必然有其自身的物质、能量传输和转换规律。例如，长江流域的中、下游天然形成的洞庭湖、鄱阳湖和太湖等三大湖泊，可“蓄、泄”并用，可作为自然界本身的有洪无灾范例[5]。

“顺水之性，因势疏导”，实质上就是搅动能守恒律的三环转换的准稳定性原理和技术在洪水运行问题上的运用技术[5]。运用第二环流的天然湖泊或人工湖储蓄洪水能量，实现能量传递和转换而防灾、减灾，还可充分利用洪水资源。早在 4000 多年前的古代中国，就已经知道可通过第二环流（间接环流）系统转移或传递物质或能量，以容纳和分散式传递实现了有效的防洪、减灾。并又可充分利用洪水资源而变害为利。目前的高堤式防洪的措施既有下次洪灾的危险性，又浪费了洪水资源，即使作为经费投资和实际的防洪、减灾措施，也是防灾的长效的技术和方法。

3.3 生态环境规划设计

生态环境的恢复重建，要尊重自然规律。加强生态修复和环境治理，促进人口、资源、环境协调发展。由此，也涉及重建过程中生态平衡问题中的人为地限制河流的流动，也应当是值得注意的问题。河流中断所引发的生态失衡，并不亚于空气污染带来的危害。所以，真正的生态平衡中还应当考虑“山应常青，水应常流”。天然植物的根系的过滤水质，远远胜于人工对于水质的净化。

4. 结语

地震现象的探索、记录和研究，在中国已有近三千年的历史。这是人类地震研究的极其珍贵的资料，是我们的祖先留给我们的宝贵财富。作为地震的预测或防震、抗震，研究地质的构造变化至少在研究方向、思路等问题上先于西方。应当注意到地球旋转的非均匀性和非均匀的对偶性，必然有旋转方向的非一致性。无疑，非一致必有地壳的损伤或破坏，其信息也必然是非规则的。

作为地震预测遇到了如何认识、处理非规则信息的问题；相应的防震、抗震的设计工程也遇到了如何认识、对付旋转的扭应力，而不仅仅是“承压力学”的问题；乃至于建筑物的整体布局、规划必须明确地壳“构造结”或断裂带的分布或其活跃状态。因为“构造结”和断裂带正是地壳能量集中的转换（第二环转换）带，在人们还不具有“以硬碰硬”防抗能力的条件下，应当采取“以柔克刚”的策略。

中国是辩证法的故乡，辩证法是中国几千年来的主导哲学思想，从《道德经》《周易大传》到《矛盾论》和《实践论》一脉相承，不断发展，指引中华民族创造了人类历史上一个又一个辉煌。中国文明历经五千年而绵延不衰，必然有其可绵延的原因。科学作为人类的意识行为，必然隐含不同时代人们认识的失误。重要的是在于人们应当由失误中汲取教训，则失误也因此会成为智慧的源泉。

无疑，变化的世界必然呼唤变化的理论和方法，应对自然灾害的抓紧、抓好，应当体现于灾后重建的契机和在反思中汲取应该获得的教训。并在震动世界的汶川大地震后，创造震动世界科学、文明的奇迹。作为唯物论的“格物致知”首创于中国，并已经成为探索世界奥秘的格言。希望这一格言成为引领世界的前奏，而非效颦于躲藏在“世界性难题”之后。

参考文献

［1］欧阳首承，陈刚毅，林益（美）. 信息数字化与预测［M］. 北京：气象出版社，2009.

［2］OuYang Shoucheng.Lin Y.Wang Z.Peng T Y, Evolution Science and Infrastructural Analysis of the Second Stir［J］, *Kybernetes*, 2001,30(4),463-479.

[3]欧阳首承 , H D McNeil, 林益 . 走进非规则[M] . 北京：气象出版社，2002.

[4] Chen Gangyi, OuYang Bolou, Peng T.Y., System Stability and Instability: A Extended Discussion on Significance and Function of Stirring Energy Conservation Law [J] , *Engineering Sciences*, 2005, 3（3）: 44 –51.

[5] Chen Gangyi, OuYang Bolou., Fan Xia，The changeless technique researches for city flood control and reduced the disaster [J] , *Engineering Sciences*, 2006, 4(1):254-258.

灾害信息“密码”与复杂信息数字化

陈刚毅[1]，刘思齐[2]，欧阳首承[1]
（1. 成都信息工程大学灾害信息数字化研究所；2. 成都信息工程大学大气科学院）

摘要 灾害是快速变化的复杂信息问题，数量分析方法处理非线性，并丢失灾害的关键信息密码。本文通过自然灾害的本质性与复杂性的原因、性质和信息密码的论述，采用北斗大气探空信息数字化精细化分析，并对常规业务对比实验分析，提示了数量分析方法丢失了灾害的关键信息密码，失去了灾害最佳预测时效。

关键词 自然灾害，复杂信息，信息密码，数字化

1. 灾害复杂信息与信息密码

自从中国学者欧阳首承教授依据实践发现大气对流层的地热和对流层上层的超低温特征后，针对自然灾害，并以其“复杂性和变化性”信息数字化体系，破解了重大自然灾害（含特大暴雨洪水和7—8级以上的重大地震），可以于事件之前显示热结构的异常以来，已经逐步引起人们的关注。并鉴于自然灾害给人类造成重大伤亡和经济的重大损失或灾难，和人们应对办法或策略一直未明显的效果性。作为检讨、追究问题的症结，欧阳首承教授及其团队作为检讨、总结过去300年来的当代科学体系，似乎忽略了人们如何认识信息的复杂性，尤其复杂性中的变化性本质。

作为认识问题，应当清醒的是已有理论或方法体系的存在问题，尤其是数量分析方法中丢失了现在人们已经知道的“复杂信息”。并涉及如何认识“复杂信息”和使用复杂信息的问题。根据欧阳首承教授几十年的实践研究，所谓“复杂信息”中，数量分析手段丢弃了与灾害有直接关系的“变化信息”，而且变化信息中蕴含了灾害性的“密码”。为此，涉及灾害的问题，无论是预测、预防，必须重新审视，而必然引出事件、信息的存在性而提出“事件、信息的不可修改

性”和“时间体现于事件变化之后，不占有物质维和不能作为自变量”等不同于当代科学的数量分析观点，建立“复杂（变化）”信息数字化的地震预防、预测分析体系。立足于“热结构”等“复杂”信息先于重大灾害出现的预测、预防的理论、技术体系，启用、挖掘灾害直接和遥感技术获得多要素的“复杂信息”，对于近些年来相继发生的冰雪、暴雨和汶川、玉树、芦山、日本“3 · 11”等地震复杂信息数字化预测。技术实践、试验验证等综合考察和评估。已经显示的细化微观事件数字化，展示了重大自然灾害变化过程性特征，相继证实了“能量需要物质空间”预防认识观的有效性。并以实践、实验方式冲击了现行的数量分析体系的遗漏，和落实于重大自然灾害是可以做到预测或预防的。或者说，非规则（复杂）信息数字化不只是揭示了事件变化性的可预测性，也展示了重大灾害的可预防性（给能量留有物质空间，参见文献[3]）。并重大灾难应当同时考虑预测和预防性措施，才是最大的减灾、防灾。

自然灾害的预防、预测的“复杂信息”数字化实施，首先在于改变观念，复杂信息不能再被认为是“小概率的随机性”而可以按数量方式丢弃或不予考虑；其次，在于破解“小概率的密码”的物理含义，并应当注意“乱则变”而可具体地重视“小震闹，大震到”。并经历欧阳首承教授团队的实践：影响气象的地热信息，配合“小震闹，大震到”，应当是可以应用的预测、预防地震指标（参见文献［15，16］），重要的是有必要施行气象、地震行业的大部制合并。应当值得注意或遗憾的是：现在的气象行业的气象信息中可以获得震前的地热信息，没有被现行分割式体系的地震界使用。某些相互关联的行业，应当推行行业信息的无偿交流或交换，应当认识到“信息是资源”，而且所谓“复杂信息”则更是重要的资源。

重大自然灾害的严酷性为人所熟知，“75 · 08”的河南暴雨洪水、“12 · 07”北京房山暴雨、“13 · 07”四川都江堰暴雨；“76 · 08 · 28”唐山里氏 7.8 级地震、“5 · 12”汶川里氏 8 .0 级特大地震、2013 年“4 · 20”四川芦山地震或国外重大灾害等，均造成人员、经济的重大损失，和涉及如何改进预测、预防的策略和方法问题。重大自然灾害为公众关注的重大事件，不能因为其为“复杂”的“小概率性”而不顾（实际上学术界已经流行了“小概率”等价于“不考虑”的可以丢弃）。作为科学探索或拯救人类自身于苦难，不能丢弃“小概率事件”！应当注意的是，所谓“复杂性信息”应当将“小概率信息”包括其中。实质上，破解“复杂性密码”，就在于破解“小概率事件的密码”，和如何运用“小概率信息”。对于自然灾害的特殊事件必然对应有特殊信息，并重点在于结合实践建立行之有效的启用“复杂（变化）”信息。“信息数字化技术”，就在于启用“复杂信息”并破解“复杂信息”隐含的事件“密码”。并配合应对重大灾害的策略，立足于预测、预防并行，而改进、减少重大自然灾害的应对策略。为此，信息数字化在于复杂信息中识别“变化事件”和处理变化信息的技术方法。

2. 自然灾害的“非均质”性认识和技术方法变革

2.1　自然灾害的本质性与“复杂”性的由来

中国可以说是各种自然灾害汇聚的“集大成”的独特国家，气象上的主要灾害：暴雨、大风、沙尘暴、冰雹、干旱、冰雪等都可以在中国发生，并以超强性闻名于世界；水文上中国又是历史和现实的多洪水泛滥的国家；地震问题，中国不仅是多地震，而且也是地震中伤亡人员最多的国家，并为此中国人还创造了不同于“振”含义的“震”字。为此，不得不促使人们思考，灾害汇聚于中国的本质性原因？中国位于地球上亚洲的东部的中南部地区，其中除了西北沙漠外还延续至东北地区的火山构造长白山区。中国的中南部地区，则为属于高山地势崎岖的国家。高山必有长河而同时具有平原。但高山下的平原与欧、美的平原比较起来，则显得分布零散或基本上为沿河流中、下游冲积的可谓“一望可际的平原”，而不同于俄罗斯、欧洲和美国等“一望或再望也为无际”类型的开阔性平原。

世界最高的山峰在中国，并其东侧为世界最深的马里亚纳大海沟，从而构成了山高地险、梯度最陡、气候变化最大的“非均质性”地区。就整个自然环境而言，牛顿的“均质性”体系的近似性假定，已经不符合中国的具体情况。无疑，“非均质性”必然引出对“第一推动”“反推动”的相互作用，而引发旋转运动的破坏性。其次，旋转星球赤道带的线速度大于其两侧中高纬度地区的线速度，必然导致地壳或地幔塑性流向赤道两侧挤压和滚动，配合地球极移的反挤压等可展示于“热结构”变化的“复杂”性，并包括地球流体运行的非常规性而涉及了气候调整和天气变化的复杂性。对此，欧阳首承教授于50多年前发现大气对流层，于暴雨发生前，存在涉及旋转因素的非均质的“超低温”，展示为数学的“三阶导数”的客观事实。并由此直接触及了描述大气运动的基本方程（也涉及地球物理学的类似方程），均没有三阶导数项。重要的是“三阶导数”的超低温结构的不同（不是数量的差异），其对流活动也存在差异，并对应了不同的对流天气。为了运用不同“超低温”预测不同天气，不得不保存“超低温”的结构性特征，为此进入了信息数字化体系。所以，启用信息数字化是来自实践的发现，并曾经称为“结构预测”方法而可以预测重大灾害！

“灾害”事件的不可避免性，必然引出事件信息“复杂性”的不可避免性。应当说明的是，这里引用“复杂性”的提法是考虑人们历史习惯性，并不表明发明者赞同这种提法。重要的是，事件“复杂性”的不可避免性，涉及了认识观念的非传统性和启用“复杂”事件或信息方法的变革性。其业务软件流行于国内某些台站，并首先突破了大暴雨以上级别的预报。预报过程中发现了数字化的大气探测信息中，显示了“地热信息”干扰了正常的天气预报，又在实践中发现了地热与地震的关系。重要的是可以于地震前，显示即将地震的级别，并被实践证实。鉴于此，必然引起人们的重视和思考，所谓“复杂信息”无非是当代科学的数量分析体系不能处理，而获得“复杂”的称呼。实际是，“复杂性”信息中蕴含了事件性质的深层次或更为有用的预示性，和基础理论的变革性。

2.2 特殊事件的“变化性”与“演化确定性”

按统计学语言，灾害天气、地震等属于“小概率”事件，但不等于灾害天气、地震事件等的本身属于随机的数学问题。同时也不属于牛顿惯性体系的所谓“确定性（初值不变性）”；而是属于演化过程的确定性。但当代科学的惯性系体系没有涉及演化问题，反而可以因为立足点的差异，将问题的认识引入混乱。原因是牛顿的动力学体系将惯性系的不变体系称为“确定性”，不属于变化问题的确定性。实在的变化事件的确定性体现于“原因、过程和结果”的确定性，完全不同于牛顿的初值“适定性”的确定性，“事件变化的确定性”才是真正的确定性，或者称为“演化确定性”，并为预测、预防科学体系的研究内容。或者说，灾害预测、预防科学，本来不属于当代科学体系（包括牛顿以来动力学和随机的统计学）。鉴于目前流行于将“不确定性、随机性”问题演绎为“复杂性”提法，和出于目前还可以理解或接受的前提下，现在流行的动力学或统计学体系，还能够承认：无论是“确定性”体系或是“非确定性”体系，均没有真正或实在地启用特殊事件的“复杂性的小概率”信息。

3. 北斗大气探空信息数字化的对比分析实验

鉴于灾害的严酷性，预测、预防应当转向实用的解决问题。运用“复杂信息的数字化”，正确预报出“75 · 08”及其以后至“13 · 07”的国内重大灾害性暴雨，和“08 · 05 · 12”和“13 · 04 · 20”等重大地震和包括“12 · 05”京、津、唐地区的5级以下的多次地震。出于应用地解决问题的探索角度的考虑，自2013年汛期欧阳首承教授带领团队亲自指导四川省气象台、成都市气象台正确地预报了“13 · 07”的四川和成都的特大暴雨。

我们与中国航天二院协商共同开发新的探测（北斗定位系统）信息资源合作，改进和增加密集信息中，开发扩展“复杂信息”资源的发掘和应用，实践证明：“小概率”事件不可能按“大概率”方式给出预测。并不能因为是“小概率”事件或“复杂信息”，就可以将其丢弃，或不管不顾地“闲置”不用。设法启用“变化信息”，实质是启用“复杂信息”。若“随机、非确定性或复杂性”含有“变化信息”，那么“变化信息”对应的“变化事件”必然引出事件的过程物理学或称为演化科学，并将推进新学科的创立。为了便于直接体现启用“复杂信息的效果”，以下给出实例说明：

基于当代科学没有给“复杂事件及其复杂信息”留有空间和位置，为此，人们不妨尝试或探索“复杂事件或复杂信息”的过程中，首先应当给“复杂事件及其复杂信息”留有空间。图1为现行常规规定层信息的溃变图，只能看出即将消散的对流云，而只能给出分散的阵性降雨；图2（与图1为同一时刻的溃变图）为现行体系中含有部分特性层的信息的溃变图，已经显示出冷层云和发展的对流云，则将引发持续性中雨—大雨或个别地区的暴雨。图3和图4，为同时刻含有传统特性层的溃变图和北斗卫星引领定位的加密特性层的溃变图。对比两图可以看出，不仅显示了近低空的暖层云的细微结构和暖层云深厚性。特别是在700hpa与500hpa之间展示了冷层云的存在，和偏南风的体系性结构，并于两云层之间还存在一致西南风的对流云。无疑，依据图4可以更为精确给出降水的精准性预测。所以，欧阳首承创立的信息数字化，实质相当于启用复杂信息的精细化，并可称为达到精准预报的数码化。

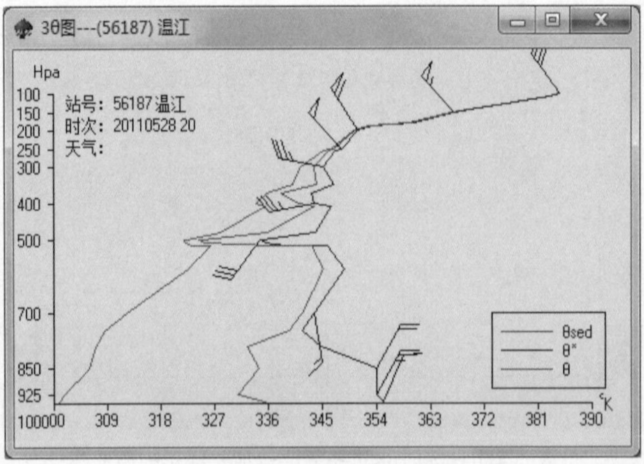

图 1　规定层信息的溃变图

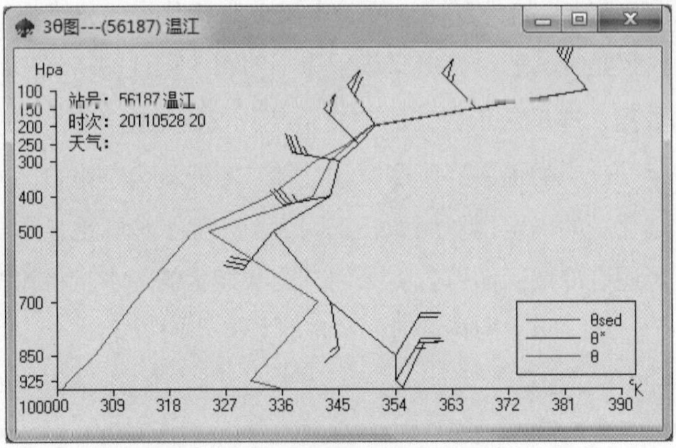

图 2　含常规特性层信息的溃变图

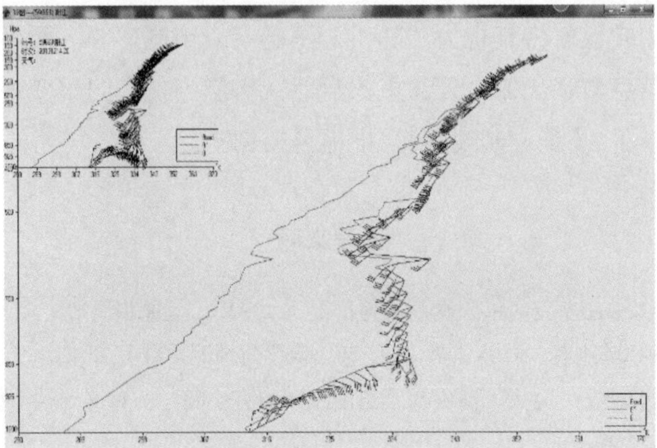

图 3　常规特性层的测试溃变图

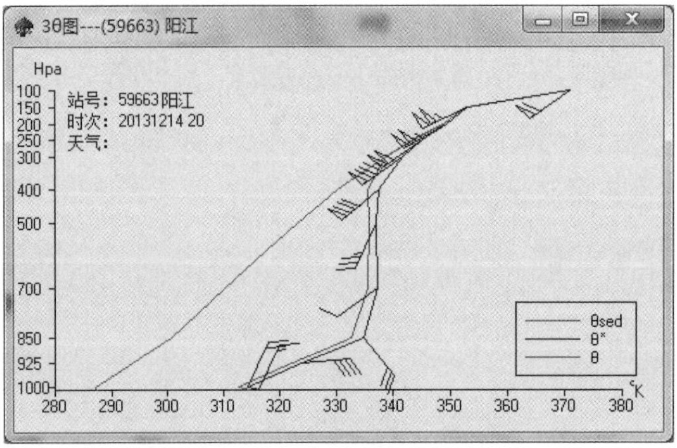

图 4　与图 3 同时的北斗定位的加密信息的溃变图

图 4 展示了信息的"复杂性"，但正因为运用了"复杂"的称呼，但这里的"复杂"已经是"精准"的代名词，可以本质地改善预报的精准性。其中应当说明的是，图 4 仅仅是将其获得数据安放于原来的图 3 设计的格式中，而不得不舍弃两位小数的数据，这里展示数据的"复杂性"仅仅是图 4 获得的数据的 1/100 。即使沿袭"复杂性"的提法，所谓"复杂性"不能认为是来自随机或不确定性概念，而是"细化"的确定性。例如，正因为图 4 除了清晰地显示了底层的暖层云外，则其上层还有冷层云而可告诉人们，图 4 显示的降水量将比图 3 显示的雨量至少要大一个量级，降水的持续时间可以延长 6 小时以上。

4. 结论

对于自然灾害的预测、预防问题，强调"信息是资源"，不能因为数学方法不能处理或使用它，就将其视为"随机、不确定或小概率等"而平滑、丢弃或闲置不用。进入信息数字化的今天，重大自然灾害应当是人们改变观念和设法启用复杂信息的时候了。《走进非规则》，推进科技创新。

参考文献

[1]欧阳首承，DH 麦克内尔，林益（美籍）.（2002），走进非规则［M］. 气象出版社。

[2]欧阳首承，陈刚毅，林益（美）. 信息数字化与预测［M］. 北京，气象出版，2009.

[3]陈刚毅，陆雅君 . 减灾、防灾与"给能量需留有空间"的对策问题［J］. 中国工程学，2011，Vol.13, No.2,P98-102.

[4] 林益（美），欧阳首承 . *Irregularities and Prediction of Major Disasters*，CRC Press(美国)，2010，ISBN：978-1-4200-8741-3.

[5] 欧阳首承 (1998) . 天气演化与结构预测 [M] . 气象出版社。

[6] OuYang Shoucheng，Abnormal High-Temperature Weathers, Their Structural Characteristics, Prediction and Problems of Urban Construction, *Scientific Inquiry*(美国 国际刊物), Vol.10, No.1, pp.1-10, 2009.

[7] OuYang Shoucheng,and Yi Lin，Computational Stability of Nonlinear Equations，*Scientific Inquiry* (美国 国际刊物)，Vol.10, No.1, pp.99-107, 2009.

[8] OuYang Shoucheng,and Yi Lin, Prediction of Appeared Disasters and Emergency measures, *Scientific Inquiry* (美国 国际刊物), Vol.10, No.1, pp.17-24, 2009.

[9] OuYang Shoucheng,and Yi Lin，Structural Analysis of Evolutional Irregular 'Time-Series' Information, *Scientific Inquiry* (美国 国际刊物), Vol.10, No.1, pp.35-44, 2009.

[10] OuYang Shoucheng,and Yi Lin，Probabilistic Waves and Torsion Problem of Quantum Effects, *Scientific Inquiry* (美国 国际刊物), Vol.10, No.1, pp.25-34, 2009.

[11] OuYang Shoucheng,and Yi Lin，Fundamental Problems on the Quantitayive Analysis of Spectrally Expanded Harmonic Waves, *Scientific Inquiry* (美国 国际刊物), Vol.10, No.1, pp.11-16, 2009.

[12] G. Y. Chen (陈刚毅), and Yi Lin, Evolution Engineering and Technology for Long_Term Disaster Reduction, *Scientific Inquiry* (美国 国际刊物), Vol.10, No.1, pp., 2009.

[13] G. Y. Chen (陈刚毅), and Yi Lin, Irrengular Sturization Analysis of Satellite Remote Sensing Information, *Scientific Inquiry* (美国 国际刊物), Vol.10, No.1, pp., 2009.

[14] G. Y. Chen (陈刚毅), and Yi Lin, Structurization of Irregular Information & Refined Forecast of Rainfall Locations, *Scientific Inquiry*(美国 国际刊物)，Vol.10, No.1, pp., 2009.

[15] CHEN Gang-yi (陈刚毅) , LU Ya-jun , SI Si,et., Structural Analysis of Information Digitization on Process of Dujiangyan Area,Sichuan Earthquake(Ms5.0), Engineering Sciences (English), 2012.

[16] 陈刚毅，陆雅君，徐水森等 . 信息数字化在地震预测中的应用研究 [J] . 四川地震，2011.

论大数据对于灾害评估的解构性提升 *

段华明，何阳
（中共广东省委党校）

摘要 大数据技术及其应用，驱动灾害风险及损失的评估发生解构性变化，重组灾害监测预测，优化风险联动评估；整合灾情收集流程，强化灾需智能评估；提升灾害统计能力，深化灾损准确评估，极大地促进了灾害预测、灾情收集、灾损统计的效度、力度和信度，创新引领着灾害评估工作新常态。

关键词 灾害评估，大数据技术，解构性提升

方兴未艾的大数据技术及其应用，在时间数轴上多向度展开，在空间范畴上多维度分析，至深且巨地革新信息、统计和资料的获取与使用，改变传统的结构化报表和统一计量方式，先行应用于防灾减灾领域的测报抗防救建整个过程，驱动灾害风险及损失的评估发生解构性提升，极大地促进了灾害预测、灾情收集、灾损统计的效度、力度和信度，创新引领着灾害评估工作新常态。

1. 大数据重组灾害监测预测，优化风险联动评估效度

大数据技术及其应用，以其流动传输、耦合聚成、快捷加工、优化结构的信息处理，对数据分析作出全然而精微的量与质的判断，驱动灾害监测预测系统化、网络化、有序化，优化灾害准备评估。

1.1 大数据整合海量信息：灾害预测系统化

传统的数据采集和存储系统，受技术和信息来源的限制，基于人工设计、线

* 基金项目：国家哲学社会科学基金项目“我国灾害损失评估的社会学研究”（12BSH024）。

性计算方法获得结构型数据，具有一定的代表性。但由于其有限性、不连续性和不可扩充性，缺乏关键信息的有效提取，[1]因而难以高频率短周期地收集和更新数据。如以往检索各类灾害文献，查看历史上受灾区域的统计数据，分析记录的灾害及致灾因素的概率，据此预测未来某一区域发生灾害的可能性。这种依据经验和模型所作的灾害评估，只把有限衡量因子纳入评估体系，难以把握整体联系；只对于某一区域的传统防灾起预见作用，无法对新型突发灾害进行数据观照，不易收集不断变化的致灾因子进行数据比对，使得灾害防御能力大打折扣。

大数据挖掘海量数据，多领域、深层次获取并使用系统数据、完整数据和全面数据[2]，驱动灾害监测预测系统化。如作为大数据技术重要载体的地理信息系统（GIS），采集、储存、管理、运算、显示和描述多维地理空间信息数据，驱动综合分析和动态预测，实现人机交互的空间决策。[3]对于灾变过程，利用卫星、飞机的遥感器收集到的数据信息，与历史文献记载、经济社会统计、民政救灾规程、新闻媒体报道、社交网络平台等集成大数据 GIS，追踪灾情灾因并实时更新，对异常波动及时获取与比照，锁定灾害可能发生的区域与时段，因应采取防灾减灾措施，规避灾害，减轻灾损。大数据 GIS 系统还可对雾霾、热岛效应、水污染等城市灾害遥控监视，自动报警，实现联动预测，防患于未然。

1.2 大数据联动智能传感：灾害监测网络化

中国有 10 多万处地质灾害点需要监测预警，每年通过“群测群防”方式动员数十万群众现场昼夜值守，不仅耗费大量人力物力财力，而且漏报率较高[4]。究其原因，主要是“群测群防”捕捉到的信息分散而局限，时效性弱，准确度差，难以达到防范灾害应有的数据支持需求。大数据应用智能传感器的复合功能，内嵌到灾害频发的山体、桥梁、隧道、公路、建筑、大坝、油气管道等位置，构成节点结合，连线对接的智能传感网络，同步监测，远程监控，反映物体外在和内在变量的数字信息，实现灾害预测联动网络化，降低信息报告的失灵风险，强化灾害预测效度。

中外灾害管理部门均较为重视灾害数据库建设，对各类灾害发生的时段、范围、强度、孕灾环境、致灾因子、承灾体抗灾性能等指标和变量进行评估，构建数据库辅助减灾决策。但是，已有的灾害数据库大多孤立封闭，壁垒分明，制约数据交换效率，给灾害联动预测带来困扰。大数据以其流动传输、耦合聚成、快捷加工、优化结构的信息处理方式，改变数据库各自为营的散落局面。中国基于地震、气象等致灾数据、灾区经济社会数据、遥感监测数据、现场调查数据和地方上报数据等信息汇集成多源信息网，针对地震的快速评估一般在 30—40 分钟内完成，针对洪涝、台风、旱灾的评估在 2—4 小时内完成。[5] 到 2015 年年底，国家和省级地质灾害数据库、全国突发性灾害数据库将全面建成。[6] 由此想见，世界范围内灾害数据库的建设趋势将是纵横交织、犬牙交错的灾害数据网群，每个灾害数据库都是网上并联串联交织的公共点，数据在网络中穿梭、流动，通过搜索、链接和交互，生成互用性信息，达到事半功倍的联动预测效果。

1.3 大数据识别定位追踪：灾害避难有序化

众多事实表明，造成人员伤亡的因素并不是灾害本身，而是由于灾害来临时无序逃生导致无谓伤亡。我国经历的重大地震灾害多属于主震 – 余震型，主震一般持续几分钟至十几分钟，这个过程倒塌建筑是小部分，大部分房屋摇摇欲坠。伴随着高密度余震袭来，危如累卵的房屋会不断倒塌，要想死里逃生，难就难在主震与余震之间如何选择方式和路线。

大数据运用云计算、智能识别、定位追踪等技术，长时间监测人们的灾难行为认知，追踪个体在灾害逃生和自救中的下意识行为，评估面对各类灾害预警信息不同人群的应激反应，对受灾区域可能发生的规模灾民避难迁移行为进行预测，加以有序引导，指引最佳避难场所，推荐便捷撤离路线，提升应急疏散的响应能力。[7] 日本东京大学研究人员建立了 160 万人在日本一年中的 GPS 移动轨迹数据库，利用这个数据库对日本大地震和福岛核事故发生后的灾民移动、避难行为进行了建模和模拟。[8] 瑞典斯德哥尔摩大学研究人员收集了海地 190 万手机用户的移动数据，通过这些数据分析 2010 年海地大地震中灾民的移动行为模式，[9] 设计规划临灾时的人口快速转移。2015 年春运期间，百度公司基于定位服务的人口迁徙大数据项目“百度迁徙”上线，通过分析 5 亿手机网民定位信息的大数据，能够折射出人群的迁徙轨迹，通过可视化大数据的方式展现全国春运动态，最热的路线，最热门的迁出城市、迁入城市等。

2. 大数据整合灾情收集流程，强化灾需智能评估力度

大数据技术及其应用，不仅能够掌握庞大的数据信息，更在于对数据的价值进行集约处理，驱动智能化、迅捷化、可视化地集成、传递数据，实现多元协作、实时高效的灾害应急评估。

2.1 大数据聚成遥感观测数据：灾情评估迅捷化

2008 年 5 月 12 日汶川地震发生，直到 14 日相关部门才陆续获得汶川县和北川县的灾情，15 日获得部分重灾乡镇的灾情，19 日获得大部分受灾村庄的灾情。[10] 灾情获取的不及时，直接影响灾害损失评估的不全不准，导致救灾初期救援资源未能有效调配，大批救援部队和大量物资积聚滞留在成都、都江堰地区，严重影响了应急救援的展开，致使灾区损失呈现蔓延扩大之势。

大数据应用遥感技术覆盖面广、持续监测、高分辨率等特点，通过数据共享机制不断拓展稳定的数据源，聚成灾害应急遥感数据，[11] 迅速展开对房屋倒损、人员伤亡情况快速评估，判断灾区损失情况、启动应急响应，摆脱守株待兔式逐级上报灾情再组织救灾的被动局面，优化了灾情评估工作流程。2008 年、2011 年，中国先后成功发射环境减灾星座 A、B、C 三颗卫星，为火灾、地震、干旱、台风、洪涝等灾害监测提供了空间数据支撑。[12] 2015 年 3 月 30 日，中国发射第 17 颗北斗导航卫星，具有全球组网、星间链路的高精度应用效果。[13] 中国还正在实施高分辨率对地观测国家重大专项，通过建设基于卫星、平流层飞艇和航拍的高分辨率观测系统，并与其他观测手段结合，形成全天候、全天时、全球覆盖的对地观测。[14] 在 2010 年江西抚州决堤、2013 年黑龙江流域性洪水等重大洪涝灾害的灾情评估中，遥感技术发挥了重要作用。2014 年 2 月 12 日，新疆于田县发生 7.3 级地震，国家减灾中心立即启动遥感监测评估，并综合协调国内外卫星遥感数据，以大数据处理模式第一时间制作发布了震中附近地区卫星遥感图像。美国利用卫星导航定位技术对灾害精确定位，利用“伊克洛斯”(IKONOS) 卫星和“快鸟”(Quick- Bird) 2 卫星拍摄到加勒城市火车站区域的海啸前后高分辨率卫星影像，对加勒城市建筑物的损毁情况进行对比评估。[15]

2.2 大数据汇成地理时空图像：灾情评估可视化

每临地质灾害，灾区道路受损，屡发山体滑坡、堰塞湖等次生灾害，交通中断，进退维谷，有如“围城”，亟须评估交通路况，让救灾人员与救灾物资尽快进入灾区施救。以往灾区受损道路及可行道路的评估，一般是交通管理部门组织调研组抵达灾区开展基础数据整理、分析、制图等有关工作来完成，向来很是滞后。

大数据的图像识别、多源数据融合技术，分布式处理获取到的相关数据，构建设施—数据—服务一体化的时空信息平台，为相关部门和人员提供直观、便捷、持续、立体化的资讯。[16] 如交通部门将路况信息、可用资源和监控数据传输到信息平台进行可视化处理，确定出通行路段和避免经过的路段，保持了应急处置和业务连续性之间的张力。[17] 2013年芦山地震投入使用的国家地理信息公共服务平台——天地图，采用云计算，将受灾区域的电子地图、影像、地形等基础地理空间数据，通过门户网站提供一站式的数据资源，任何人皆可点击平台网页查看高分辨率的灾区影像、地质灾害点、滑坡点、道路阻塞点等情况。在放大版的电子地图上，还可以清楚查看次生地质灾害点的标记以及堰塞湖的风险提示。[18] 2009年美国南加州发生杰苏斯塔大火，民间组织和个人建立了27个自发式地图站点，及时整合不断出现的自发式的地理信息和官方信息，如火灾位置、疏散命令、紧急避难所位置等。[19]

2.3 大数据集成聚合性信息：灾需评估多元化

灾害作为非常规性事件，准确、实时的救灾需求信息是快速、合理配置救援资源的先决条件。实际上，由于灾区信息的杂乱性和差异性，评估受灾群众的实际需求较难。灾害发生后，往往通信中断，信息阻滞，以致救援需求者（受灾群众）和灾情提供者（包括记者报道）的信息不对称。而且，灾害的持续时间、强度大小、波及范围等，直接影响着救灾物资需求的种类和数量，还可能因次生灾害等变数，或救灾物资在运输途中遭到意外损毁，导致额外的救灾需求，加剧物资配送的困难。在汶川地震救灾过程中，就发生救灾捐赠物资出现“过剩”和短缺并存的状况，甚至一些捐赠物资与灾区实际需求完全脱节。2012年3月18日《第一财经日报》记者章轲在微博中称，四川省北川县擂鼓镇敬老院内有大量地震后外界捐助的救灾物资，尚未开包。[20] 2014年4月29日《中国之声》又报道，绵阳市三台县新生镇德光办事处在清理院内杂物时，发现大量霉烂的“5·12”地震救灾物资，有矿泉水、方便面、面包、大米、农膜和衣服。[21] 这些问题都引人反思：如何切实评估灾民需求，合理分配救灾资源，避免无谓的浪费？救灾物资需求具有非例行性和不确定性等特点，而灾情评估实施周期长、信息反馈慢，以至于爱心捐赠者得不到明确的灾民需求作为参考，只能凭自己的主观感受把握受灾者需求，造成某些救灾物资不得不被“储备”。[22]

大数据是开源技术，将众多数据聚合，将公共数据和个人数据源结合，无偿供给使用，促使灾需提供主体多元化。“人手一机”已将移动通信数据纳入数据采集端。公众在手机地图上通过GPS定位查看并分享自己所处的位置以及周围的环境，与多方形成聚合性信息。百度公司率先整合统计灾区民政部门、权威媒体、社交平台联合提供的物资需求数据，为芦山地震推出“救灾动态地图”，连续更新灾区物资需求分布、灾区路况、献血站、救助站、灾民分布等信息，为实施救援提供了直观的参考[23]。从中可以清楚看到，宝兴县急需帐篷、饮用水、基本食物、板房、移动电源、遮雨布；芦山县龙门乡青龙村除以上物资外还缺棉被。

大数据是全民织网，每个人都能成为社会传感网的数据输送者，以一种没有预料规划却及时有效的方式监测和推动救灾的进程。微博、微信、QQ、贴吧、BBS 等社交媒体平台传输的数据信息，覆盖互联网的每个角落，使信息更容易被需要的人寻觅和浏览。诸如发送汇总的伤亡情况、所需的救援人员与物资，转发相关部门的灾害损失统计，传递避难场所信息，寻找亲人等。[24]社交媒体实现人机界面的在线互动，救灾信息的交互共享，灾需数据的延伸覆盖，极大地提高了灾害救助的时效性。芦山抗震救灾中，“芦山地震救助账号”“成都公益圈”等一批微信公众账号，以数秒钟一条信息的速度传送灾区情况、所需资源、救援队伍合作等各类信息，裂变式传播给更多关注者。壹基金整个团队前线评估芦山地震灾民需求、后线运输物资全部通过微信平台传递，集群交流解决问题。[25]

3 大数据提升灾害统计能力，深化灾损准确评估信度

大数据技术及其应用，以其自动检测、自我反馈和智能控制的功能，多维棱镜观察和极速秒级计算，对数据流进行分布式挖掘和并行式处理，驱动灾害统计能力长足提升，深化灾后评估信度。

3.1 大数据交互性数控功能：规避灾害统计中重复和矛盾现象

从根本上而言，灾害评估不只是单纯地灾后清点、盘算经济损失，而是及时准确、客观全面地反映灾情灾损灾需情况，为抗灾救灾和灾后重建提供科学依据，亡羊补牢，吃一堑长一智，优化减灾管理。[26]但由于中国灾害管理实行多部门平行管理，各部门各司其职统计灾情灾损。这种方式方法带来了部门之间的不协调，出现职能交叉的多头统计、重复统计等问题。[27]新华网 2009 年报道：汶川地震时，四川省崇州市旅游局和交通局上报的损失数据汇总重复，多列受灾损失 12.34 亿元，[28]引起公众哗然，引发负面外溢效应。大数据技术的网络结构是最能适应外部环境变化的组织结构，一是网络具有多个结点，对各种变化更敏感，能够更快探测到环境的变量；二是网络结构是疏耦合，不仅更具有韧性，

也更容易根据信息交互进行调整，从而相互适应。换句话说，大数据网络的信息并非统计部门一家独享，而是通过开放性的计算机网络实现信息交互共享，供大家查询、验证。因此，各级政府应主导建立起上下结合有机互动的灾害数控系统，由政府授权对各种灾害汇集统计并统一公布灾害损失数据，避免出现统计数据遗漏、重复或矛盾的现象，提高灾害统计数据的科学性、准确性和共享性。[29]

3.2 大数据热备份高容错性能：免除灾害调查中人为因素干扰

中国现行救灾体制中灾害损失统计的传递方式，通过地方民政部门和统计机构采集灾损及灾需信息，行政科层逐级上报，上级民政部门根据所报信息逐级分配发放救灾物资。[30]具体的灾害损失统计有三种方式方法：一是各级民政和统计部门报表式获取数据；二是根据调查目的设计调查问卷和走访受灾群众获取数据；三是现场抽样推算总体获取数据。然而，这些统计方式方法比较难以规避调查统计中人为因素带来的问题，灾害损失的迟报、漏报、虚报、瞒报，甚至伪造和篡改屡有发生，致使灾害统计数据失真，导致救灾工作出现“盲点”，而矫正这些误差的成本往往又很高。2012年湖南桃江县暴雨洪涝灾害，县防汛办向媒体提供的直接经济损失是8900万元，其后县民政局的数字却是1800万元。[31]此事在社会上引起轩然大波，疑为套取救灾资金，进而殃及政府公信力。

大数据下，卫星网络、无线网络、专用集群网络、IP多媒体通信网络互联互通，即使通信网络受损，评估人员亦可优先利用残存的通信资源建立会话，保障通信，记录数据。[32]并且，整合的数据流只能通过网络输出，想要从中篡改数据则非常困难，保证灾害损失统计数据的收集和传递，进而确保数据质量。云计算技术的容灾系统通过数据备份、数据复制、网络存储，使数据之间互为镜像、零数据丢失，统计数据系统热备份、高容错，保护数据安全，提高数据的持续可用性，进一步增强网络报灾系统的支撑能力。2012年国家统计局推行联网直报工程，改变层层上报的数据采集方式，基层直接将数据传到国家数据中心，用两点一线模式确保原始数据真实可信。[33]

大数据以“样本=总体”的思维方式和技术方法，把目标全体作为样本，[34]将数学运算于全量数据，建立结构性和非结构性数据相关性分析，超越局部事实和经验判断进行全面研判，继而作出正确的评估。大数据可以全息挖掘灾区既往的日常生活数据，如自来水厂、电网公司和银行交易、超市交易额等数据库，对灾区的民众生活必需品数量、承灾能力、实际损失进行精细化估算，不仅减少了环节和渠道，降低了调查成本，而且提高了技术含量，机制性地免除调查过程中的人为因素干扰。

3.3 大数据物联网智能管控：避免救灾人力物流的无谓浪费

举全国之力动员人财物支援灾区，是中国灾害应对的优势和特色。灾害发生后，全国上下汹涌的爱心汇集灾区，帮助灾民。但需要厘清的是，忽视对支援人员的统筹，无序的社会组织和志愿者的参与，可能导致部分救灾力量成为灾区负担，造成忙中添乱、适得其反的效果。2010 年玉树抗震救灾中，由于灾区地处高原，广东救援队 150 人一抵达灾区，许多人便出现了高原反应、重感冒甚至肺水肿等症状，不得不两天后分批全部撤离。[35] 2013 年芦山抗震救灾时，各地涌入的非专业救援者过多，无组织的志愿者大部分有热情但缺乏救援知识和经验，到了灾区后无所适从，又没有带食品和户外用品，食宿都无法保障，反而还要消耗灾区的物资，甚至沦为受灾群众，凸显志愿者参与应急救援的无序。当地政府不得不劝返志愿者，以致一天内劝返上千人。[36]

大数据支撑要素的物联网，对救灾人员和物资的统筹与发放起到联控作用。物联网通过射频识别、红外感应器、全球定位系统、激光扫描器等信息传感设备，把人员和物资与移动互联网连接起来进行信息交换和通信，实现智能识别、定位、跟踪、监控和管理的网络化。[37] 相关部门将救援组织信息、灾情需求信息和资源调配信息纳入物联网，集成数据中心加以调控，让互用性数据流在政府与公众之间互通联享，让救援人员知晓哪里有救援需求，需求量是多少，动态有序地施展救援，做到按需调控分配，人尽其用，货畅其流。

大数据还可定位监测个人地理位置，对灾区人员流量进行智能管控，当灾区人数逼近临界点时，便发出警报，疏导灾区人员，不至于积重难返。从 2010 年开始，北京西单、天安门广场等区域已经使用“人群聚集风险预警系统”，对流动人群进行实时监控。该系统可提前 30 分钟实现重点区域人群安全容量预警，更可预测未来 1 天甚至 1 周的人群总量和峰值时段，根据人群流动密度进行实时监测，采取疏导、限流等措施，避免人群密度过高产生踩踏等风险。2015 年春节期间，四川九寨沟等景区就运用了大数据技术防范人满为患，保障景区人流安全。

对于救灾物资的评估与发放，物流公司可通过手机物流 APP，根据地理位置和物流信息描述自主优化，选择最为便捷的运输路径，减轻灾区交通压力。运输救援物资途中，相当于人的眼耳鼻喉和皮肤等神经末梢的无线温度传感器、湿度传感器和位置传感器不断监控救援物资（尤其是需要恒温恒湿的药品、新鲜食品）的内在状况，保障救援物资按量保质抵达。救援物资发放到哪位受灾群众手中，追踪系统皆可查询，多余的物资可径直调往需要的地方，既保证救援物资的发放公平，又杜绝无谓浪费。

4 简短结论和深沉隐忧

大数据技术及其应用，致广大而尽精微，以其全面快速收集、分析、决策的反应机理，更有预见性和更高准确度的运行机制，优化风险联动评估效度，强化灾情智能评估力度，深化灾损准确评估信度，使得灾害准备评估、应急评估、灾后评估和综合评估发生解构性提升，进一步发挥灾害评估工作的预测、跟踪、决策、监督等职能，开拓了防灾救灾减灾领域的新境界。

还应当指出，大数据融入到灾害评估领域还处在磨合阶段，相关数据平台尚在搭建之中，一些宏大构想还在萌芽状态。特别需要注意，由于大数据信息源的多样性，准确信息和干扰信息同时存在，势必产生混乱与矛盾，若不加以分辨会误导人们决策和行为。《大数据的时代》一书就申明："数据量的大幅增加会造成结果的不准确，一些错误的数据会混进数据库。"[2]这对于大数据应用于灾害评估工作提出了新的要求，应当对网络、社交媒体传播的救援信息实时核查，杜绝虚假信息的传播扩散，避免酿造成冲突和过失。另外，在救灾过程中，救援数据敏感而有价值，如何确保救援信息的安全，让救援力量安全抵达，也是亟须解决的问题。

参考文献

[1] 李金昌 . 大数据与统计新思维 [J] . 统计研究，2104(1).

[2]（英）维克托·迈尔·舍恩伯格，（英）肯尼思·库克耶 . 盛杨燕、周涛译，大数据时代 [M] . 浙江人民出版社，2013.

[3] 黄晓雪，罗麟，程香菊. 遥感技术在灾害监测中的应用 [J] . 四川环境，2004(6).

[4] 何文娜 . 大数据时代基于物联网和云计算的地质信息化研究 [D] . 吉林大学，2013.

[5] 袁艺 . 制度建设推动下的自然灾害风险与损失评估 [J] . 中国应急管理，2015(2).

[6] "十二五"末我国将建立地质灾害数据库 [EB/OL] .2012-04-14 http://news.sina.com.cn/o/2012-04-14/070024271282.shtml.

[7] 宋轩 . 大数据下的灾难行为分析和城市应急管理 [J] . 中国计算机学会通讯，2013(8).

[8] X. Song, Q. Zhang, Y. Sekimoto, T. Horanont, S. Ueyama, R. Shibasaki. An intelligent

system for large-scale disaster behavior analysis and reasoning, *IEEE Intelligent Systems*, 2013.

[9] X. Lu, L. Bengtssona, and P. Holme. Predictability of population displacement after the 2010 Haiti earthquake, *Proc. of the National Academy of Sciences of USA (PNAS)*, 109 (2012), 11576-11581.

[10] 帅向华等 . 国家地震灾情调查系统探 . 震灾防御技术 [J] . 中国国情国力，2013(9).

[11] 袁艺 . 制度建设推动下的自然灾害风险与损失评估 [J] . 中国应急管理，2015(2).

[12] 袁艺 . 制度建设推动下的自然灾害风险与损失评估 [J] . 中国应急管理，2015(2).

[13] 中国成功发射首颗新一代北斗导航卫星 全球布网启动 [EB/OL] .2015-03-31 http://military.cnr.cn/kx/20150330/t20150330_518176536.html.

[14] 刘宇宏 , 姚崇斌等 . 用好遥感大数据，助力上海大发展 [J] . 卫星应用，2014(6).

[15] 王树良 , 丁刚毅 . 大数据下的空间数据挖掘思考 [J] . 中国电子科学研究院学报，2013(1).

[16] 李德仁 , 姚远等 . 智慧城市中的大数据 [J] . 武汉大学学报 (信息科学版)，2014(6).

[17] 马奔 , 毛庆铎 . 大数据在应急管理中的应用 [J] . 中国行政管理，2015(3).

[18] 新技术助力地震救援 [EB/OL] .2013-07-17 http://news.163.com/13/0717/13/9405H7NS00014AED.html.

[19] Goodchild,M.F,Glennon,J.A,Crowdsourcing Geographic Information for Disaster Response:A Research Frontier. *International Journal of Digital Earth*, 2010(3).

[20] 张文 . 北川：救灾物资被封存未发放？ [N] . 人民日报，2012-03-21.

[21] 盛翔，苏宜等 . 救灾物资霉烂的启示 [N] . 西安日报，2014-05-01.

[22] 段华明 . 社会学视阈的灾害损失评估 [J] . 广州大学学报，2014(6).

[23] 百度推救灾动态图：可查物资缺口及灾民分布 [EB/OL] .2013-04-24 http://tech.sina.com.cn/i/2013-04-24/18288274623.shtml.

[24] 曾大军，曹志东 . 突发事件态势感知与决策支持的大数据解决方案 [J] . 中国应急管理，2013(11).

[25] 马化腾：微信承载了腾讯国际化的机会 [EB/OL] .2013-05-07 http://tech.qq.com/a/20130507/ 000123_8.htm.

[26] 段华明 . 社会学视阈的灾害损失评估 [J] . 广州大学学报，2014(6).

[27] 朱胜，成美纯 . 灾害统计工作存在的问题与改进 [J] . 中国统计，2010(3).

[28] 张晓松 . 崇州灾情数据重复 , 多列损失超 12 亿 [EB/OL] .2009-01-02 http://news.xinhuanet.com/mrdx/2009-01/02/content_10590080.htm.

[29] 朱胜 , 成美纯 . 灾害统计工作存在的问题与改进 [J] . 中国统计，2010(3).

[30] 自然灾害情况统计制度 [EB/OL] .2013-04-24 http://www.gzsmzt.gov.cn/content-84-5752-1.html.

[31] 周勉 . 湖南桃江回应夸大灾情 : 数据未上报统计有差异 [EB/OL] .2012-05-23 http://news.xinhuanet.com/local/2012-05/23/c_112022693.htm.

[32] 朱胜 , 夏青 . 建立重大自然灾害统计应急机制初探 [J] . 网络财富 ,2010(1).

［33］防范统计数据失真 统计局启动“联网直报”［EB/OL］.2011-09-06 http://www.chinanews.com/cj/2011/09-06/3310933.shtml.

［34］曾鸿，丰敏轩 . 大数据与统计变革［J］. 中国统计，2013(9).

［35］广东救援队因高原反应撤离［N］. 长江日报，2010-4-18.

［36］吴楠，周明杰 . 爱心如何疏堵？［EB/OL］.2013-04-25 http://news.ifeng.com/gundong/detail_2013_04/25/24653772_0.shtml.

［37］李德仁 , 姚远等 . 智慧城市中的大数据［J］. 武汉大学学报 (信息科学版)，2014(6).

灾害预警信息效用的初步分析

阮水根，韩淑云，古月

（北京减灾协会）

摘要　本文围绕灾害预警的主要问题，通过简要考察灾害预警现状、存在问题和需求分析，探讨了灾害预警信息运行的几个环节和若干影响因素，并在上述研究的基础上，最后给出了自然灾害预警运行状况的基本表述模型。

关键词　灾害预警，信息，初步分析

1. 引言

1.1　问题的提出

随着气候变暖和城市化进程的加快，自然灾害频发，巨灾日益增多，对大城市的危害越来越大。巨灾与灾害链的发生已经成为制约一个城市、一个区域乃至整个国家当前和未来发展的重大障碍。日本 2011 年的"3 · 11"大地震、海啸和核灾难就是一个明证。

预警的内涵实际上是在灾害监测、资料集成和预报预测的基础上，分析灾害的威胁、危险性和发展趋势，并对可能受影响的区域和时段发出警示和可以采取的防灾减灾抗灾的行动通告。因此，灾害预警对防灾减灾的贡献与作用是巨大的，它既是城市防灾减灾的一项重要的非工程性措施，也是灾害应急管理和应急预案中的重要一环。但是，应该看到对应急管理中灾害预警响应效用及其定量分析的研究少之又少，在国内几乎是空白。

本文的目的即以灾害管理生命周期中的灾害预警作为切入点，在简要考察灾害预警现状、存在问题和需求分析的基础上，研究灾害预警信息运行的几个环节和若干影响因素，探讨自然灾害预警运行状况的基本表述模型。

1.2 灾害预警信息简析

进入新世纪后，北京市每年都遭遇暴雨洪涝、冰雪、雾霾等灾害，2004年7月10日、2011年6月23日和2012年7月21日等几次暴雨灾害和2013年1月连续25天的雾霾，给全社会留下了极其深刻的印象。虽然近几年北京市在防灾减灾、灾害灾难应对处置和应急管理等工作中取得了十分显著的进展和明显的社会经济效益，同时也已投入大量的科研资金，对灾害理论和灾害防御等领域进行了不少的研究，取得了一批科研成果，但是，与全社会的需求及特大城市防御巨灾的要求相比，确实仍存在不少差距。以防灾减灾和预警体系为例，当前尚存在如下主要问题：一是灾害预警的针对性、时效性、覆盖率有待进一步提高；二是灾害预警信息的联动响应与运行机制有待进一步完善；三是灾害预警系统的现代化建设有待进一步加强。

这些问题与差距对各灾种或多或少都存在，特别是结合灾害预警工作，更有必要对灾害预警的新需求和存在问题进行深入的调研与分析。首先，城镇化伴随着城市的数字化、智能化和信息化的发展，导致城市生命线系统的扩张与复杂化，使这些系统的运行更为脆弱，对灾害越来越敏感，使其要求灾害监测预警业务前移，并变传统的灾害预报为常态化值守的灾害预警和应急服务；其次，全球气候变暖使原生的自然灾害频发，灾害强度变强，更易诱发危害严重的巨灾或灾害链，也使原生灾害和其他灾害间的监测预警工作更为紧密地联系起来，对原生灾害预警信息的需求也更为迫切；再者，经济的快速发展，城乡生活水平和质量的不断提升，使社会公众对社区防灾减灾越来越重视，需要更准确、更及时、更周到的灾害预报预警，要求灾害预警时空尺度细化，预警分区分时，空间分辨率缩小到乡镇乃至街道村庄，预警时效尽力延长提前量；同时，社会公众对灾害预警的个性化需求也越发重视，既需要面向全社会的灾害预警，还需要量身定制的灾害预警。既需要通俗易懂、清晰好记的预警文字信息，还需要简单明了、附图示、有区域特色、生动感人的专业化信息。既需要普遍意义的防灾减灾措施，还需要人性化、可操作、有实效的自救、互救建议。

1.3 灾害预警信息运行分析

原生灾害是灾害链和巨灾中的一种上游灾害，地震、气象等原生灾害与各灾种在灾害发生发展和相互影响关系上都是密不可分的。做好原生灾害预警及其信号的发布可以使灾害链上的上游灾害预警真正起到对其他各灾种的灾前的“发令枪”和临灾的“消息树”作用。为此，我们着眼于灾害预警信息运行机理，通过灾害预警的制作、发布、传输、响应四个环节分析影响灾害预警效用发挥的因素。

1.3.1 预警信息制作

制约各灾种预警效用发挥的第一个关键点是，能否有效、快速监测致灾因子和危害情景以及能否作出准确、及时的灾害预报预警。基于这一点，应该看到在预警信息制作中，各灾种业务、研究部门一方面各自做好所负责的灾种的监测和预报预警方法开发，但由于目前各灾种的监测系统密度不高，设备不精，尤其是次生灾害的探测网较为薄弱，严重影响预报预警水平的提高，更由于灾害链上原生、次生灾害又是上中下游关系，在影响链上是融合叠加的关系，相互影响着各灾种预警质量的提升。因此，加快发展和完善各灾种的监测系统、采集更密更丰富的致灾因子资料、灾情信息和实时受灾情景，强化上下游灾害业务与研究单位之间取长补短与联合攻关、在预报预警方法方面进行合作和协同研究，加强不同部门间的联动，创新在致灾、成灾临界条件上预报预警运行机制，更快地提高各灾种的综合监测预警能力，已是当前防灾减灾体系中十分必要、十分紧迫的安全战略任务。

1.3.2 预警信息发布

制约各灾种预警效用发挥的第二个关键点是，能否减少发布环节，优化发布资源，集成与采用高科技手段及时发布预警信息。2014 年我们作的调研和相关部门的问卷调查显示：就暴雨预警信息发布而言，在收到预警信息又采取应对行动的人群中看到听到黄色预警并响应的比例不到 60%，看到听到橙色预警响应比例接近 80%，看到听到红色预警响应比例大于 90%，四级预警平均响应比例不足 2/3。因此，可以说预警信息效用的最大化，预警信息发布运行环节至关重要，它依赖于有一个智能化、数字化、现代化的灾害预警信息发布综合管理平台，依赖于能实时输入提交的集各类灾害资料于一体的公用云计算大数据库，并建立有序、透明、统一的信息应用规范，必要时可采用立法形式，以彻底解决长期未能实现的资料共享难题，进而才能确保科学、正确、及时发布各类灾害预警信息。

1.3.3 预警信息传输

制约各灾种预警效用发挥的第三个关键点是，灾害预警信息传输的快速高效。灾害预警信息传输既涉及传输技术，又涉及传输渠道，还涉及传输末端的接收方式。我们的暴雨预警另一项调研数据表明，有 59% 的被调查人认可预警信号发布传输是及时或非常及时的，有 41% 的人认为不及时或不确定及时与否；

另外经历“7·21”特大暴雨灾害后，由于防灾减灾意识的提高和通信技术、手段增多优化，使接收预警信息比例有了变化，今年9月初暴雨接收预警信息人数比例为71%，比“7·21”暴雨预警接收比例高出25%。这些调研数据启示，上面提到的三个信息传输因素的综合，能够直接影响公众认可的发布时效、公众接收响应的多寡，并最终影响预警信息的覆盖率及其效用的发挥。由此可见，预警信息传输必须实现多元化，全覆盖，接收好；同时，在灾害预警信息传输中的传输技术与接收方式，对城区要改变只借助电视与电台的情况，应开拓利用新媒体，如网络、手机软件等方式；对农村、山区除提升并充分利用先进的传输技术外，还应利用一切行之有效的手段，甚至是传统的乡村广播、大喇叭、敲锣、人传人等办法，实现预警信息覆盖率达到100%的目标。

1.3.4 预警信息响应

影响预警效用发挥的最后一个关键点是，灾害预警信息发布传输后，社会公众的反应及能否采取相应的措施。上述暴雨预警调研数据还显示，有40%的人群不了解经常在电视、电台看到听到的这类预警，仅有60%的人了解（不要说其他灾种的预警了）；而在收到预警信息又采取应对行动的人群，其四级预警平均响应比例也只有66%，如果再考虑2015年调查的接收预警信息的比例，那么整个人群的实际响应比例不足45%。可见，民众的风险防范意识淡薄，预警信息响应非常不力。如果“7·21”的400多毫米的特大暴雨不降在房山而落在城区，按这样的响应状况，其危害不堪设想。因此，当前的重中之重是必须加大灾害预警科普宣传的投入，加强包括各种灾害预警在内的灾害预警科普宣传；采取可动用的各种方法，把灾害预警科普宣传落到实处，深入到乡村社区，覆盖到每个家庭每个人；将各种灾害预警及其防范措施纳入到今后修订的应急预案中，特别是应纳入到基层社区和乡村预案中；要结合最基层的实情做好科普宣传，使灾害预警信息真正成为临灾中避灾与自救互救的指南书和行动手册。

1.4 表述预警信息运行的基本模型

针对上述分析，为了简化，我们可以用结果来表示某一环节的运行状况，亦即灾害预警的制作、发布、传输、响应四个环节分别用F、T、R、H来表示。F为某一时段（预报）预警准确率（%），代表预警信息制作情形；T为预警时间、通常意义中的预警时效，代表预警信息发布情形；R为预警信息覆盖面（率）（%），代表预警信息传输情形；H为公众收到预警信息后采取应对行动的比例（%），代表预警信息响应情形。于是可用下式表示灾害预警综合运行状况，即：

$$K= F \times T \times R \times H$$

上式就是预警信息运行的基本模型（该模型的具体方法介绍将与预警水平求算一并在另文研究中提出）。其中 K 为预警信息运行状况或运行水平，代表预警信息运行的综合效用；F 为预报预警准确率，T 为预报预警时效，R 为预警覆盖率，H 为公众采取应对行动比例。显然，预报预警准确率愈高，预报预警时效愈长，预警覆盖面愈大，公众采取应对行动比例愈大，预警信息运行状况越好、预警信息运行水平越高，K 值越大，其所产生的综合效用就愈大。

1.5 几点结论

（1）在简要汇总灾害预警信息现状基础上，本文初步分析了自然灾害预警信息当前存在的几个问题，也提出了若干灾害预警现实需求和未来需求。

（2）通过分析近年两次问卷调查数据，探讨了预警的制作、发布、传输、响应四个环节的灾害预警运行状况及其效用发挥。

（3）从简化和着眼结果角度出发，提出了影响灾害预警运行状况及其效用发挥的四个因素，同时给出了灾害预警信息运行的基本模型。

参考文献

［1］梁旭东等．北京地区强降水定量预报及风险预警技术研究与应用［J］．北京市科技计划课题验收材料．2014.11.

［2］阮水根．韩淑云等．突发灾害性天气预警及其应急服务的现状和需求分析［J］．北京减灾协会论文集．2015.2.

［3］王迎春等．城市气象灾害［M］．气象出版社，2009.6.

［4］阎丽凤．毕宝贵等．关于海洋灾害监测预警能力建设同感问题的探讨［J］.2012 年国家综合防灾减灾与可持续发展论坛论文集［M］．气象出版社．2013.1.

主体功能区地质环境事件分布研究*

杨建锋，王尧，张翠光
（中国地质调查局发展研究中心）

摘要 主体功能区战略是我国优化国土空间开发格局的重要战略举措。水土污染与地质灾害是我国主体功能区建设面临的重大环境问题。2001—2013年地质环境事件分析表明，地质环境事件分布密度与区域开发强度呈正相关关系，人口越密集、经济活动越频繁的区域，地质环境问题就越突出。重点生态功能区建设面临的主要问题是地质灾害威胁，推进重点生态功能区建设，要把地质灾害防治放在突出位置，通过转移过多的人口和减少工业化城镇化活动，降低地质灾害发生频率和危害。重点开发区域建设面临的主要问题是水土污染，推进重点开发区域建设，要把水土污染防治放在突出位置，通过控制污染物排放和加强污染修复，提升地质环境质量。为了服务和支撑主体功能区建设，建议国家地质环境调查工作在稳定东部投入的同时，逐步加大对中西部地区的支持力度。

关键词 主体功能区，地质环境事件，水土污染，地质灾害，空间分布

1. 引言

随着我国社会经济的快速发展，工业化、城市化、农业开发等经济活动对地质环境影响不断加大，引发了大量的滑坡、泥石流、污染等地质环境事件。有研究认为，我国已进入环境污染事故高发期[1]；国内从20世纪90年代中期开始地质灾害进入频发状态[2]。频繁发生的地质环境事件，对公众生命与健康、社

* 中国地质调查局地质矿产调查评价专项项目（1212011121129）资助。

会财富、区域环境、经济发展、社会稳定等造成了难以估量的损失。例如，2010年8月，甘肃省舟曲县降雨诱发特大山洪泥石流灾害，造成1481人遇难、284人失踪，直接经济损失严重[3]；2014年4月，因石化公司渣油泄出渗入地下形成的含油污水流入自来水管网，造成自来水苯含量严重超标，兰州市全市停水，引发全城恐慌[4]。

主体功能区战略是国家优化国土空间开发格局、建设美丽中国的重要战略，对我国国土开发与区域发展具有重要的意义和深远的影响[5]。其目标之一是优化国土空间开发格局，缓解人地紧张关系[6]。频繁发生的地质环境事件是主体功能区建设过程中需要高度重视和认真面对的重大问题。地质环境事件空间分布很不均匀，各类主体功能区所发生的地质环境事件数量、种类、危害不同。本文通过对2001—2013年地质环境事件进行整理和统计，分析地质环境事件的空间地域分布和各类主体功能区分布特点，以期为主体功能区地质环境问题防治与地质环境保护提供决策依据。

2. 地质环境事件数据来源

地质环境事件是指短时间内发生，造成人员伤亡、直接财产损失或间接经济损失，产生一定社会影响的地质环境问题或地质灾害。地质环境事件发生的频率与所导致的生命财产损失，是深层的地质环境问题在人－地界面上的反映，在一定程度上表征了该地区人地关系的紧张程度。按照性质，地质环境事件可分为地质灾害与水土污染两类，地质灾害又包括崩塌、滑坡、泥石流、地面塌陷、地裂缝等突发性灾害。

地质环境事件数据主要来源包括：国土资源部地质灾害通报、灾情险情报告等；民政部全国自然灾害基本情况、灾情快报等；环境保护部环境统计年报；报纸、电视等传统媒体；因特网网络媒体。主要内容包括：地质环境事件发生日期、发生地点、事件类型、死亡失踪人数、事件简述（过程、原因、经济损失、影响等）。地质环境事件类型主要包括崩塌、滑坡、泥石流、地裂缝、地面塌陷、水土污染等。

所遴选的地质环境事件注重产生一定的社会负面影响，如造成人员伤亡失踪、较大的经济损失等。对于没有造成负面影响或影响很小的事件不予以统计。例如，在山区发生的山体崩塌，如果造成了人员伤亡或较大的财产损失，就列入地质环境事件；如果仅仅阻塞了交通，则不列入。

3. 主体功能区空间布局

2006 年，国家在“十一五”规划纲要中首次提出了“推进形成主体功能区”的要求。2010 年，国务院印发了《全国主体功能区规划》。2011—2014 年，全国 31 个省份和新疆生产建设兵团发布了省级主体功能区规划。根据全国与省级主体功能区规划，我国国土空间总体格局由“两横三纵”的城市化格局、“七区二十三带”的农业发展格局和“两屏三带”的生态安全格局等三类格局组成[7]。

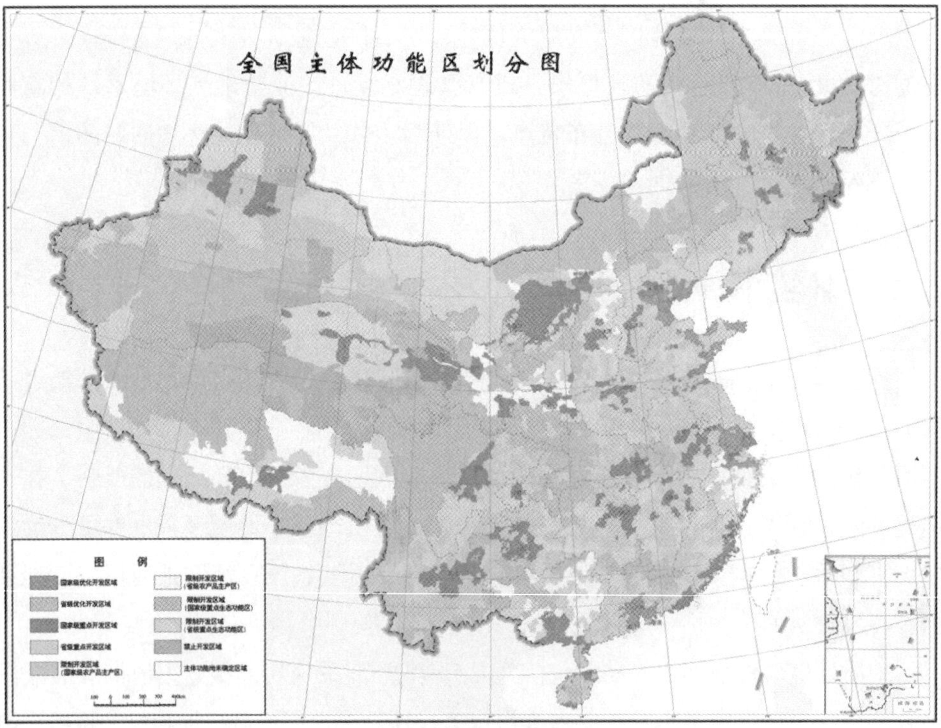

图 1　全国主体功能区划分图

从主体功能区分布来看（图 1），在空间布局上有以下特点：主体功能区布局总体上顺应了地理地质环境的框架性制约；生态空间环绕生产与生活空间成片分布，生态功能区凸显；城市化地区从沿海密集分布逐渐过渡为内陆零散分布。根据统计，31 个省份覆盖国土面积 960 万 km^2，其中，国家级主体功能区约占 66.1%，省级主体功能区约占 33.9%。具体地说，优化开发区域 13.43 万 km^2，占 1.4%；重点开发区域 132.39 万 km^2，占 13.8%；农产品主产区 252.54 万 km^2，占 26.3%；重点生态功能区 538.10 万 km^2，占 56.1%。禁止开发区域呈点状分布于优化开发区域、重点开发区域、农产品主产区、重点生态功能区之中，面积 194.58 万 km^2，占 20.3%。可以看出，优化开发区域主要分布在北京、天津、河北、辽宁、上海、江苏、浙江、山东和广东等沿海省份，而禁止开发区域主要分布在黑龙江、内蒙古、四川、青海、新疆等省份。

4. 地质环境事件区域分布

表 1　各经济板块地质环境事件与死亡失踪人数统计

经济板块	地质环境事件（起）							死亡失踪人数（人）
	小计	崩塌	地裂缝	地面塌陷	滑坡	泥石流	水土污染	
东北地区	39	0	0	3	6	10	20	47
东部地区	451	23	5	26	166	41	190	773
中部地区	417	26	0	33	206	31	121	924
西部地区	1043	101	8	25	507	263	139	5812
合　计	1950	150	13	87	885	345	470	7556

2001—2013 年，31 个省份共发生地质环境事件 1950 起，造成 7556 人死亡失踪（表 1）。其中，滑坡、水土污染、泥石流事件较多，滑坡 885 起，占 45.4%；水土污染 470 起，占 24.1%；泥石流 345 起，占 17.7%。按照经济板块统计，西部地区地质环境事件最多，占 53.5%；其次是东部地区，占 23.1%；最少是东北地区，占 2.0%。按照省份统计，四川、云南、广东、陕西、湖南、贵州、广西、湖北、福建、甘肃 10 省区地质环境事件较多，占全国总数的 67.8%，高于全国总数的三分之二；上海、吉林、天津、黑龙江、宁夏等省区地质环境事件发生较少（图 2）。从造成的死亡失踪人数来看，甘肃、四川、云南、陕西、贵州 5 省最多，占全国总数的 66.2%。甘肃之所以死亡、失踪人数最高，主要是由于 2010 年 8 月发生的舟曲县特大山洪泥石流灾害造成 1765 人死亡、失踪。死亡、失踪人数大于 10 人的大型特大型地质灾害累计 145 起，死亡、失踪人数累计 5144 人，占总数的 68.1%。因此，大型特大型突发性地质灾害对经济社会的危害极大，应是地质灾害防治工作的重中之重。

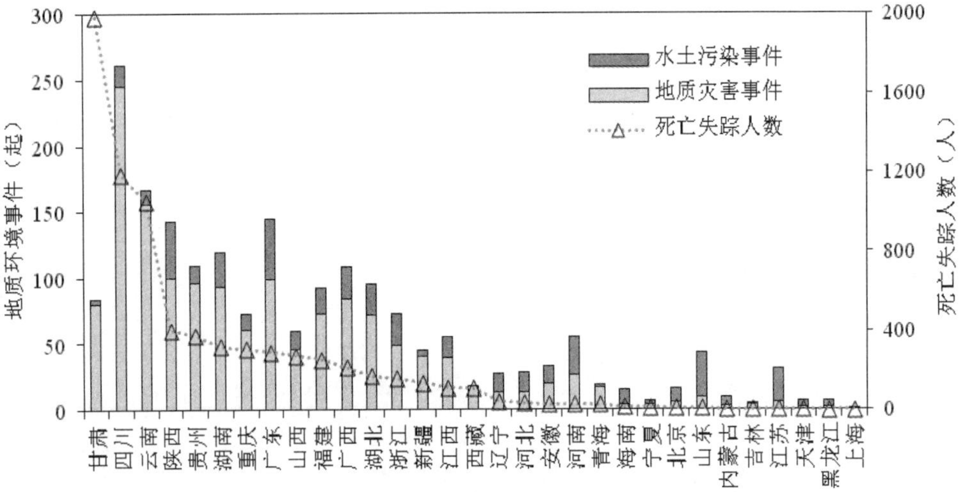

图 2　2001—2013 年各省份地质环境事件与死亡失踪人数

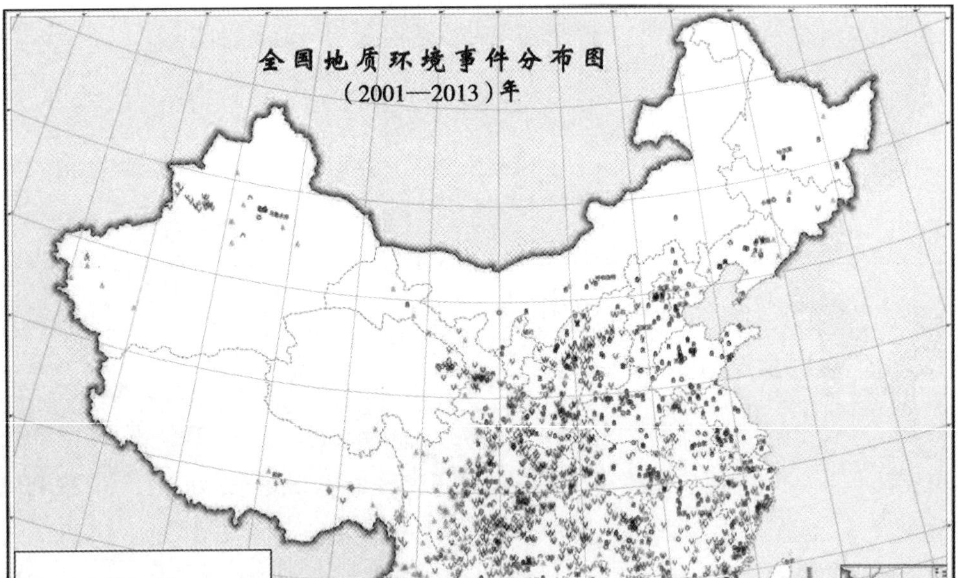

图 3 2001—2013 年全国地质环境事件分布图

从空间分布看，地质环境事件在区域上分布差异显著（图 3）。总体态势表现为中南地区、东南地区多，东北地区、西部地区少。地质环境事件分布密集的地区主要包括成渝地区、东南沿海地区、关中地区、云贵川地区和湘鄂桂地区。

水土污染主要发生于东部沿海省份和中部城市周边地区，表明污染事件多发区域主要分布在人口密集、经济相对较为发达的地区，在行政区划上主要包括广东、陕西、山东、河南、湖南、江苏、广西、浙江、湖北、福建等省区。有研究认为经济发达地区污染事件频发，主要是由于城市化进程加快、工业迅速发展，特别是城市中存贮和使用有毒、有害、放射性等物质的污染源增多[8]。滑坡主要发生在横断山高山峡谷地区、青藏高原东缘、湘西和云贵高原地区、川东鄂西低中山地区、太行山以西黄土高原区、东南沿海丘陵盆地区，在行政区划上主要包括四川、贵州、湖南、云南、陕西、广东、重庆、福建、湖北、福建等省份。泥石流主要发生在川西地区、滇西北和滇东北地区、秦岭—大巴山区、甘南地区，在行政区划上主要包括四川、云南、甘肃、陕西、西藏等省份。滑坡、泥石流等突发性地质灾害集中在上述地区的主要原因有：山地丘陵区集中分布，地表地质体天然稳定性差；降雨频繁，天气多变，地表物理风化严重；铁路、公路等工程分布密集，对山地丘陵扰动强度大等[9]。

5. 主体功能区地质环境事件分布特征

表 2 列出了 31 个省份 2001—2013 年各类主体功能区（按开发方式）地质环境事件统计情况。从表中可以看出，国家级重点生态功能区、国家级农产品主产区和国家级重点开发区域事件最多。国家级重点生态功能区 427 起，占 21.9%；国家级农产品主产区 389 起，占 19.9%；国家级重点开发区域 362 起，占 18.6%。从图 3 可以看出，在优化开发区域和重点开发区域地质环境分布相对密集，而农产品主产区和生态功能区分布相对稀疏。

表 2　2001—2013 年各类主体功能区地质环境事件统计

主体功能区	地质环境事件(起)							死亡失踪人数(人)
	小计	崩塌	地裂缝	地面塌陷	滑坡	泥石流	水土污染	
国家级优化开发区域	100	1	0	8	24	8	59	86
省级优化开发区域	13	0	0	0	2	0	11	5
国家级重点开发区域	362	17	4	16	147	38	140	864
省级重点开发区域	267	27	2	28	100	27	83	722

（续表）

主体功能区	地质环境事件（起）							死亡失踪人数（人）
	小计	崩塌	地裂缝	地面塌陷	滑坡	泥石流	水土污染	
国家级农产品主产区	389	33	3	17	188	59	89	1159
省级农产品主产区	116	18	2	4	54	19	19	273
国家级重点生态功能区	427	29	2	7	229	130	30	3518
省级重点生态功能区	276	25	0	7	141	64	39	929
合 计	1950	150	13	87	885	345	470	7556

从地质灾害来说，国家级重点生态功能区最多，其次是国家级农产品主产区、省级重点生态功能区（图4）。2001—2013年，国家级重点生态功能区发生地质灾害397起，占地质灾害总数的26.8%；国家级农产品主产区300起，占20.3%；省级重点生态功能区237起，占16.0%。这说明，重点生态功能区建设面临的主要问题是地质灾害威胁。推进重点生态功能区建设，要把地质灾害防治放在突出位置，通过转移过多的人口和减少工业化城镇化活动，降低地质灾害发生频率和危害。

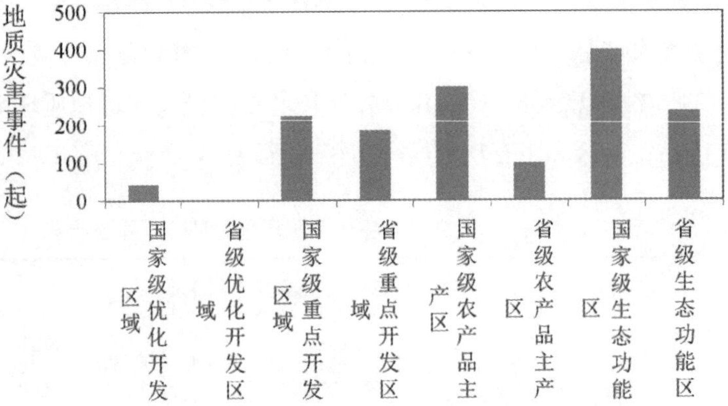

图4 2001—2013年各类主体功能区地质灾害事件

从水土污染来说，国家级重点开发区域最多，其次是国家级农产品主产区、省级重点开发区域（图5）。2001—2013年，国家级重点开发区域发生水土污染140起，占水土污染总数的29.8%；国家级农产品主产区89起，占18.9%；省级重点开发区域83起，占17.7%。这说明，重点开发区域建设面临的主要问题是水土污染。推进重点开发区域建设，要把水土污染防治放在突出位置，通过控制污染物排放和加强污染修复，提升地质环境质量。对于农产品主产区，既有地质灾害的威胁，又有水土污染的威胁，均需要加以重视。

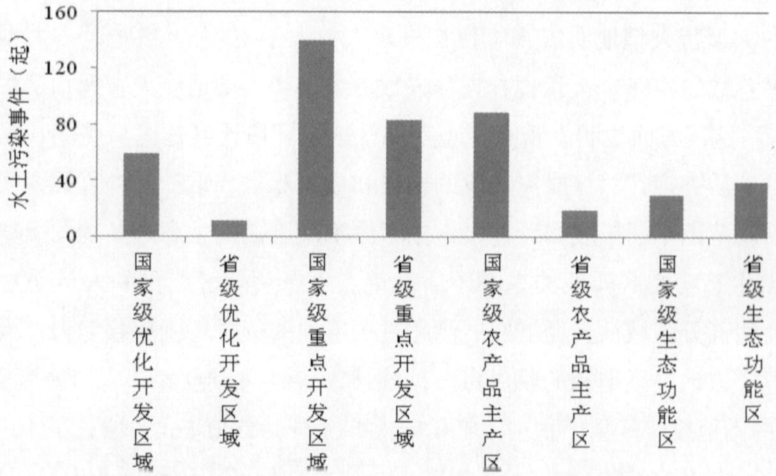

图 5　2001—2013 年各类主体功能区水土污染事件

不同主体功能区地质环境事件分布密度差异明显。从图 6 可以看出，优化开发区域地质环境事件分布密度最高，单位国土面积发生 8.41 起 / 万 km^2；其次是重点开发区域（4.75 起 / 万 km^2）、农产品主产区（2.00 起 / 万 km^2）；最低是重点生态功能区（1.31 起 / 万 km^2）。由此可见，地质环境事件分布密度与区域开发强度呈正相关关系，人口越密集、经济活动越频繁的区域，地质环境问题就越突出。研究表明：从宏观层面而言，近几十年来人类活动已经成为我国地质环境变化的主要驱动力[10]。越是经济发达的区域，人地关系越紧张，加强地质环境管制与治理的必要性就越迫切。

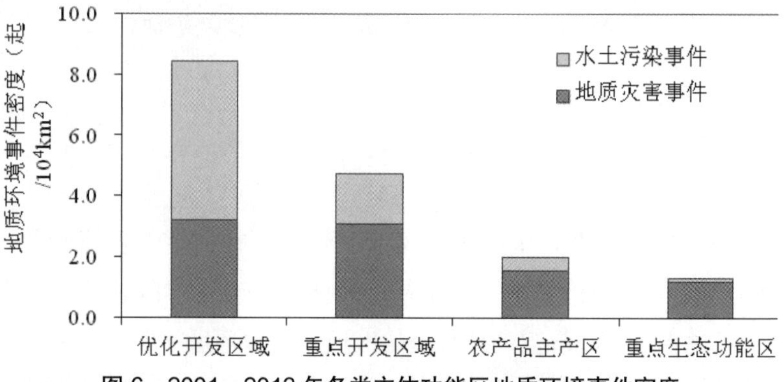

图 6　2001—2013 年各类主体功能区地质环境事件密度

不同主体功能区地质灾害造成的损失差异也很明显。从单起地质灾害造成的死亡人数来说，重点生态功能区大大高于优化开发区域、重点开发区域和农产品主产区（图 7）。重点生态功能区单起灾害死亡人数为 7.0 人 / 起，是农产品主产区的 1.9 倍、重点开发区域的 1.8 倍、优化开发区域的 3.3 倍。发生在重点生态功能区的大型特大型地质灾害（死亡失踪人数大于 10 人）数量，占大型特大型地质灾害总数的 49.6%；死亡、失踪人数占大型特大型地质灾害死亡、失踪总数的 67.9%。这一方面说明，重点生态功能区地质环境比其他区域脆弱，易于发生大规模的地质灾害，一旦成灾造成的伤亡和损失非常严重；另一方面说明，近年来人类活动范围不断扩展和延伸，占据了原本用于提供生态产品的国土空间，加剧了重点生态功能区人地关系的矛盾。重点生态功能区严重的人员伤亡与财产损失，表明部分区域社会经济发展已超过了本地的资源环境承载能力，人类活动强度超过了人地关系谐和的临界点。据统计，1964—2009 年，人口密度大于 500 人 /km^2 的山地丘陵区县面积由 1.8 万 km^2 扩展到 19.0 万 km^2，增长了 10.8 倍[2]。因此，《全国主体功能区规划》提出在重点生态功能区实施积极的人口退出政策，形成人口、资源、环境相协调的国土空间开发格局。

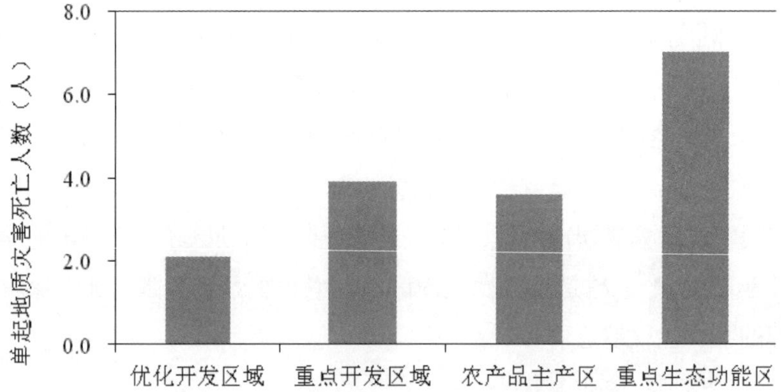

图 7　2001—2013 年各类主体功能区单起地质灾害死亡人数

6. 结论与建议

水土污染与地质灾害是我国主体功能区建设面临的重大环境问题。2001—2013 年地质环境事件分析表明，地质环境事件分布密度与区域开发强度呈正相关关系，人口越密集、经济活动越频繁的区域，地质环境问题就越突出；重点生态功能区建设面临的主要问题是地质灾害威胁，推进重点生态功能区建设，要把地质灾害防治放在突出位置，通过转移过多的人口和减少工业化城镇化活动，降低地质灾害发生频率和危害；重点开发区域建设面临的主要问题是水土污染，推进重点开发区域建设，要把水土污染防治放在突出位置，通过控制污染物排放和加强污染修复，提升地质环境质量。

随着重点生态功能区配套政策的实施，中西部地区的重要经济区将承载更多的人口和工业化、城镇化活动。东部地区经济发达，地方政府对地质环境保护比较重视，财政投入逐年加大。因此，建议国家地质环境调查工作在稳定东部投入的同时，逐步加大对中西部地区的支持力度。

参考文献

［1］杨洁，毕军，张海燕等 . 中国环境污染事故发生与经济发展的动态关系［J］. 中国环境科学，2010, 30(4): 571-576.

［2］杨建锋，张翠光，冯艳芳 . 国内外地质灾害长期变化的趋势［J］. 地质灾害与环境保护，2012, 23(1): 7-12.

［3］余斌，杨永红，苏永超等 . 甘肃省舟曲 8.7 特大泥石流调查研究［J］. 工程地质学报，2010, 18(4): 437-444.

［4］王龄庆，马飞燕，贾清 . 兰州市自来水局部苯指标超标事件应急处置分析［J］. 中国初级卫生保健，2014, 28(10): 94-98.

［5］杨伟民 . 推进形成主体功能区优化国土开发格局［J］. 经济纵横，2008, (5): 17-21.

［6］樊杰 . 主体功能区战略与优化国土空间开发格局［J］. 中国科学院院刊，2013, 28(2): 193-206.

［7］杨伟民，袁喜禄，张耕田等 . 实施主体功能区战略，构建高效、协调、可持续的美好家园［J］. 管理世界，2012, (10): 1-17.

［8］李静，吕永龙，贺桂珍等 . 我国突发性环境污染事故时空格局及影响研究［J］. 环境科学，2008, 29(9): 2684-2688.

［9］中国地质环境监测院 . 全国地质灾害防治规划研究［M］. 北京：地质出版社，2008.

［10］杨建锋，万书勤，冯艳芳，张翠光 . 近 50 年来我国地质环境变化驱动力分析 . 见：姜艳萍等主编，中国环境科学学会学术年会论文集 (2012)［M］. 北京：中国农业大学出版社，2012.

四

防灾减灾社会力量参与

国家治理视野下的防灾减灾举国体制

童星[1,2]

（1. 国家减灾委专家委员会；2. 南京大学教授）

摘要 深化防灾减灾救灾体制改革是健全公共安全体系的重要组成部分，对于推进国家治理现代化具有积极意义。按照国家治理的要求，防灾减灾救灾仍然可以实行举国体制，不过应当作出新的解释：举国的主体除了政府系统以外，也包括市场、社会、公众，且各行为主体平等协商、合作共赢；采取的手段除了政治动员、法律法规、行政命令以外，也包括市场机制、经济手段、社会协同、道德约束；覆盖的范围除了救灾以外，更包括防灾减灾。为了使这种新型举国体制顺利运行，必须从制度完善和能力提升两个方面加强基层建设，积极走“互联网＋”之路，着力的重点由社会脆弱性分析转向社会恢复力建设，组织的形式由科层制发展为网络型。

关键词 国家治理，防灾减灾，救灾，举国体制

1. 引言

人们常说，中国特色社会主义体制的最大优越性就在于能够集中力量办大事。然而“一体两面”，也蕴含了办大事时不计成本代价，且常常耽搁了应当办好却排不上大事位置的中事和小事。集中力量办大事的体制用在减灾领域就是举国救灾体制，这一体制非常有利于救灾（特别是遇到像汶川地震这样的大灾、巨灾时更是如此），却不利于防灾减灾；非常有利于政府作用的发挥，却不利于市场、社会、公众发挥作用。

面对优越性和弊端兼具的体制，丢弃它可惜，因为这意味着最大优越性的丧失；固守它也难，因为其蕴含的弊端日渐凸显，愈来愈抵消最大优越性的“正能量”；看来只能实施改革，发扬优越性，革除弊端。

中共十八届三中全会通过的关于全面深化改革的决定，首次提出了“国家治理体系和治理能力的现代化”，将其确定为全面深化改革的总目标；还把一直倡导的“社会管理”改为“社会治理”，强调“创新社会治理，必须着眼于维护最广大人民根本利益，最大限度增加和谐因素，增强社会发展活力，提高社会治理水平，全面推进平安中国建设，维护国家安全，确保人民安居乐业、社会安定有序”。这个决定在“创新社会治理体制”这一部分共列了4条，其中第4条“健全公共安全体系”中就要求“健全防灾减灾救灾体制”。[1]

为此，有必要弄清楚“管理”和“治理”的关系，并在“国家治理”和“社会治理”的框架下思考防灾减灾救灾体制。

2. 由“管理”到“治理”

英语中的治理（governance）源于拉丁语和古希腊语，原意是掌舵、引导和操纵。长期以来它与统治（government）一词交叉使用，主要用于对各类公共事务的管理和政治活动的刻画。自20世纪90年代以来，西方政治学家赋予“governance”以新的含义，试图与传统的“统治”概念进行切割，指出治理与政府统治不是同义语，治理指的是一种由共同的目标支持的活动，这些活动的主体未必都是政府，也无须依靠国家的强制力来实现。他们把治理看作是协调不同行动者趋向共同目标的手段的集合，包括社会制度、法律、规则、司法裁决、行政等一系列活动，从而约束、规定并保证公共目标与服务的提供。

在此背景下，经济学家和管理学家也引入政治学中的治理思想，提出了“公司治理”和“公共合作治理”的概念，以区别于以往管理实践中过于注重技术的传统。他们从主体互动的角度界定治理，认为治理是一种结构或一种秩序的产生，这种结构或秩序不是由外部强加的，而是众多相互发生影响的参与者互动的结果。在全球化与人类政治–经济生活发生大变革的背景下，治理的概念日趋流行，被多个学科领域广泛使用。以至于“治理一词在许多语境中大行其道，已经成为了一个可以指涉任何事物的‘时尚词语’”。[2]

联合国下属的全球治理委员会在1995年发布了一份题为《我们的全球伙伴关系》的研究报告，对治理作了明确的界定：治理是各种公的或私的个人和机构管理其共同事务的诸多方式的总和。它是使相互冲突的或不同的利益得以调和并且采取联合行动的持续的过程，它既包括有权迫使人们服从的正式制度和规则，也包括各种人们同意或认为符合其利益的非正式的制度安排。它有四个特征：

①治理不是一整套规则，也不是一种活动，而是一个过程；②治理过程的基础不是控制，而是协调；③治理既涉及公共部门，也包括私人部门；④治理不是一种正式的制度，而是持续的互动。[3]

然而，在中文里，“管理”和“治理”二词之间并没有什么本质的差别。据《汉语大词典》，“管理”的释义为“料理、治理”“过问、理会”“管束”等，“治理”的释义则为“管理、统治”“得到管理、统治”“处理、整修”等，可见二者是相互界定、语义一致的。[4]但从词源学角度来看，与英文相反，在中文里“治理”的出现远远早于“管理”。“管理”作为外来语，是到近代以后才出现的，而“治理”早就见诸于许多古籍，并由此引出“治国理政”之意。

不过，我们还是需要循着学界的发展主流来理解“管理”与“治理”的蕴含及其区别，即由行政学与政治学二者的分离产生出“行政管理”，再经“公共行政”发展为“公共管理”，最后由“新公共管理运动”才进入“合作治理”。其间，核心概念则随之由“统治”经“管理”发展为“治理”。在这个发展过程中，主体由单一逐步走向多元，手段由强制逐步走向柔性，本质由控制逐步走向协调。另一方面，管理和治理也有相通之处，这既表现在治理过程中含有管理的成分，如在多元社会治理中政府的所作所为就是社会管理；也表现在治理效果上，治理是一种更有效的管理（以及更文明的统治）。伴随着这一发展过程，政府也由管制型（对应于统治），经建设型（对应于管理）走向服务型（对应于治理）。下表给出了“管理”和“治理”的区别与联系：

区别：

	管理	治理
主体	一个	多个
手段	法	法、理、情
本质	掌控	协调
内容	职能活动、层级	互动过程、网络

联系：

社会治理中政府的职能是社会管理

（社会）治理是更有效的（社会）管理

3. 治理背景下的防灾减灾救灾举国体制

按照国家治理的要求，防灾减灾救灾体制可以仍然是举国体制。不过应当对其有新的解释：既然治理的主体多元，“举国”就不能仅限于政府系统（各级政府以及政府各部门），也应包括市场、社会、公众等行为主体在内；既然治理的手段多样，“举国”就不能仅依靠政治动员、法律法规和行政命令，也应充分发挥市场机制、经济手段、社会协同、道德约束等的积极作用，并重视公众的参与、自学习和自组织；既然治理的本质是协调，“举国”就不能仅限于政府指挥民众，民众依赖政府，而应当各方平等协商、合作共赢、各得其所；既然治理是一个持续的互动过程，“举国”就不能仅限于救灾“活动”，而应当贯穿于防灾减灾救灾的全过程。

然而，我国在很长一个时期以来，应对自然灾害特别是地震、洪水等特大灾害，不仅是政府主导，常常还是政府包揽。发生灾害以后，中央财政几乎承担所有的灾损，加之“天灾人祸”概念深入人心，往往认为自然灾害是纯自然力所为，与人们的活动、官员的行为无关。结果导致：各地普遍忽视防灾减灾，遇到灾害则各层各级“等靠要”；各地对灾情灾损不仅不瞒报、缓报、少报、漏报，相反是“快报”“甩报”。在水利工作方面，中央负责大江大河，效果显著，自1998年长江大洪水以后，全国的大江大河基本上是安全的；地方负责中小河流和大中城市的内涝，则流于形式，这些年来频发的水灾基本源自中小河流水利失修和各大中城市的排水系统建设严重滞后，满足不了城市发展的需要；农民负责“毛细血管”，则完全落空，因为实施农村家庭联产承包责任制以后，农村集体经济基本解体，基层组织大多涣散，结果导致“多少年未遇”的大旱、洪涝频发，即“灾小荒大”。在防震工作方面，曾经的“土洋结合”“两条腿走路”变成了“金鸡独立”，单纯依靠专业部门。而且许多灾害的发生或“灾小荒大”现象的出现，就是因为GDP崇拜以及片面的政绩观和考核办法，引致各级政府领导以牺牲环境资源为代价换取经济高速增长，恶化了人与自然的关系。许多事故灾难的起因也源于私人部门（个人）安全意识和社会责任的缺失，当然政府相关部门的监管也不到位。因此，如果没有政府、市场、社会、公众的共同参与，就没有风险共担，就无法实现风险治理，也就难以减少灾害、灾难的发生。

即使在灾害发生后，多元参与机制也能弥补政府能力的不足，提供更广泛的信息，做到集思广益。市场和社会的参与意味着资源的异质性，这有利于满足灾害中不同群体的异质性需求或同一群体不同时期的差异性需求。还要看到，即便政府力量再强大，职责覆盖范围再宽广，也无法满足受灾群体的所有需求，私人部门和社会组织作为“涌现的组织（emergent organizations）”来主动满足受灾群体的需求，这是无法避免的突生现象，[5]也是复杂系统中结构要素以信息交互为基础的“自组织（self-organization）”参与。[6]灾害管理需要容纳这种“自组织”参与。一旦管理中容纳了多元参与，管理就升级为治理。

总之，对于国家治理框架下的防灾减灾救灾举国体制的界定，可见下表：

主体	吸纳政府、市场、社会、民众等力量
手段	包括法律、政策、行政、规划、经济、技术、保险、金融、道德、慈善等工具
过程	覆盖防灾、减灾、救灾、恢复等阶段

4. 新型举国体制的运行

当前，为了使治理背景下防灾减灾救灾举国体制能够顺利运行，当务之急需要解决以下几个关键问题：

（1）从制度完善和能力提升两个方面加强基层建设

在原有的救灾举国体制下，由于主要强调集中全国政府系统的力量应对已经发生并对人民群众生命财产安全造成极大损失和威胁的灾害，而政府系统又是按照科层制度建立的，因此非常强调自上而下的推动，最高领导人的重要批示、相当级别领导人的亲临现场，就显得特别必需，这不仅能够打破政府系统日常运行中常常出现的“条块分割”，而且有利于调动各级政府、政府各部门的积极性，形成“举国”之力。但这种优越性往往都是在灾害已经发生、损失已经造成之后才能体现出来，而且是灾害越大、损失越重的情况下，这种优越性就越显著。

然而，灾害通常都发生在基层，首先发现灾害到来、首先承受灾害之祸、首先需要对灾害作出应对的，都是基层！如果抢在科层制组织结构的最上层发现之前，基层就已经开始根据当地的实际情况应急应灾，必然效果更好、损失更小。因此，在治理背景下，就需要以基层政府为主导，与基层的企事业单位、社区组织、民众一起，在第一时间作出应急应灾行动。这样一来，从应急应灾制度完善和应急应灾能力提升两个方面加强基层建设，就成为“重中之重”。仅以基层的应急应灾疏散行动为例，笔者曾经与陶鹏合作，按照面对已经到来的灾害和即将到来的灾害，以“上级政府有没有下达人员疏散命令”和“基层政府有没有组织疏散行动”两个指标为维度，将我国基层政府应急疏散行为分为4种模式，并选择了4个有代表性的案例，撰写了《中国基层政府应急疏散行为模式：基于多案例比较分析》一文。[7] 其中的4种行为模式和4个代表性案例如下表：

	上级政府疏散命令	基层应急疏散行动
GX乡灾民疏散事件	上级要求地方政府全力投入抗震救灾与群众安置工作	基层政府依据上级要求有序转移群众到绵阳和江油市区
南口前村暴雨事件	上级政府连续发出暴雨预警，并要求“及时转移受威胁群众”	南口前村在暴雨过程中没有按照指令开展应急疏散行动
青龙县地震疏散事件	上级政府未正式发出震前预警疏散命令	青龙县发布疏散政策措施，组织干部深入一线组织群众疏散转移
青岛“11·22”中石化东黄输油管道泄漏爆炸	上级政府未发布疏散指令	青岛经济开发区管委会未组织漏油点附近居民疏散转移

可见，基层政府应急应灾疏散管理能力会直接影响应急应灾疏散效果，在不确定性条件下，现有应急应灾管理中的集中决策模式受到挑战，需要在制度设计与运转中给予重视。目前基层政府应急应灾疏散面临着制度供给与官员能力的双重短缺，基层政府应急应灾疏散能力提升的基本路径包括制度完善与官员个人能力两个层面。在制度供给层面，应充实管理人员、设备、物资以及经费，夯实基层政府应急应灾管理体制；建立应急应灾管理运行机制，因地制宜制定地方应急应灾预案，明确基层官员管理责任与分工，赋予基层官员组织疏散行动的裁量空间，防止由机制运行不畅导致基层疏散工作迟滞。在基层官员个人能力层面，应强化对基层一线人员的培训，增强其相关知识与技能，为其应急应灾疏散决策提供支撑；增强基层官员广泛联系群众的思维，保持与基层民众的积极互动，继承和发扬群众工作的良好思路与方法，以高度责任心和主动性来因应突发灾变事件中的群众生命与财产安全风险。疏散管理方面如此，其他方面也可举一反三。

（2）防灾减灾救灾也要走“互联网+”之路

2013年4月20日，四川省雅安市芦山地震发生当天，工程机械制造企业中联重科就通过GPS系统监测到，在距离雅安50公里范围内有其生产的吊车、起重机、挖掘机等100多台。该企业总部立即布置各有关事业部第一时间联系拥有这些设备的客户，第一时间组织协调他们参与救援。中联重科成为最先到达现场开展施救和抢修设施的企业之一。依托物联网的强大力量，社会应急与救灾具备了远程监测、远程响应、远程指挥的能力。[8]

“互联网+”是一个大趋势，走“互联网+”之路就是要充分利用现成的互联网、物联网和移动通信网的作用。互联网的本质特征是其开放性、平等性、兼容性，信奉“不求所有，但求所用”；互联网技术具有创新性、扩散性、即时性，追求“服务极致，客户满意”；物联网的加盟，使互联网的信息联通功能进一步扩展为信息流和物流的联通互融；移动通信网则进一步推动了互联网的空间拓展和运用普及，密切了互联网与人民群众日常生活的联系。“三网合一”大大加强了互联网的集成和优化作用，将互联网技术的创新成果深度融入经济社会生活中去，从而改变传统的生产生活方式和服务管理方式。“互联网＋防灾减灾救灾”就是在“自然科学＋社会科学”的基础上，再加上互联网、物联网、移动通信网技术，提前预防、减少、抵御灾害，当灾害降临之时，积极救援、努力恢复，以减少灾害损失。

（3）从社会脆弱性分析走向社会恢复力建设

脆弱性（vulnerability）被视为导致灾害发生的各种自然与人为层面的因素；恢复力（resilience）则被视为人类抵御或灾后迅速恢复的能力。前者有较多的被动色彩，后者则含有浓厚的主动性。具体而言，脆弱性经常被用来表示某些系统的风险易感性，自然环境要素、人口要素、经济要素、社会要素、政治要素、文化要素等都可以成为脆弱性的基本构成要素；相对于脆弱性概念强调预防与消减不同，恢复力概念则是假设灾害已经发生，从各个系统要素层面提升整体社会应对灾害的能力，即“非预期危险成为现实后的应对能力和迅速恢复力”，[9]或“利用现存资源和技能以适应新的系统和操作环境的能力”。[10]

在灾害社会科学中，学者们侧重于从社会层面研究脆弱性和恢复力，发展出灾害的“社会脆弱性”（social vulnerability）和“社会恢复力”（social resilience）概念。对于社会脆弱性，苏珊·科特提出了具有奠基性的测量指标（Social Vulnerability Index, SoVI）；维斯勒（B. Wisner）等人提出了包括五大资本模块（即个人资本、社会资本、实物资本、经济资本、自然资本）在内的可得模型（Access Model）。社会恢复力则是指人类面对环境变化，适应并维持社会功能的能力，包括价值、信念、能力、资源、政策等方面，其中社会价值与信念是重要因素。

社会信任可以作为灾害的社会恢复力一项基本资源，越多的不确定性，越需要社会信任。面临民众在危机情境中的恐慌行为，政府通常会选择风险沟通行为，而风险沟通的基础正是信任。构建社会信任不但可以减少冲突，还可以让社会治理变得更有效率。遗憾的是，目前社会信任缺失较多，例如“邻避”（NIMBY，not in my backyard，不要在我家后院）冲突中，在城市公共设施选址上，低度社会信任加剧了民众对于不确定性的担忧，从而出现各种抗争行为；围绕转基因食品的严重分歧与争执，也暴露了分歧双方相互失去起码的信任；又如由于社会信任度的降低，很多人宁愿相信传言，也不相信权威发布的信息。“信任转化为不信任比不信任转化为信任容易”，维持或重建社会信任必然是一个漫长的过程，它需要整个社会系统共同努力 。

（4）从科层制组织走向网络型组织

科层制取代家长制，成为当今最为普遍的管理组织结构。但其不适应风险社会的高度不确定性，不适应多元治理。

面对充满高度不确定性的风险社会，与多元合作治理灾害相适应的组织结构必然是网络型的。网络型结构可以满足治理风险的以下一系列要求：决策主体多元、去中心；信息网路四通八达；动态的自组织、自适应、自协调等。

如果说当年钱学森提出的系统科学理论为网络型组织结构奠定了思想和理论基础的话，那么现在的互联网、物联网、移动通信网“三网合一”则为网络型组织结构奠定了物质和技术基础；现在欠缺的主要就是其社会基础——信任与共识。笔者曾在《从科层制管理走向网络型治理——社会治理创新的关键路径》一文[11]中强调，官民平等互信、网络协商民主、信息公开共享，这些就是迈向这一路径的三大要件。

随着社会组织的培育和发展，组织的灾害适应也将越来越得到重视。“DRC类型学”[12]以“结构－功能”视角论述了危机情境下的组织变革方式，通过二维四分将组织变革区分为维持型、拓展型、扩张型、突现型等4类；基于组织结构与形态的转变，提出了灾害管理中正式组织的去官僚化倾向，并分析了这种变化出现的各种影响因素。所有这些都值得借鉴。

参考文献

[1] 参见《中共中央关于全面深化改革若干重大问题的决定》（2013年11月12日中国共产党第十八届中央委员会第三次全体会议通过）。

[2] Bob Jessop, “The rise of governance and the risks of failurc: the case of economic development”, *International Social Science Journal*, 1998, 50(155), p29-45.

［3］The Commission on Global Governance, *Our Global Neighborhood: The Report of the Commission on Global Governance*, Oxford University Press, 1995, pp.2-3.

［4］参见《汉语大词典》第 8 卷中“管理”的释义，汉语大词典出版社，1991 年 12 月版，第 1202 页;《汉语大词典》第 5 卷中“治理”的释义，汉语大词典出版社，1990 年 6 月版，第 1126-1127 页。

［5］Thomas E. Drabek, David A. McEntire, Emergent phenomena and the sociology of disaster: lessons, trends and opportunities from the research literature, *Disaster Prevention and Management*, 2003, Vol.12, No.2, pp.97-112.

［6］Louise Comfort, Shared Risk: *Complex System in Seismic Response*, New York: Pergamon Press, 1999.

［7］此文首发于《中国地质大学学报》（社会科学版）第 14 卷第 4 期，2014 年 7 月出版；后被收入国家减灾委办公室、国家减灾委专家委员会编辑的《国家综合防灾减灾与可持续发展论坛文集（2014 年）》，中国社会出版社 2014 年 12 月出版。

［8］引自《中国青年报》2013 年 4 月 21 日。

［9］Wildavsky, A. *Searching for Safety*. Transaction, NJ: New Brunswick, 1991. 转引自 Siambababa Bernard Manyena. The Concept of Resilience Revisited, Disasters, 2006(4):433-450.

［10］Comfort, L. et al. Reframing Disaster Policy: The Global Evolution of Vulnerable Communities. *Environmental Hazards*. 1993(1): 39-44.

［11］该文发表于《学术月刊》2015 年第 8 期。

［12］DRC，Disaster Research Center，即指［美国特拉华大学］灾害研究中心。

民间灾援行动推进灾害管理机制创新 *

——从汶川地震到鲁甸地震

郭　虹

（四川大学－香港理工大学灾后重建与管理学院）

摘要　鉴于“灾害救援”已经成为慈善公益的新领域和社会公共服务的重要内容，灾害救援和灾后重建已经成为社会公共事务。民间灾援行动推进了我国灾害管理机制的创新，“通过社会动员实现社会参与”已成为我国灾害管理独具特色的新机制，其形成过程也是我国民间力量参与社会公共事务的过程。

关键词　民间救援，灾害管理机制，创新

2008年汶川地震后，凡有关自然灾害救援和受灾地区灾后重建的事件，越来越受到社会的关注，以致在慈善公益领域形成了“灾害救援”的新领域；而国家实施的灾害救援和灾后重建也已成为社会公共服务的重要内容，灾害救援和灾后重建已经成为社会公共事务。不同于传统的行政管理方式，现代社会公共事务最佳的应对方式是“治理”—— 即多元主体、平等协商的社会动员和社会参与。在我国，《中华人民共和国突发事件应对法》第6条提出“国家建立有效的社会动员机制”。2014年《中共中央关于全面深化改革若干重大问题的决定》又提出：“人民是改革的主体，要坚持党的群众路线，建立社会参与机制，充分发挥人民群众积极性、主动性、创造性。”社会动员和社会参与既是社会公共事务的应对机制，也是国家治理体系和治理能力现代化的重要内容。

“通过社会动员实现社会参与”已经成为我国灾害管理独具特色的新机制，而这一机制的形成过程也正是我国社会公共事务中社会力量的参与过程。汶川地

* 本文主要内容来自作者承担的国家社科基金课题研究报告《重大公共事务中的社会动员和社会参与》。

震灾后重建中提出的“政府主导与社会参与相结合”不仅是灾后重建的指导原则，也正在成为我国政府应对各类社会公共事务的指导原则，更是汶川抗震救灾给我们留下的宝贵的治国之道。正是由于灾害救援中的民间参与，才在2008年“5·12”汶川地震以及此后的历次地震救援与重建过程中逐渐形成了社会参与现象，而国家的社会动员机制也在这一过程中逐步完善，灾害管理机制也在这一过程中逐渐形成。

2008年的“5·12”汶川地震救援让我们认识到“社会参与”和“社会动员”的重要性。我国灾害救援中不乏大规模的群众动员，但基本是属于政治性和行政性的“运动”，以应对“社会公共事务”为目的的社会动员，则是汶川抗震救灾首开先河。汶川地震发生在我国的人口密集区，地震影响涉及除黑龙江、吉林和新疆外的绝大部分国土，灾情惨烈、损失巨大，是新中国成立以来破坏性最强、波及范围最广、救灾难度最大的一次地震，加上电视现场直播、媒体现场报道等现代传播的影响，使这一事件迅速成为家喻户晓、人人关注的全国性公共事件。汶川抗震救灾中真正体现了对人的尊重、对权利的尊重。在紧急救援阶段，任何人都不会因贫富、地域、民族、宗教、户籍等差异而被忽视。汶川的抗震救灾也为包括国际组织和境外组织的社会力量参与公共事务提供了机会，特别是为我国公民参与社会公共事务提供了机会和空间，公众参与社会公共事务第一次得到“国家鼓励”。汶川的抗震救灾和灾后重建推动了灾区的经济社会发展，灾区群众说：地震让我们倒退30年，重建让我们前进50年。灾后重建的大量投入为川、陕、甘极重灾区的经济发展提供了百年难遇的机会，而抗震救灾和灾后重建中的社会参与则有力推动了受助地区的社会发展，民间组织的介入推进了受灾地区的社会组织发展，汶川地震抗震救灾的整个过程中出台的法律法规不仅惠及当时的灾区灾民，也使全中国的应急管理向前迈出了一大步。汶川地震救援成为我国第一次真正意义上的社会动员和社会参与，究其原因有三：一是地震前中国的社会组织已经开始有了足够的发展，这才使得社会动员有了目标和对象；二是地震时的社会管理体制已经开始改革，这使得公权力部门开始有了民间视角，开始认可社会力量；三是地震造成的巨灾震撼冲击了原本严密的社会管理机制，给社会参与提供了活动空间。汶川地震救援和灾后重建，作为重大社会公共事件，吸引了社会各界的广泛参与，这是“文革”结束后社会动员程度最广、社会参与规模最大的社会公共事务。汶川地震救援和灾后重建中的实践使我们对社会公共事务以及社会动员和社会参与有了更加具体的认识。

发生在2013年4月20日的芦山7级地震，也是当年的重大灾难。在这次抗震救灾中最突出的标志性事件是中共四川省委和四川省政府在“党委领导、政府负责”的救灾体制中第一次嵌入了“社会协同、公众参与”的社会动员机制。4月 24 日四川省委决定在抗震救灾指挥部里设立“社会管理服务组”，并整合省市总工会、共青团、妇联、科协、残联、侨联等群团组织力量于 4 月 27 日组成了实体的“省市抗震救灾志愿者与社会组织服务中心”（此后简称：雅安中心）。社会管理服务组及雅安中心的成立是我国政府应急管理中的创举，也是社会动员机制形成的标志性事件。在汶川地震时，政府与民间的交流平台有友成基金会在绵竹市遵道镇设立的“社会资源协调办公室”，以及在此基础上建立的“绵竹市抗震救灾社会资源协调中心”（2008—1012 年），二者都是政府设立、公益基金会资助、与社会力量对接的平台性机构。协调中心虽然由市政府副秘书长兼任主任，配备了专门的办公场地和设备，聘用了专职人员，但并没有纳入政府体制内。而芦山地震中建立的协调机构——社会管理服务组和雅安中心则是纳入体制的专设机构，其特点有四：一是管理组由民政、群团部门组成，由分管群团的省委常委任组长，全程接受抗震救灾指挥部的工作指挥，统属抗震救灾的整体管理。二是管理组下设实体的服务中心，紧急阶段由省内群团提供经费、调派人员，灾区各级政府提供工作场地，有明确的工作任务和目标。三是明确中心的服务对象就是社会组织和志愿者，全体工作人员在上岗前都进行了培训，强化对社会组织的认识和了解，确立服务理念、平等态度和规范化的工作流程。四是在恢复重建阶段中心及时转变为常态化的“雅安市群团组织社会服务中心”，承担起继续推动灾区“社会协同、公众参与”的职责。芦山抗震救灾中的社会动员不仅产生了巨大的社会效益，四川省在芦山抗震救灾中创立的“中央统筹指挥、地方政府主体负责、灾区群众广泛参与”的社会动员新机制，也为我国公共事务中实施社会动员和社会参与提供了宝贵的制度创新案例。

2014 年的“8 · 3”鲁甸地震在社会动员和社会参与方面的亮点和创新是在社会工作领域。汶川地震抗震救灾时，境内外的社工机构就已经成为灾区过渡安置和灾后恢复重建过程中的重要力量，在化解灾区群众的心理问题、再造灾区社会支持网络、提升灾区恢复重建能力、引领灾区志愿服务有序开展等方面发挥了重要作用。汶川地震后，由政府提供的社工服务主要是对口援建的地方政府购买的社工机构服务，如上海对口援建的都江堰，湖南对口援建的理县和广东对口援建的汶川，多数社工服务主要是由公益机构提供，这些社工们不仅在灾区提供了大量个案、小组和社区服务，还培育出了一批社工机构，带领出了一大批社工人才。汶川地震后大批志愿者团队开始向职业化转型，“社会工作”因其价值观和服务方法成为他们的主要选择，许多社会工作服务中心就是在志愿者团队的基础上建立起来的。以后的历次灾后重建中，这些全国各地的社工服务中心都是社会参与的重要力量。鲁甸地震发生后，社工界与民政部社工司创立了“社会工作对口援建”的新模式，民政部社会工作司联合云南省民政厅共同成立“鲁甸地震灾区社会工作服务支援团”，服务团由五支服务队和督导组组成，北京市民政局、上海市民政局、广东省民政厅、四川省民政厅和中国社会工作协会依托各地社工机构组建了灾区社会工作服务队，对口到云南鲁甸县和巧家县的乡镇安置区开展服务。每支服务队派出10名左右的社工，与云南当地社工一起，在受灾群众较为集中的临时安置点和板房学校，重点为丧亲家庭、老年人、青少年儿童、残疾人、因灾致贫人群提供心理抚慰、生命教育、关系修复、互助网络建设、社区建设与发展等方面的服务；由来自境内外社工界专家组成的社会工作督导培训组对灾区社会工作服务进行专业督导；对灾区有关干部、社会工作者和志愿者进行相关培训。2014年年底各地社会工作服务队已陆续撤离灾区，服务移交给当地社会工作者和社会工作服务机构，社会工作督导培训组则对灾区社会工作服务提供持续指导。这也是在应急服务中第一次为社工介入作出的制度安排，这一举措既满足了灾区救援时的需求，开拓了公共服务的内容，为应急管理中增加人文关怀的内容作出了有益的尝试，也为灾害救援时的社会动员和社会参与增添了新的内容。“社工对口援助”模式充分体现了政府主导与社会参与相结合的优势与成效。

在中国社会组织能够参与的社会公共事务中，灾害救援及其灾后重建是一个非常重要的领域。从汶川地震开始，到后来的玉树地震、盈江地震、岷县泥石流、芦山地震……直到鲁甸地震，社会组织的参与越来越专业、越来越主动、越来越有成效。目前在我国，社会组织参与公共事务必须得到公权力的赋权，而“社会动员”就是政府在重大社会公共事务中，允许并组织法人、各类社会组织和公民参与社会公共事务的国家行为，“提出要求、明确赋权和制度安排”是识别社会动员的三要素。“社会参与”是社会成员在公共事务中主动介入的意愿态度和自主的有序行为，“多元主体、平等协商、遵法守则”是识别社会参与的三要素。社会参与是社会动员的目的，也是公众对社会公共事务采取的组织行动，缺乏参与意识和参与能力的社会组织和公众也很难形成有序的社会参与。社会动员和社会参与的现实基础是社会公共事务，动员是目的，参与是结果，动员和参与相辅相成。不具有公共性、参与性和普惠性的公共事件不会引起公众的参与热情，没有“提出要求、明确赋权和制度安排”的社会动员是无效无益的行政行为，而不具有“多元主体、平等协商、遵法守则”的社会参与则容易流于“聚众”或“群体事件”。政府主导与社会参与相结合的灾害救援，有助于公民、法人和其他组织在抗震救灾和灾后重建中的有序参与、有效服务；有助于实现对受灾民众的人文关怀和精神援助；有助于在我国形成政府行为与民间行为的有效衔接和良性互动；有助于推进受灾地区的社会组织发展和社会建设。在“党委领导、政府负责”的环境中，通过社会动员和社会参与实现的“政府主导与社会参与相结合”，能为公民、法人和其他组织参与社会公共事务提供机会，肯定其公民责任，鼓励其志愿精神，支持其公益行为。从而营造社会公共事务中多元主体各尽其能、各得其所，而又和谐相处的社会环境，分享改革发展的成果，共迎风险和挑战，完善中国特色社会主义制度，推进国家治理体系和治理能力的现代化。

浅谈企业有效参与灾害应急管理的方式

——以可口可乐“净水24小时”项目为例

丘文浩

（可口可乐中国可持续发展部）

摘要 中国是世界上自然灾害最严重的国家之一，每年因自然灾害造成的损失达上千亿元。目前，中国以政府为主导、动员全社会广泛参与、以重大灾害为主要关注对象的救灾体系在呈现一定成效的同时，仍有一定提升空间。在这个过程中，企业作为社会发展的重要力量，若能有效地参与其中，将提升中国灾害应急管理的成效。本文以“净水24小时”可口可乐中国系统灾后应急饮用水供应机制为例，探讨了政府、企业、民间组织所组成的“黄金三角组合”如何相互协作，有效地参与到灾害应急管理过程当中。

关键词 灾害应急管理，黄金三角组合，可口可乐中国

1. 引言

中国地域广阔，气候、地质条件复杂多样，人口密度大，受自然灾害影响十分严重，具有灾害种类多、分布地域广、发生频率高、造成损失重等特点。

据统计，2014年，我国大陆地区共发生5级以上地震22次，6级以上地震5次；先后发生23次强降水过程，造成南方部分地区洪涝灾害；北方冬麦区及湖北、四川、云南等地发生冬春旱，东北、西北、华北、黄淮及长江中上游部分地区发生夏伏旱；5个台风登陆我国；春节期间安徽、浙江、湖北等地遭受低温冷冻和雪灾[1]。中国有70%以上的大城市、半数以上的人口、75%以上的工农业生产值，分布在气象、海洋、洪水、地震等灾害严重的沿海及东部地区，每年因自然灾害造成的损失达上千亿元之多[2]。据联合国国际减灾战略秘书处发布

的数据显示，2005年到2014年的10年间，中国是灾害数量最多的国家，共发生各类灾害286起，造成的损失金额高达2650亿美元，灾害损失高居世界第二位，仅次于美国[3]。自然灾害已经成为制约中国经济发展的重要瓶颈。

近年来，中国的灾害应急管理取得了重大进展。尤其是2008年汶川地震以来，社会对大型灾害反应强烈，政府资源投入大、媒体关注度高、企业和公众捐款踊跃。但是，目前的灾害救援仍存在救灾效率相对较低、对中小型灾害关注度不够、对偏远地区或非震中地区的关注度不够、捐款使用过程不透明等问题。灾害发生后的72小时是黄金救援时间，但由于传统的救灾模式往往需要长时间、远距离、大储存空间来进行备灾、采购、仓储和运输，如何能够第一时间将救灾物资，尤其是饮用水等最急需补充的物资，送到受灾民众手上，成为灾害应急管理的关键问题。

观察在过去几年间的几次大规模自然灾害，如2008年四川汶川地震、2010年的青海玉树地震、2013年四川芦山（雅安）地震以及2014年云南鲁甸地震，我们不难发觉，以大型企业为代表的企业界捐款已成为赈灾援助的主要力量之一，备受社会公众的期待。然而，不少企业受信息不对称或企业管理制度所限，在灾害突发的时候，也面临着难以判断灾区所需资金或物资需求，以及迅速获得额外预算批准等问题。企业如何能够真正发挥自身优势，有效地参与到灾害应急管理中，成为一个值得探究的议题。

2. 中国救灾体系现状

2.1 救灾体系及应急响应机制

《民政部关于加强救灾应急体系建设的指导意见》中明确指出，要坚持“政府主导、分级管理、社会互助、生产自救”的救灾工作方针[4]。目前，以“政府主导、社会参与”为特征的救灾体系及其应急响应机制如下（以2008年汶川大地震等二级及以上灾害为例）：

政府：启动灾害应急响应；应急值守，相关部门工作人员24小时值班，并保障与灾区省份的视频通信；综合评估灾情，及时通报相关部门，并保持与灾区民政部门的联系；开展应急救助工作，包括向相关省份发出通知，派出工作组赶赴灾区慰问群众及指导工作，向国务院有关部门通报灾情，向社会发布灾情，各部门调拨救灾物资，落实救灾应急措施，引导专业社会工作组织和人员参与救灾；开展救灾捐赠活动，向社会发布灾区物资和资金需求，视情况开设救灾捐赠账号，及时下拨救灾物资及定期公告救灾物资使用情况；确保救灾后勤保障，如救灾用车、通信畅通等；若灾情基本稳定、救灾工作转入常态，则终止应急响应并通知相关部门；若灾情进一步加重，则提高响应级别[5]。

社会：民间组织向灾区捐款捐物，开展救援行动，并参与到灾后重建工作中；企业向政府或民间组织捐款捐物，部分国企承担起灾区基础设施保障的工作；网络、报纸、电视广播等各类媒体不断更新灾情动态、招募义工、筹集善款；普通民众捐款捐物，部分民众经招募或自发召集成为志愿者，前往灾区参与救灾工作。

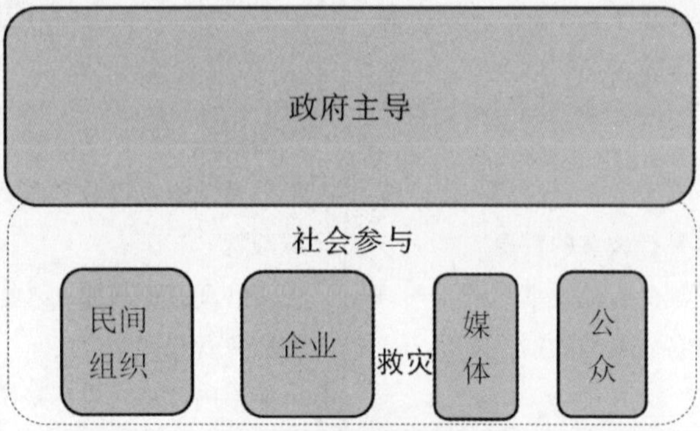

图 1　目前救灾体系

2.2　中国目前救灾体系的优劣势

上述救灾体系和应急响应机制具有以下的优劣势：

表 1　中国目前救灾体系的优劣势

相关方	优势	劣势
政府	1. 应急响应流程较迅速 2. 统一指挥，协调有序，资源调动能力强 3. 信息相对公开透明	1. 需要一定时间通报和联动相关部门来启动决策和调动物资 2. 需投入大量成本用于救灾物资仓储和运输 3. 对非震中、偏远地区投入不够 4. 救灾中存在滥用、乱用、挪用救灾物资、物资冗余等现象 5. 救灾过程中需要依赖专业社会组织和工作人员

（续表）

相关方	优势	劣势
民间组织	1. 当地民间组织反应迅速 2. 当地工作人员能够第一时间深入灾区开展救援 3. 部分民间组织公信力较高 4. 更加关注救灾资源少的地区和人群 5. 具备一定的专业能力，能补充政府不足之处，如受灾群众心理援助	1. 信息失效或不完整 2. 能调动的救灾物资有限 3. 专业人员有限，需依赖志愿者 4. 部分组织缺乏与政府、企业的合作意识
企业	1. 在自身的营运领域和营运地区掌握较多的资源 2. 更高的行动效率 3. 具备较大额的捐款能力	1. 不能快速、全面了解救灾需求信息 2. 部分资源难以投放到需要的地方，造成资源浪费 3. 灾害管理意识较弱，未能将自身优势与灾害应急管理相结合 4. 可能因内部审批流程减慢援助速度
媒体	1. 迅速向公众传播灾情 2. 监督救灾过程和物资使用情况	1. 对非震中地区报道少 2. 过多强调正面报道 3. 部分媒体失实报道
普通民众	救灾热情高，所捐物资可集腋成裘	1. 单笔捐款额小 2. 大部分公众志愿者缺乏专业知识和培训，容易听信谣言或擅自进入灾区

虽然政府具有强大的资源掌控能力，但还是暴露出救灾过程中需求和供给不对称、供给不及时、供给不可持续等诸多问题[6]：首先，在灾害状态下，灾区需求与救助信息的不对称，导致了需求和供给的严重不对称，甚至会造成救灾现场的混乱，如 2013 年芦山地震期间，大量涌入的救援车辆和志愿者队伍严重堵塞了救援道路，致使资源无法及时到达灾区。其次，政府通常是关注比较大型的灾害，救助信息的发布也常常集中在“热点”灾区，致使政府和民间的大量资源集中在这些地方，造成资源重复和浪费。与此同时，一些中小型灾害或大型灾害的非“热点”区域，因为政府或媒体关注较少或较迟，致使资源无法及时供给到这些有需求的地区。最后，相比基本的灾害救助，灾后重建过程耗费的人力、物

力、财力更多，光靠政府远远无法满足这些需求。

而且，伴随着经济发展所带来的环境恶化，自然灾害的频发使政府的承受能力变得更加脆弱，民间组织、各类企业、媒体和公众等社会力量的参与能够成为有效的补充。近年来，以壹基金等专注灾害援助的民间组织逐渐成长和发展起来，他们凭借专业、公平、透明的工作方法有助于缓解传统救灾体系下的物资分配不均、使用不规范等问题，形成良性的救灾体系。另一方面，以可口可乐为代表的一些能够提供救灾应急过程所需资源的企业，也开始在原来简单的捐款捐物的基础上，逐渐探索出一条能够发挥自身产品、运营、技术等核心优势和专长的救灾机制，致力于在灾害发生的第一时间能够抽调充分的人力、物力、财力，与政府和社会组织等救援力量协同救灾。

3.“净水 24 小时”可口可乐中国系统灾后应急饮用水供应机制分析

3.1 “净水 24 小时”分析

面对传统救灾应急机制的问题和挑战，可口可乐公司意识到，在捐款以外，其产品资源和运营分销网络才是灾害应急过程中的核心优势，并且只有通过与具有丰富救灾资源和专长的政府和民间机构携手，才能更加有效应对灾害应急需求。

多年来，可口可乐中国不断探索创新多方合作的协同救灾模式和灾害应急饮用水供应机制。2013 年，“净水 24 小时”可口可乐中国系统灾后应急饮用水供应机制正式启动。在灾难发生之后的黄金救援期间，可口可乐及时通过遍布全国的运营网络，就近调配产品资源，与政府及壹基金等专业救援伙伴精诚合作，发挥救灾领域优势的互补性，为社区提供应急饮用水。

基于可口可乐的全球总部、可口可乐中国、可口可乐中国系统的四大装瓶集团及所属的遍布全国范围的装瓶厂对“净水 24 小时”应急饮用水供应机制达成的一致共识，可口可乐公司预先设置了救灾资金账户，在灾害突发时避免了繁复的财务流程审批，同时建立了一个全国范围的紧急联系人名单，以便能第一时间应对救灾需求。

在灾害发生的非常状态下，可口可乐的分销渠道可迅速转变为应急饮用水的供应通道。当地政府、壹基金及其救灾联盟等民间组织在内的专业救援伙伴迅速评估灾情，根据实际需求向可口可乐提出应急饮用水申请。收到申请后，可口可乐立即查询距离受灾地点最近的分销渠道库存状况，由最近的可口可乐装瓶厂从仓库调派应急饮用水，对接当地救援伙伴。在政府部门和壹基金等专业救援伙伴的支持下，确定最优方案，确保应急饮用水在最短时间内到达灾民手中。

"净水24小时"可口可乐中国系统灾后应急饮用水供应机制旨在于灾后黄金救援时间内，将最亟须的安全饮用水及时送到受灾民众手中，并根据灾区需求变化，决定是否增加或撤出应急饮用水的供应，避免资源的重复和浪费。同时，"净水24小时"机制不仅关注大型灾害，也同样重视中小型灾害和大型灾害的非"热点"地区，以及受灾民众中的妇女儿童等困难群体。2013年"净水24小时"可口可乐中国系统灾后应急饮用水供应机制启动至今，共响应45次包括地震、洪涝、旱灾、台风、泥石流、凝冻、火灾等各类大大小小的灾害，急送超过720万瓶饮用水，逾73万灾区民众受益。例如，在2013年的雅安地震和2014年鲁甸地震中，"净水24小时"的第一批应急饮用水分别在4小时和2小时内急送至灾民手中。

表2 "净水24小时"与传统救灾物资救援模式对比

	"净水24小时"	传统救灾物资救援模式
关注对象	需求导向，大、中、小型灾害均有	集中于大型灾害
物资存储	物资主要存储在可口可乐中国系统的运营和分销网络中，此方式无须支付额外的存储成本	物资需要专门存储空间，成本较高
物资分配效率	与当地政府、专业救援队伍（壹基金等）合作，可针对性地合理分配救灾物资，过程透明度较高	集中于震中地区或媒体聚焦的地区，较易出现资源浪费和物资挪用等情况
反应速率	可就近调配物资运往灾区，耗时相对较短	可能需要从较远的距离将物资运往灾区、耗时较长、通行道路拥挤

"净水24小时"可口可乐中国系统灾后应急饮用水供应机制改变了可口可乐以往单纯的捐款捐物给政府或民间组织，再由政府和民间组织重新购买或从救灾仓库中调动物资的模式，打破了传统的救灾模式下备灾、采购、运输等方面的局限，减少了物资存储成本，提高了救灾响应速度和物资分配效率。

3.2 “黄金三角组合”分析

“净水 24 小时”可口可乐中国系统灾后应急饮用水供应机制这种政府、企业和民间组织各自发挥专长的合作模式也被可口可乐公司称为“黄金三角组合”，旨在达成一个更加紧密、更加美好、更加长久的协作。

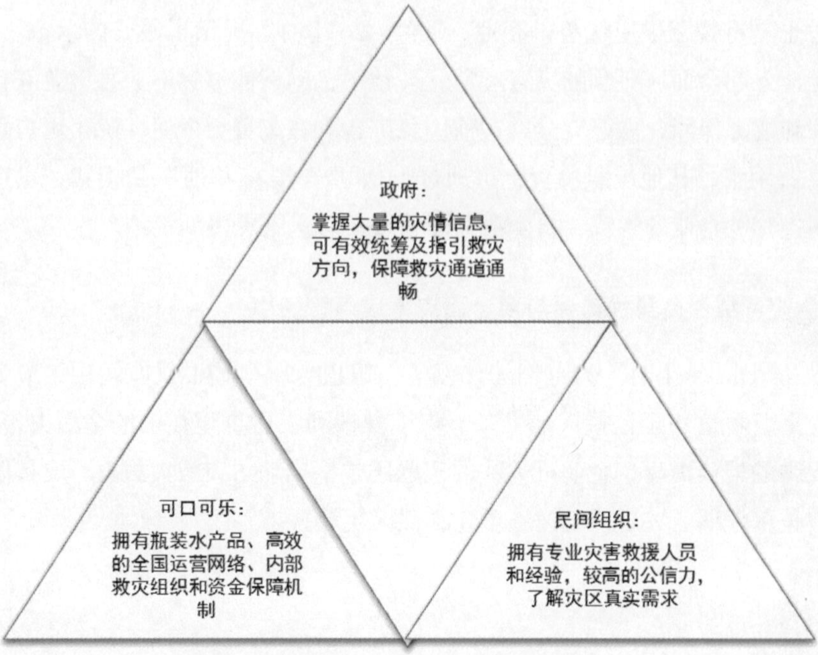

图 2 “净水 24 小时”的“黄金三角组合”

“黄金三角组合”具有开放性、广泛性等特点。在政府的统筹和指引下，通过利用企业的产品、服务、技术和营运等优势，与专业民间组织合作救灾，形成高效的救灾“长城”。通过鼓励、引导和支持更多的企业和民间组织加入，与政府组成“黄金三角组合”，将有助于筑造一个高效的灾害应急管理机制。

4.“净水 24 小时”对企业有效参与灾害应急管理的启示

4.1 企业应该成为灾害应急机制中的重要一环

救灾是一项系统性很强的工作，涉及完备的法律保障、统一的指挥协调机构、科学的灾前预案和预警、公众的防灾自救教育、有效的抢险救灾工作、公开的灾情信息和管理等方方面面。在整个灾害应急管理过程中，企业应根据自身可持续发展战略，充分识别自身的产品、服务、营运网络、技术、资金和人力等资源，找到能够贡献于灾害应急管理中核心优势，成为政府、企业、民间组织、公众多方协同的灾害应急管理体系中的重要力量。

4.2 以“净水24小时”为示范，建立推广更加完善的灾害应急物资供应机制

对于具有物资供应优势的企业，“净水24小时”提供了很好的示范。首先，企业应建立起全面、科学的灾害应急管理预案，确保能够针对灾害应急获得充足的组织和财务保障，做好充分的灾前应急准备。在灾害突发时，除了可口可乐提供应急饮用水，其他应急物资也可通过类似“净水24小时”的模式，迅速调动灾区周边相关企业的物资，将生命保障物资及时送到灾民的手中。

4.3 企业可结合自身优势参与到全面灾害应急管理中

以“净水24小时”为范例的“黄金三角组合”模式不仅能应用于应急物资的供应上，也适用于包括灾前准备、灾中救援和灾后重建在内的全面灾害管理。除了灾中的捐钱捐物，企业可关注的议题还包括推动防灾减灾教育、支持防灾救灾减灾技术发展、灾后基础设施重建和社区生计扶持等。

5. 结语

政府主导、负责任的企业及民间组织积极配合的“黄金三角组合”，加上普通民众的踊跃捐款捐物，中国灾害应急管理体制在政府、企业、民间组织、普通民众的共同努力下，必将日趋完善。

我们可以设想以下情境：首先，在灾害发生前，不仅政府有完备的应急预案，越来越多的企业、民间组织也制定了与政府相一致的应急预案；同时，它们与政府共同推进针对普通民众、儿童的防灾减灾教育，提升其意识及能力，共同减少灾害风险。其次，在灾害发生后，在政府启动应急预案的同时，各企业、民间组织也纷纷启动应急预案，各方信息互通、互相搭配，高效、合理地配置资源，共同应对灾害挑战。最后，在灾害重建过程中，政府、企业、民间组织通力合作，共同完成灾区的经济、文化、心灵重建。

“净水24小时”可口可乐中国系统灾后应急饮用水供应机制项目作为一个创新实践，为上述情境的实现提供了有益的经验。在政府的引导下，越来越多的企

业通过与政府、民间组织的合作，在中国自然灾害应急管理中将扮演越来越重要的角色。

参考文献

[1] 2014 年全国自然灾害基本情况 [DB/OL] .

[2] http://www.zaihai.cn/a/zuixinzaihai/guonazaihai/2015/0109/409.html, 2015-1-9.

[3] 刘玲 . 企业参与自然灾害应急管理的相关问题研究 [D] . 硕士学位论文 . 燕山大学 , 2009.1.

[4] 联合国发布灾害多发国家名单 [DB/OL] .

[5] http://www.zaihai.cn/a/zuixinzaihai/20150309/426.html, 2015-3-9.

[6] 民政部关于加强救灾应急体系建设的指导意见 [DB/OL] .

[7] http://jzs.mca.gov.cn/article/zhjz/zcwj/201003/20100300060335.shtml, 2010-3-4.

[8] 民政部救灾应急工作规程 [DB/OL] .

[9] http://jzs.mca.gov.cn/article/zhjz/zcwj/201105/20110500153115.shtml, 2011-5-13.

[10] 刘选国 . 从美国 NVOAD 看中国 4 · 20 救灾联盟的未来 [DB/OL] .

[11] http://www.southcn.com/nfdaily/news/content/2013-10/31/content_83247057.htm, 2013-10-31.

社会组织参与灾害治理的实践与创新

——基于壹基金的案例分析

李弘，李健强
（深圳壹基金公益基金会）

摘要：灾害治理的概念既包含对灾害内在机理的分析与干预（比如瞄准脆弱环节），也包括参与主体的多元化发展与协同行动（比如联合救灾行动），应将这二者结合起来进行分析。本文以壹基金为案例，详细描述了壹基金参与灾害治理的总体框架，以及在防灾减灾、备灾救灾、安置重建等不同阶段的项目实践，呈现了社会组织在参与灾害治理过程中的基本策略与内容，并分析了社会组织在参与灾害治理过程中的创新之处。

关键词：社会组织，灾害治理，防灾减灾，壹基金

1. 灾害治理与社会组织参与

灾害治理有两个明显不同的内涵。一方面是指对灾害风险的“防治”和“管理”，具有明显的工程学含义。比如山洪灾害治理、地质灾害治理等。另一方面，则是在公共管理学下的含义，是“使相互冲突或不同的利益得以调和并且采取联合行动（以降低灾害风险，提高应对能力，减少灾害损失）的持续的过程”[1]。以往的研究，这二者是相互分离的，比如有学者研究社会组织参与灾害治理，更多的是关注参与主体的类型分析，包括运作型、协调型与资助型三种类型[2]。也有学者主张引入社会生态系统分析的视角，认为人类应对自然灾害的治理制度安排存在多样性和丰富性，将自然灾害治理制度嵌入到复杂的社会生态系统的互动结构之中，构建了一个更加整合的自然灾害治理分析框架[3]。本文就是在该视角影响下，认为灾害治理的概念既包含对灾害内在机理的分析与干预（比如瞄准

准脆弱环节)，也包括参与主体的多元化发展与协同行动(比如联合救灾行动)，应将这二者融合起来进行分析。

自汶川地震以来，社会组织发展迅速，越来越多的活跃在灾害治理的实践中，社会组织如何参与灾害治理也成为一个重要的研究议题。截至2015年4月，我国基金会总数达4339家，其中公募基金会1497家，非公募基金会2842家。截至2014年第三季度，社会组织共有56.9万个，其中社会团体29.6万个，民非26.9万个，基金会3872个。这些组织中有相当一部分对灾害治理议题感兴趣。邓国胜在2012年通过对1564个社会组织的调查表明，具有灾害业务的社会组织占11%[4]。而在发生重大自然灾害的情况下，很多非灾害类社会组织也会参与灾害救援行动。从实践来看，社会组织参与灾害治理逐步成为一个重要的社会议题，不仅在发生重大灾害情况下“井喷式”地参与，在灾后重建及日常防灾减灾中，社会组织也是一支重要的参与力量，并基于实践产生了诸多具有创新性的实践模式。

社会组织参与灾害治理的方式，也正在发生着重大变化。第一，志愿者参与越来越趋于组织化，散兵游勇不太受灾区的欢迎；第二，专业社会组织逐步增多，有的聚焦于灾害研究，有的聚焦于减灾教育，有的聚焦于紧急救援等；第三，社会组织越来越趋于网络化，各类救援联盟、救灾网络、协调平台等不断涌现，并趋于常态化；第四，社会组织与政府协同行动的诉求越来越强烈，并在芦山地震、鲁甸地震的救灾实践中有了突破和创新。

在这些变化与趋势下，社会组织以其特有的公益性质和关注困难群体的情怀面对灾害的肆无忌惮与社会应灾的脆弱性，寻找着破解之道。比如，在紧急救援阶段，更加关注重大灾害中的困难群体的需求和关注中小型灾害中灾民的需求；在灾后重建阶段，更多支持困难群体恢复正常的生产生活，并致力于创新性地解决灾后的各类问题；在防灾减灾领域，更多关注儿童等更为脆弱的群体。其中，深圳壹基金公益基金会(以下简称“壹基金”)的实践，具有明显的开拓性和创新性。

壹基金自2007年成立以来，就一直将灾害救助作为自身的重要业务之一。壹基金先后参与了国内外两百多次的各类灾害救援，长时间参与汶川地震、玉树地震、芦山地震、鲁甸地震等重大灾害的灾后重建，并在2012年启动防灾减灾项目的研发与实施，逐步形成了聚焦灾害管理的全链条的业务布局和发展策略。特别是芦山地震之后，壹基金理事会批准，将灾害管理作为机构的核心业务，更加快了壹基金在社会组织参与灾害治理领域的专业化发展。壹基金全面参与灾害治理的实践，无论是组织和动员社会参与方式，还是在对具体问题的解决上，都是社会组织参与灾害治理的一个典型案例。对壹基金参与灾害治理的实践进行梳理和分析，具有重要的实践参考和理论建构价值。

2. 壹基金参与灾害治理的框架

灾害治理是壹基金的核心工作领域。壹基金在自然灾害的灾前、灾中、灾后的三个阶段开展防灾减灾、备灾救灾、安置重建工作，常态化地对中国常规多发的洪涝、地震、凝冻、干旱等中小型自然灾害和突发重大灾害开展人道主义赈灾行动，以促进灾区儿童及困难群体获得有尊严的基本生活。同时通过支持社会组织、学术机构开展培训和研究项目，有效提升国内灾害管理领域社会组织的能力、促进行业发展和完善议题政策。壹基金在灾害救助领域的重点工作为：儿童减灾教育、紧急救灾、过渡安置及灾后重建（见图 1）。

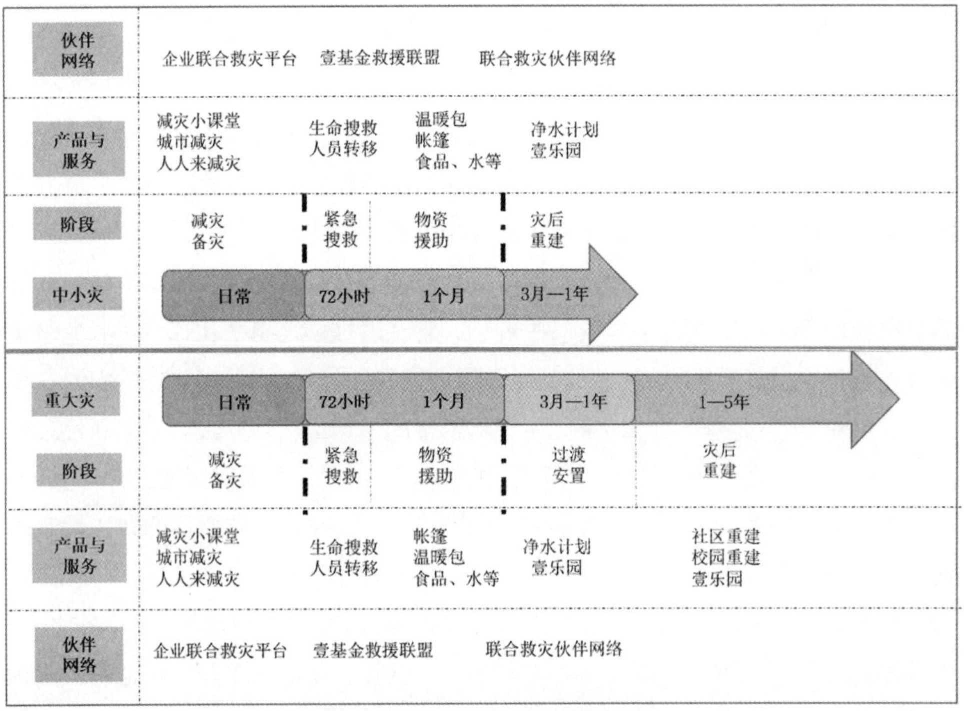

图 1　壹基金参与灾害治理工作框架

2.1 将灾害分为“两大类三阶段”

壹基金将灾害分为两大类：重大型灾害和中小型灾害。重大灾害发生时，往往伴随着“举国体制”的启动，社会组织参与也呈现出“井喷式”的参与，但中小型灾害范围更广、频率更高、社会关注更少。所以，壹基金针对这两类灾害制定了不同的干预策略，将对中小型灾害的救援作为常态工作，并倡导社会更多关注中小型灾害下受灾群体的需求，建立以省为单位的民间联合救灾机制，常态化地回应省内多发的中小型灾害。重大灾害由于其突发性，则作为常规备灾的特殊考虑。同时，壹基金将灾害分为“灾前”“灾中”和“灾后”三个阶段，分别设置了“防灾减灾部”“备灾救灾部”“安置重建部”三个业务部门对应负责，开展灾前的防灾减灾，灾中的备灾救灾，灾后的安置重建等业务。

2.2 三阶段对应“三个公益计划”

“灾前”“灾中”和“灾后”三个阶段，对应的社会问题及需求都不同，壹基金通过开展基线调研梳理这些问题与需求，并启动三大公益计划分别进行回应。灾前为“防灾减灾公益计划”，主要回应儿童的减灾与安全教育的需求；灾中的“备灾救灾公益计划”，主要回应中小型灾害下儿童及其他困难群体的需求；灾后的“安置重建公益计划”，主要回应灾后儿童的需求和灾后家园重建。三个公益计划覆盖灾害的不同阶段，形成壹基金参与灾害治理的业务闭环。

2.3 公益计划通过项目产品实施

在三个不同的公益计划之下，针对不同灾害下的不同需求，壹基金研发了一系列的项目产品用于回应。防灾减灾公益计划之下，有针对学校综合减灾的“减灾示范校园”、针对儿童减灾教育的“减灾小课堂”和针对公众教育与倡导的“人人来减灾”；备灾救灾公益计划之下，主要的救灾产品是针对灾区儿童的“温暖包”，也包括帐篷、食品、水、彩条布、睡袋等其他灾区常用物品；安置重建公益计划下，主要包括“钢结构抗震农房”“抗震减灾示范校园”“减灾示范社区”等项目。这些具体项目及产品的实施，支撑着三大公益计划的落地。

2.4 通过网络的手法促进行业发展

壹基金基于“尽我所能，人人公益”的理念，成立“壹基金企业联合救灾平台”，推动企业积极参与灾害治理业务，特别是在备灾救灾上发挥着重要作用。

成立的“壹基金救援联盟”和“壹基金联合伙伴网络”，通过提供资金、培训和必要物资设备，成为执行项目的主要伙伴。这两大伙伴网络也吸纳了数百个公益组织和民间救援队，在实践行动中不断积累经验和提升专业能力，成为参与灾害治理的重要主体。特别是壹基金在全国14个省建立的联合救灾网络，逐步发展成为以省为单位的专业枢纽机制，有效回应本省的中小型灾害，并逐步拓展到灾害治理的综合业务。

3. 灾前：关注儿童安全，培育安全之根

在“灾前”的防灾减灾公益计划中，主要以儿童为主要目标群体，以减灾教育为主要内容，通过支持民间救援队、公益组织、教育机构等社会力量进入社区和学校开展“减灾示范校园”“减灾小课堂”“人人来减灾”三个方面的活动，有效提升灾害高发地区儿童应对灾害及日常安全风险的能力，维护儿童的安全。见图2。

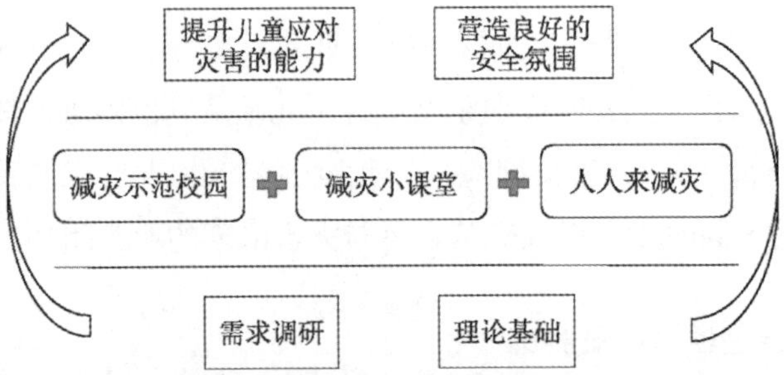

图2 壹基金防灾减灾工作图

3.1 需求调研——儿童应对灾害的能力偏低

据壹基金《城市儿童安全现状调查报告》显示，城市生活的儿童中，在过去5年里，有69.1%儿童遭受过灾害或意外伤害。据人民网报道，农村的留守儿童在过去一年里，有49.2%的儿童遇过意外伤害[5]。根据2014年12月完成的《壹基金减灾示范校园项目学校需求调研报告》显示，自汶川地震以来虽然雅安市农村小学在灾害风险管理方面取得了一定的进步，但也存在显著不足：地方课程内容较宽泛，教学不够深入，学生从其中学习到的减灾知识只占16%；广大师生的防灾素养整体偏低。另外，学校还表示防灾应急设备设施不健全，减灾教育缺乏长期的外在支持等。综合来看，儿童应对灾害及日常风险的能力偏弱，成为全

社会普遍关心的问题，需要社会力量参与解决。

3.2 理论基础——培育儿童安全之根

减灾教育的根本目的，是提升人们应对自然灾害的能力，从而降低灾害所带来的伤害和损失。应对灾害及日常风险的能力的核心是行动和实践的能力。建构主义的学习理论认为，知识并不能提供对任何活动或问题解决都实用的方法，在具体的问题解决中，需要针对具体问题的情景对原有知识进行再加工和再创造。真正的理解只能是由学习者自身基于自己的经验背景而建构起来的，取决于特定情况下的学习活动过程，理想的学习要素包括情境、协作、交流和意义建构四个部分。另一方面，减灾教育犹如一棵“树”，态度、兴趣和热情是“树根”，思考力、行动力和表现力是“树干”，知识、方法和技能是“枝叶”。知识、方法和技能的掌握固然重要，但只有培育起儿童对防灾减灾的兴趣和热情，增进儿童对不同情境的分析、思考和行动能力，才是减灾教育的根本目的，这就是培育儿童的“安全之根”。

3.3 减灾示范校园——建立校园减灾新模式

2006 年联合国教科文组织及国际减灾战略在巴黎总部发起“减灾始于学校”的活动，减灾从校园开始已是国际共识。壹基金依托芦山地震灾后重建项目，在雅安启动了 100 所减灾示范校园建设，希望通过四个方面的干预，提升学校师生应对灾害及日常风险的综合能力。1. 教师培训。项目通过针对校长、骨干教师及普通教师三层面的培训，提升学校教师的总体能力；2. 儿童减灾教育。项目与雅安市现有《生命生活与安全》课程中的安全减灾课相结合，融入参与式教学理念和互动体验式教学方法，开发适合本地的减灾教育课程，同时激励更多科目教师共同创新，探索小学不同科目中融入减灾教育的途径和方法。3. 校园安全文化建设。项目通过为学校提供减灾主题活动手册、经费支持和技术培训，推动学校开展丰富多彩的减灾主题活动，营造安全的校园文化氛围。4. 校园应急与风险管理。项目为此在学校中配备应急物资、开展应急演练、识别校园风险并处理等不同方式，提升学校应急与风险管理的能力。

3.4 减灾小课堂——培育儿童安全之根

减灾小课堂是按照逻辑相关联的五节课程构成，分别是：“认识灾害”“了解环境”“识别风险”“设计行动”“实践行动”。这五节课可以与任何一种突发自然灾害相结合，比如地震、火灾、洪水、泥石流、台风、雪灾等，演绎成为针对某一特定灾害类型的五节课。由于自然灾害具有很强的地域特点，每个学校面临的主要灾害类型也不同，所以减灾小课堂需要让老师和学生根据当地实际需求，选择危害度最高的灾害类型，并结合当地的灾害案例开展教学。“减灾小课堂”通过为儿童提供开放的、参与的、实践的减灾教育课程，努力提升儿童应对灾害的能力，有助于降低灾害对儿童的影响。同时，项目设计出减灾教育盒子、减灾教育笔记本和儿童应急包，作为减灾教育的工具。通过两年的项目实施，总共与 80 家公益组织合作，对中西部十多个省的 47174 名儿童提供了减灾小课堂教学。通过专家评估发现，97.64% 的项目班学生认为在减灾小课堂上学到的知识技能对自己应对灾害有帮助，有 64.02% 的学生曾检查过家里存在的安全隐患，51.56% 的学生曾检查过校园里存在的安全隐患。

3.5 人人来减灾——倡导公众参与减灾教育

2014 年 5 月 12 日，是我国第六个防灾减灾日，壹基金实施了以公众减灾教育为主要内容的倡导活动。活动以“人人来减灾”为主题，依托壹基金伙伴网络和新媒体，借助壹基金减灾项目实践所总结出来的经验，开展多种公众参与的倡导活动，推动公众审视身边的灾害风险，提升应对灾害的能力。为了让“人人来减灾”活动更好地契合公众的需求，项目采取了三个主要的活动策略。首先，关注公众身边的灾害风险点，拉近灾害与个人之间的距离，让他们意识到灾害就在身边。其次，借助壹基金救灾合作伙伴网络，开展落地的宣传倡导活动。最后，采用新媒体形式进行线下线上互动，让活动通过新媒体传播产生更大的影响。根据统计，共有 19 个省的 463 支团队响应了活动，这些团队包括民间救援队、社会公益组织、大学生团队等，开展了 203 次各类落地活动，61804 人参与活动，直接影响 717595 人。共发布微博 12574 个，其中多位明星和政府门户网站进行了转发，共有 893 万的阅读量，媒体直接报道 92 次。

4. 灾中：联合社会力量，救援中小灾害

在“灾中”的备灾救灾公益计划中，搭建由民间专业救援队、灾害管理机构和践行社会责任的企业等联合组成三大赈灾伙伴网络，分别为“壹基金救援联盟”“壹基金联合救灾”和“壹基金企业联合救灾平台”。采取“提前备灾、联合行动、快速救援”的策略，通过建立属地化社会力量灾害应急机制，以本地民间

和专业力量为主，分别针对重大灾害和中小型灾害，主要面向儿童及其他困难群体开展紧急救援和赈灾行动，同时推动社会组织参与灾害管理及民间救灾工作的行业发展。见图 3。

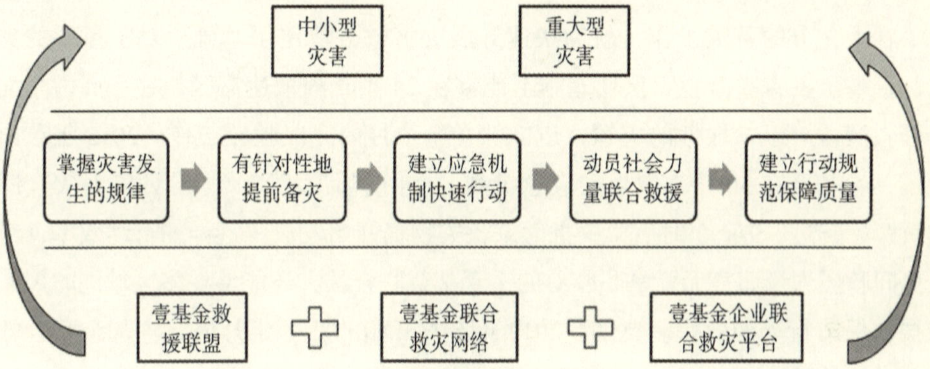

图 3　壹基金备灾救灾业务图

4.1　研究灾情，掌握灾害发生规律

重大自然灾害多为突发性灾害，难以预测和有针对性地防范（比如汶川地震、玉树地震、舟曲泥石流、芦山地震等）。但中小型灾害主要以气象灾害为主，凝冻雪灾、旱灾与洪灾是最为普遍性的灾害类型。根据国家减灾委 2011 年公布的数据，这三类灾害所造成的损失占到所有灾害损失的 80%,2012 年占到 47%。中小型灾害具有明显的地域分布规律，比如凝冻灾害 70% 左右发生在贵州，也具有很强的时间规律，比如洪灾主要发生在 5—9 月份。据此，壹基金确定了 14 个灾害频发省为策略重点省份，并按照灾害发生的时间规律，制定了冬春季开展凝冻灾害救援、春夏季开展旱灾救援、夏秋季开展洪灾救援的三大救灾任务，并随时准备应对任何突发重大灾害。

4.2　提前备灾，有针对性地储备救灾物资

在掌握了灾害发生的基本规律之后，就会开展有针对性的备灾行动。首先，推动各省建立以省为单位的民间组织联合救灾行动网络和灾害响应机制，开展了系列能力建设培训，具备随时启动联合救灾行动的机制和能力。其次，在灾害来临之前，依据国际人道主义赈灾标准及灾害中困难群体的需求设计、定制和采购好备灾物资。凝冻灾害救援中，主要是针对儿童的冬季温暖包；洪灾救援中，储备洪灾温暖包、帐篷、水等；针对突发性大灾，常年储备救灾帐篷、彩条布、睡

袋等。最后，壹基金支持15省民间联合救灾网络在其省内设立备灾仓库，储备有针对性的救灾物资。

4.3 快速救援，及时回应突发灾情

有了充分的备灾工作，就为快速开展灾害救援奠定了基础。对于重要的灾情，壹基金各省联合救灾伙伴基本上能够在24小时内抵达灾区，在一周内全面展开救援；对于一般性的灾情，也能够在半个月内完成救援工作。2013年芦山地震，壹基金在30分钟内启动应急机制，1小时后凉山、贵阳、西安备灾仓库物资开始起运，9个小时后第一批大宗救灾物资开始发放。这样的行动效率，对于民间救援力量而言无疑是不容易的。壹基金联合救灾还能够在多区域同时展开救援，保障行动的效率。比如，2012年5月开始的三个半月内，壹基金联合救灾共开展救援行动21次。

4.4 联合行动，建立跨区域响应机制

由于灾情有大有小，各地伙伴网络救灾能力有强有弱，所以灾害救援中逐步建立了跨省联动响应机制，这成为联合救灾的一个重要特点。在2011年凝冻灾害救援中，共开展联动响应灾害救援2次，分别由贵州伙伴前往湖南和广西协助开展救援；2012年，在旱灾中，联动响应救灾1次，由四川和贵州的伙伴深入云南旱灾灾区，协助开展救援；在洪灾救援中，贵州伙伴、广西伙伴前往云南协助开展救援，陕西伙伴前往湖北救援；2013年芦山地震中，来自全国10个省的救灾伙伴齐聚雅安，建立一个救灾指挥部、两个仓库和三个县级工作站，联合开展救援行动。跨省联动机制的优势在于，一方面集中人力物力应对较为严重的灾情，另一方面弥补了当地公益组织能力不足的问题。

4.5 规范管理，制定统一行动手册

由于联合救灾中有不同的行动主体，针对不同的灾情而开展救援行动，过程细碎而复杂，没有统一的救灾流程与规范难以保障行动的高效和专业。所以，在灾害应对过程中，我们不断建立和完善规范的救灾流程。壹基金建立了五级灾害应急影响机制，针对不同灾情，启动不同规模的响应行动，并明确了各行动主体的权责关系。同时，制定了救灾行动工作手册，包括建立了一套工作流程表格，比如灾情评估表、物资申请表、仓库出入登记表、总结报告模板等，指引救灾行动的规范化操作，保障救灾行动的质量。

4.6 行动效果，围绕中小灾害开展

2014 年 1—12 月期间，壹基金联合救灾的伙伴在云南、贵州、四川、重庆、陕西、甘肃、湖南、江西、安徽、辽宁、广东、广西、海南、黑龙江、新疆 15 个省区市响应救援行动 68 次 288 天，覆盖人群 643127 人次，共计参与机构 608 家，参与救灾行动志愿者 5322 人次，全年 78.9% 的时间在开展救灾工作。根据国家减灾委办公室公布的“2014 年全国十大自然灾害事件”，壹基金联合救灾的伙伴参与所有 10 次自然灾害的回应。2014 年没有发生重大型灾害，壹基金的全年救灾行动都是围绕中小型灾害开展，有效回应了灾区儿童及其他困难群体的需求。

5. 灾后：以防灾为核心，重建韧性家园

“灾后”阶段的公益计划为“安置重建公益计划”。在中国地震灾害多发地区的重大自然灾害发生后，壹基金配合各级政府部门，联合国际和国内领先的科研及灾后重建等领域的专业人士和机构，开展以防灾减灾为主导思想的灾后重建工作，帮助灾区群众实现平稳过渡安置，恢复重建家园，并提升当地学校和社区应对灾害的能力。该公益计划，重点实施减灾示范学校和幼儿园、抗震农房和社区减灾中心等项目。见图 4。

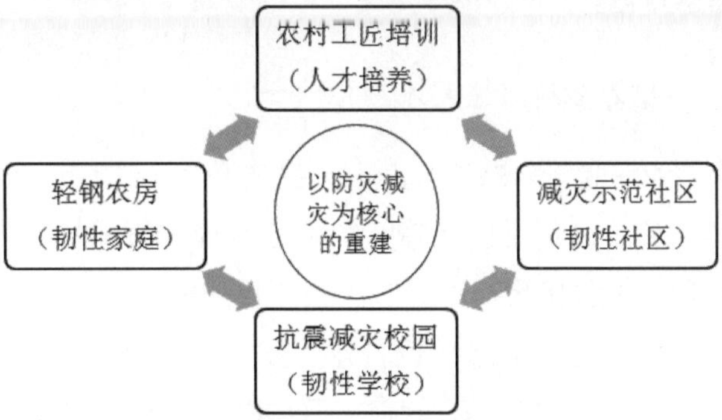

图 4　壹基金安置重建业务图（部分）

5.1 需求分析——重建韧性家园意义重大

1996—2003 年的国内 7 次重大地震中，房屋建筑损失占总直接经济损失的 77.79%。[6] 芦山地震中该比例为 50.27%。其中农房所占比例都是最高的。对 20

世纪死亡人数在1万人以上的全球重大地震进行统计，至少75%的人员死亡都是由于各类建筑物倒塌造成的，砖石结构建筑造成的伤亡最严重。[7]芦山地震之后，根据我们超过3个月的调查评估发现，即使经历过汶川地震，雅安地区的防灾能力仍然偏弱，具体问题和需求包括：1. 村镇建筑物的倒塌和破坏是造成此次地震人员伤亡的主要原因，强震带上农房在地震来临时往往起不到应有的安全保护作用，无法抵御地震对生命和财产的威胁。2. 强震带上的学校在校舍设防标准、建筑质量和应急准备上往往存在不足，学校在面临地震风险时脆弱性强。3. 学校师生、村民及公众防灾意识淡薄，缺少足够的防灾知识和训练。

5.2 重建规划——以防灾减灾为核心

通过基线调研、专家咨询、多方讨论，壹基金制定了《壹基金芦山地震灾后援建项目计划》（以下简称“重建规划”），并在2013年8月15日召开理事会讨论并通过。“重建规划”确定的总目标为：“我们将抗震防灾作为援建工作的中心，不仅努力帮助灾区家人尽快恢复生活，同时不断增强灾区的防灾能力，防患于未然。另外，我们还以灾区家人实际需求为援建基础，自愿接受为援建前提，充分参与为援建方法，为专业的防灾减灾机构、民间单位、专家和个人搭建工作平台，推广先进的抗震防灾技术和倡导先进的防灾文化，因地制宜地规划和建设安全、经济和舒适的韧性家园，提高援建社区的抗震防灾能力，为更广阔的强震带区域提供示范作用。”简言之，以防灾减灾为核心，重建韧性家园成为壹基金芦山地震援建的基本目标。

5.3 工匠培训——培养乡村建筑人才

我国绝大多数农房建设忽略地基勘察，建筑无设计或无证设计，修建的时候无正规施工队伍，施工质量难以保障。[8]非正规建造方式导致农房建造的各环节均不能保证质量，是农房易损度高、震害严重的根本原因。4·20芦山地震发生后，壹基金跟雅安市住建局等单位合作，在灾区开展了2期农村工匠培训项目，培训分理论、实操和考核三部分完成，注重工匠施工的规范性。基于实地培训，项目还制作了针对4·20芦山地震灾区的农房重建规范化施工科教视频，发放到每一个工匠学员，同时在各区县电视台播放和50个重建点播放。历时3个月，工匠培训分别在芦山县、宝兴县、天全县、雨城区、荥经县等5区县的9个乡镇开班，累计17期培训班，培训学员2054名，通过考核获得专业职业证书的学员1879名，工匠满意度超过97%。这些经过培训的乡村工匠在芦山地震灾后重建中对农房重建发挥了重要的抗震性能保障作用。

5.4 钢结构农房——重建韧性家庭

针对农房结构不合理的问题，在重大地震灾后重建中，提供资金补助，建立政府、企业、NGO、农户等各方协作的平台，以困难农户帮扶和集中示范点建设作为两个主要方向，帮助受灾农户建设钢结构抗震农房，并通过媒体报道等方式倡导农房结构改善。芦山地震灾害重建中，壹基金选择了钢结构抗震农房，主要是基于以下考虑：1. 成本更低，更接近钢混结构建筑成本；2. 国内市场相对成熟，可选企业和技术更多；3. 有国家行业标准，技术更成熟；4. 能通过农户自建的方式保障农户参与权。截至 2014 年年底，壹基金在雅安灾区援建钢结构房 345 套。同时，该经验也被大量应用在鲁甸地震重建工作中。壹基金也是国内唯一关注地震带上农房抗震性能提升的公益组织。

5.5 学校援建——重建韧性校园

在日本，学校是一个非常重要的避难场所，通常学校的抗震设计标准都高于周边的居民住宅。雅安的学校在规划设计时，缺少应急减灾方面的规划和具体设计，在发生灾害的时候，学校会成为灾民安置点，但应急供餐、供水、供电、厕所、卫生环境等基础设施缺失，难以承担应急避难的功能。我们认为，校园绝对不应是钢筋水泥简单堆砌出来的呆板火柴盒，而应该成为促进儿童全面发展的场所、社区的活动中心，并且在灾难发生时，它还要作为最坚固的民用设施，为受灾群众提供庇护所、成为避难场所——不管是精神上还是物质上，学校都应是一个稳固的社区结构中最内核部分。基于此理念，壹基金邀请台湾设计师进行学校的规划设计，在灾区援建了 8 所抗震减灾示范校园。

5.6 社区重建——建设韧性社区

对雅安 4 区县 23 个重灾乡镇 41 个村庄调查，需要重建的社区服务中心有 27 个，占 65%。多数村民的临时安置点不规范或条件差，存在公共环境、卫生及安全隐患等问题，困难人群难以特殊照顾。壹基金启动社区减灾中心援建项目，希望提高社区应对灾害的公共能力，减轻未来潜在灾害可能造成的损失。社区减灾中心采取平时和灾时两用的策略，在平时作为社区的公共生活与服务中心，在灾害发生时，将承担“灾害指挥中心 + 备灾中心 + 减灾教育中心 + 临时安置点”等多种功能。同时，壹基金正在启动依托社区减灾中心，辐射所有家庭的社区减灾项目规划，希望依托该中心提升社区整体应对灾害的意识和能力。目前正在建设的社区减灾中心12个。

6. 社会力量参与灾害治理的创新

通过以上对壹基金参与灾害治理实践的描述和分析，我们能够看出社会组织在灾害治理中扮演着越来越重要的角色，正在从自愿性到专业性，从单个组织到联合行动，从单一事件干预到全周期干预的转变。结合壹基金的实践探索，笔者认为社会组织参与灾害治理在以下方面，已经或正在形成独特优势，体现出社会创新的价值。

6.1 基于服务困难群体参与灾害治理

社会组织的公益性决定了其参与灾害治理议题时更关注困难群体所面临的问题与需求，将困难群体服务与灾害治理相结合。比如，在灾前阶段，更注重对儿童等困难群体的减灾教育，在紧急救援阶段更注重儿童、妇女、老人、困难户等群体的需求，在灾后安置和重建阶段，更注重重灾户和困难户的需求等等。另外，中小型灾害中受灾人群所面临的困难与需求，容易成为被关注的盲区，也逐步成为社会组织重点关注一个议题。

6.2 能广泛吸纳社会力量参与的实践

社会组织的自愿性决定了在应对灾害议题时，具有广泛的社会动员能力，能为其他社会力量参与提供机会和平台，从而激发和凝聚社会力量有效参与灾害治理。比如，分散的志愿者可以通过社会组织来聚合，不同类型的公益组织可以通过枢纽型组织或基金会得到聚合，企业及其员工可以通过捐款或作为志愿者参与。

6.3 不断分化与不同融合的工作策略

为了推动灾害议题的专业化发展，基于灾前、灾中、灾后的不同阶段，进行组织功能设定和项目设计，成为社会组织经常采用的一种策略。在对灾害治理不断分解和细化的实践过程中，相互融合的趋势也逐步增加，比如，在灾害紧急救援过程中，一些社会组织就开始发放防灾小手册，在灾后重建中，注重防灾减灾与重建的融入，在日常的防灾减灾中，又强调应急演练和预案的制定。

6.4 在减灾实践上的探索与创新

在解决具体问题上，社会组织相比政府部门，具有更加灵活，更易创新（创新成本更低）的优势。从基于壹基金的实践可以看出，开发了适合志愿者参与的“减灾小课堂”，探索以减灾教育为核心的“减灾示范校园”，开展致力于培育乡村建筑人才的“农村工匠培训”，探索旨在提升住房抗震性的“钢结构抗震农房”，等等，都体现出社会组织参与灾害治理的创新特性。

6.5 立足当下需求，谋求可持续发展

基于需求评估并制定项目内容，是社会公益组织设计项目的普遍策略。所以，项目一旦启动实施，将能够优先满足目标人群的当下需求，这在灾害紧急救援中体现得更为充分。但同时，社会组织的项目活动，也注重可持续发展与长久受益，谋求当下需求与长久受益的结合。比如，抗震农房重建，既满足了灾民当下的住房重建的需求，也提升了未来应对地震风险的能力。

参考文献

[1]这是全球治理委员会对“治理”概念的界定，括号内的内容为笔者所加，用于解释灾害治理的概念。原文引自：俞可平．治理与善治［M］．社会科学文献出版社 .2000:270-271.

[2]康晓强．公益组织参与灾害治理研究［D］:［博士学位论文］．上海：复旦大学，2010:7-9.

[3]毛寿龙，蔡长昆，风险、制度环境与自然灾害治理：基于社会 – 生态系统 (SES) 的分析［J］．武汉理工大学学报（社会科学版），2015 (1).

[4]邓国胜．中国 NGO 问卷调查的初步分析。

http://www.usc.cuhk.edu.hk/PaperCollection/Details.aspx?id=1676.

[5]人民网，去年 49.2% 留守儿童遭遇过意外伤害。

http://legal.people.com.cn/n/2014/1130/c42510-26120069.html.

[6]葛学礼，王亚勇，朱立新．建筑抗震设防是减轻地震灾害的根本途径［J］．工程抗震 ,2003(6).

[7]傅征祥，李革平．地震生命损失研究［M］．地震出版社，1993.

中国以社区为本的地震抗逆力建设：一项具有启发性的研究调查 *

沈文伟 [1]，Lena Dominelli[2]，崔珂 [3]
（1. 香港理工大学 – 联合国减灾署合作项目；2. 杜伦大学；3. 香港理工大学）

摘要： 减轻灾害风险是中国亟待关注的重大问题之一。应对这些问题，需要研究来探索已实施的措施以及进一步的可能措施。本研究的关注点在公民社会组织如何支持中国本土的社区发展灾害抗逆力，并指出继续推进本领域工作的方法。本研究使用专门设计的问卷，对在中国西南地区开展［社区为本］防灾减灾的部分社会公民组织进行了调查。

关键词： 社区为本，防灾减灾，社会公民组织，地震

1. 研究背景

减轻灾害风险是中国关注的主要问题之一，因为中国频繁发生地震、滑坡、泥石流、极端天气等自然灾害以及城市化造成的空气污染、水污染、土壤污染等人为灾害 (ISDR, 2015; Qin, 2015)。为了更好应对这些问题，需要通过研究来探索已经实施的措施以及可以进一步改善情况的可能措施。本研究的关注点在于社会组织是如何支持中国本土的社区发展灾害抗逆力的，并强调进一步推进本领域工作的方法。本研究使用"地震无疆界（Earthquake without Frontiers）"社会科学中国团队成员（Lena Dominelli, Katie Oven 和沈文伟）所设计的问卷，对部分在中国开展社区为本防灾减灾（Community-based Disaster Risk Reduction［CBDRR］）的公民组织进行了调查。

* 该文章的英文版将由英国伦敦的 Overseas Development Institute 出版，中文版也将由社会科学文献出版社出版。

2. 研究方法

研究问卷的设计参考了妇源汇与世界宣明会的意见。妇源汇是陕西省当地的一个非政府组织，世界宣明会是一家国际性的非政府组织，在陕西省设立有办公室。2014 年 9 月，妇源汇协助将问卷发放给在中国西南地区开展工作的 39 个社会组织。其中，27 个组织一共发回 33 份完成的问卷，因此从组织数量来看，问卷回收率为 69.2%，从问卷数量上看，回收率为 84.6%。另外 12 个组织没有回复，一是因为遗忘，二是因为他们正在参与 2014 年 8 月 3 日发生的云南鲁甸地震的相关工作。

因为关于社区为本防灾减灾工作实际开展情况的信息非常少，所以本调查的主要贡献之一即是展示了该领域的一些关键性实践。然而，因为本调查覆盖范围小，调查结果需谨慎对待。本文作者建议将该调查看作启发式的，通过它辨识出一些值得进一步研究的趋势。参与调查的社会组织的调查结果将在下一节的表格中集中展示。为保证匿名性，文中不会提到任何组织的名称，而是统称为社会组织。

3. 调查结果

3.1 组织结构

在回答了问卷的社会组织当中，来自本土慈善组织的资金占总数的 70%，而来自国际非政府组织的资金占 30%。国际慈善捐助占总资金的 3%，来自香港、台湾、澳门的捐助占 15.2%，人道主义来源的资金占 12.1%。此外，虽然中央政府没有为这些组织提供资金，但是来自当地政府的资金占到了 9.1%。数据显示，一个防减灾项目的平均预算为 74136.56 元，最低预算为 10000 元，最高预算为 600000 元。将近一半（45.5%）的防减灾项目预算不多于 15000 元，如表 1 所示。

表1　防减灾项目的资金来源

	中央政府	当地政府	当地慈善资金	国际慈善资金	国际NGO	香港、台湾、澳门的援助	其他国家的援助	国际组织的援助	慈善家	其他
频率	0	3	23	1	10	5	0	0	4	3
百分比（%）	0	9.1	69.7	3.0	30.3	15.2	0	0	12.1	9.1

N=33

注：总百分比大于100，因为该问题为多选。

这些防减灾项目里有来自各行各业的专业人士，包括自然科学家、社会科学家，以及人文艺术方面的专家。社会科学家的数量与自然科学家、人文艺术的专家的比例大约为2∶1，如表2所示。

表2　专业人士参与

	自然科学	社会科学	人文艺术	其他
频率	12	21	11	12*
百分比（%）	36.4	63.6	33.3	35.5

N=33

*9个组织提到了医生、护士和有医学背景的工作人员；3个组织提到了教师。

注：总百分比大于100，因为该问题为多选。

这些组织表示它们使用了跨专业的工作方法，以便于项目利用更多方面的专业知识。专家包括地震学家、地质学家、工程师、地理学家、精神医师、心理学家、社区发展工作者和社会工作者。这些专业人士的参与使得项目能够满足当地需求。然而，数据没有说明这些专业人士是来自不同专业且各自独立工作的，还是项目有一个跨专业的工作团队，所有人一起工作和解决问题。这些答案里面也没有提到信息收集过程中共同的知识产出、当地社区的参与或者共享知识的行动。有趣的是，在社会科学这一类别中，社工是最大的一个群体，而精神医师是最小的一个群体。在自然科学这一类中，各行业专家的数量更为平均，而地震学家和地理学家是最大的两个群体，如表3所示。

表 3 跨专业合作

	地震学家	工程师	地理学家	地质学家	精神医师	心理学家	社会学家	社区发展人员	社工	其他
频率	6	5	5	6	2	6	6	9	17	1*
百分比（%）	18.2	15.2	15.2	18.2	6.1	18.2	18.2	27.3	51.5	3

N=33

* 教师和民政部门的工作人员有被提及。

注：总百分比大于 100，因为该问题为多选。

在一个防灾减灾项目中，雇员的平均数量为 2.58 人，最少的为 1 人，最多的为 7 人。同时，志愿者的平均数量为 13.58 人，最少的为 0 人，最多的为 83 人。

表 4 与其他 NGO 的合作

	有	没有
频率	24	4
百分比（%）	85.7	14.3

N =28

注：5 个组织没有回答这个问题。

数据还显示，57.7% 的防灾减灾项目与参与本调查的社会组织之外的机构合作过。此外，13.3% 的项目提到他们有计划与其他机构合作；80% 提到与本土慈善机构的合作；40% 提到与当地政府部门的合作；20% 提到这样的合作能够让他们整合资源、提高效率；6% 说他们想通过合作来得到技术支持或者有效评估。在那些没有与其他机构合作的组织中，22.2% 提到寻找合适的合作伙伴并非易事；11.1% 有资源短缺造成的一些问题。然而，有相当一部分（27.7%）项目提到说，与这些社会组织已有合作关系为他们活动的开展提供了足够的支持。

3.2 组织活动

参与调查的这些组织表示，针对灾害过程中的几乎所有阶段，他们都有相关的项目。然而，大多数的项目是针对防灾的，虽然及时灾害恢复和长期重建也有一定的体现，如表 5 所示。

表5 项目与灾害不同阶段的联系

	防灾	及时灾害恢复	短期恢复(不超过3个月)	中期恢复(3个月到12个月)	重建(12个月以上)
频率	31	14	7	9	12
百分比(%)	93.9	42.4	21.2	27.3	36.4

N=33

注：总百分比大于100，因为该问题为多选。

大多数（75%）防灾减灾项目关注地震、洪灾和火灾；54.5%关注滑坡；20%关注冰雹、冻灾和旱灾；9.1%关注泥石流。

表6 关注的灾害类型

	地震	洪灾	火灾	冻灾	滑坡	冰雹	旱灾	高温灾害	其他
频率	25	25	26	7	18	10	9	4	3*
百分比(%)	75.8	75.8	78.8	21.2	54.5	30.3	27.3	12.1	9.1

N = 33

* 这三个防减灾项目提到泥石流。

注：总百分比大于100，因为该问题为多选。

数据显示，22个防减灾项目的目标是为儿童开展课程，以增进他们对灾害的认识、意识和应对技巧（66.6%）。大多数防减灾儿童教育项目来自“减灾小课堂”（壹基金）。这一方法有以下五个目标：1. 使儿童了解灾害知识、灾害预防，以及在灾害中自救与互救；2. 提升学校对防灾、减灾教育必要性的意识；3. 减轻灾害对儿童的负面影响；4. 提升政府、NGO、社区居民的社会意识，使其重视儿童应对灾害的教育；5. 通过儿童，向家庭和社区推广应对灾害的知识和技巧。这些项目的常用活动形式包括参与式课堂讲授、从地图上寻找最佳逃生路线、安全演练、了解周边环境中的隐藏资源或隐患、发放防减灾教育资料，以及为儿童提供心理援助。

这些基于社区的项目的主要目标是促进灾害恢复和重建、增强社区防减灾能力、维修和完善灾害相关的设施、培训防减灾人员，以及建立灾害预警机制。相关活动或服务包括社区防减灾教育、组织防减灾志愿者队伍、培训防减灾专业团队、发放救灾材料、协助重建当地基础设施或民房、与当地政府合作建立灾害预警站、制定应急预案，以及开展演练。

在这些防减灾项目当中，74.2% 主要针对学校教育；64.5% 针对医院、学校和诊所；41.9% 针对环境破坏；25% 针对健康、住房或基础设施；20% 针对气候变化和生计。

表 7　项目工作范围

	气候变化	生计	健康	教育	住房	医院、学校、诊所	基础设施	环境破坏	其他
频率	6	6	8	23	9	20	9	13	1*
百分比(%)	19.4	19.4	25.8	74.2	29.0	64.5	29.0	41.9	3.2

N=33

* 文化

注：总百分比大于 100，因为该问题为多选。

此外，大多数防减灾项目（24 个）有提供防减灾教育。在这些项目当中，有 22 个主要针对儿童和学校，而只有 2 个是面对整个社区的。

这些项目分布在中国内地的不同地区，主要是在西部省份。具体说来，在所有项目之中，7 个在陕西省，4 个在云南省，4 个在四川省，3 个在甘肃省，2 个在重庆。也有一些项目在东部省份，比如安徽省、辽宁省和江西省。此外，大多数（78.8%）项目的防减灾工作在农村地区开展，而 18.2% 的项目在城市和农村都有开展工作，但是参与调查的组织都没有在城市社区开展工作，如表 8 所示。这一现状突出显示了该领域应该在未来得到发展和研究。

表 8　防减灾项目的分布地点

	城市	农村	县	城市和农村结合	不确定
频率	0	26	1	6	0
百分比（%）	0	78.8	3	18.2	0

N=33

3.3　防减灾项目的受益者

这些防减灾项目的服务对象的平均数量为 1199.28 人，最少为 0 人，最多为 10000 人。数据显示，93.9% 的防减灾项目使学校获益；72.7% 使儿童和青少年获益；54.5% 使整个社区获益。有趣的是，20% 的防减灾项目称它们将会有益于妇女、少数民族、当地政府和非政府组织；18.2% 关注有需要的个人；9.1% 服务于残疾人；6.1% 关注外出务工人员。在这一方面，调查结果显示，有一些实际实施的活动针对的是个别地区或人群的不同需求。这就表明，针对这些人群的政策缺失并没有成为他们接受必要信息和资源的阻碍；相反，这将有助于他们在面对灾害时通过发展自身能力来提高抗逆力。

表 9　项目的受益人

	整个社区	学校	儿童和青少年	妇女	残疾人	少数民族	外出务工人员	有需求的人	当地政府	NGO	其他
频率	18	31	24	7	3	11	2	6	12	8	1
百分比(%)	54.5	93.9	72.7	21.2	9.1	33.3	6.1	18.2	36.4	24.2	3

N = 33

注：总百分比大于 100，因为该问题为多选。

3.4　防减灾项目的有效性和研究能力评估

大多数防减灾项目（55.2%）表示自己有一个基准线，可以从它来评估项目的有效性。在这些项目当中，86.7% 收集了口头反馈；65.6% 称自己进行了正式评估。

表 10　评估项目的有效性

	频率（是）	百分比（%）
该项目是否有基准线以评估其有效性？ N=29	16	55.2
该项目是否有口头反馈？ N=30	26	86.7
该项目是否有正式评估？ N=32	21	65.6

在那些防减灾项目开展的评估当中，92.3% 是针对服务对象；80.8% 针对机构成员；65.5% 为志愿者；61.5% 为其他 NGO 的员工；15.2% 为政府官员；11.5%

为外部顾问。

表 11 项目评估的参与者

	服务对象	机构成员	其他NGO的员工	政府官员	志愿者	外部顾问	其他
频率	24	21	16	5	17	3	0
百分比（%）	92.3	80.8	61.5	15.2	65.5	11.5	0

N= 26

仅有一小部分（27.3%）参与调查的防减灾项目进行了基本的研究。研究目标包括项目评估、社区灾害管理、改善和推动儿童防减灾教育、基于损失数据的灾后重建计划、当地自然灾害史。然而，40.9% 的防减灾项目对发展自身的基本研究能力感兴趣，却缺乏基本研究的设施。77.7% 提到想要将工作建立在理论基础上、引起社区对灾害的关注，以及使他们能够对灾害管理有进一步的了解。22.2% 担心组织内部缺乏进行研究的资源。

数据也显示，88.8% 的项目希望探索防减灾的方法和计划策略，11.2% 想要评估项目本身的有效性。

3.5 防减灾项目面临的主要挑战

参与调查的防减灾项目所面临的挑战的性质主要是组织结构上的。将近三分之二的项目（62%）没有足够的资金来源；50% 没有技术或专业技能；39.4% 面临员工短缺；34.4% 在动员社区人员参与活动方面有困难；18.8% 称没有足够的政府支持，如表 12 所示。

表 12 防减灾项目面临的主要挑战

	资金不足	员工短缺	政府支持不够	没有技术或者专业技巧	难以动员社区参与	其他
频率	20	13	6	16	11	4
百分比（%）	62.5	39.4	18.8	50.0	34.4	12.5

N =32

3.6 讨论

参与调查的中国陕西省的防减灾项目遵循了政府政策，针对学校和社区开展活动，尤其是教育和意识提升相关的活动。然而，调查结果也显示出我国防减灾项目在一些关键领域的能力缺失，如资金、研究、组织能力和政府支持。虽然这些防减灾项目都对基础研究表示感兴趣，但是实现这些需求却需要进一步的发展，而像寻找聘请人员的资金、为研究获得学术支持一类的问题可能是难以解决的。

即便如此，参与该调查的社会组织仍表示他们在中国大陆进行着重要的防减灾项目。但是，他们的目标大多都是让学生对某一种自然灾害有更多的了解。他们的工作高度依赖志愿者和慈善资金的支持。因此，政府还有很大的参与空间，以支持和扩展这些项目的工作，尤其是资助那些与研究能力建设有关的活动。

4. 总结和建议

参与本调查的防减灾项目的主要关注点在学校，这与亚洲许多其他地方的情况是一样的 (UNCRD, 2006; Action Aid, 2011)。但是，有必要让这些项目的关注对象扩展到整个社区，以及脆弱人群，尤其是妇女、儿童和老人 (Action Aid, 2014; GAR, 2015)。此外，它们应该更加全面地调动大众去了解中央和地方政府已经掌握的地质科学知识，倡导更公平的资源分配，以及在决策过程和组织结构中的集体参与。

另外，参与调查的防减灾项目缺乏明确的对抗逆力实践的关注，这一事实表明这是一个未来的发展方向。有效的抗逆力建设和实践是具有改造性且包容性的，它要求基层参与，利用当地已有资源创造团结的新关系，并认识到不同社区居民的需求和贡献。与此相关的是针对日常问题的共同解决途径，包括科学知识和本土经验之间的对话，由此得出结论来帮助我们建设坚强、安全、健康的社区和生态系统。

防减灾工作的一个首要任务是加强社会组织行业的能力 (ISDR, 2015)，这也是中央政府可以有效地投入资源的一个领域。这一任务的成效将会与当前的五年计划相符，而且会让中国的社区在灾害面前变得更坚强和安全。中国组织的经验也会对世界其他地方进行基于社区的防减灾工作的 NGO 提供有用的借鉴。

参考文献

[1] Action Aid (2011) *Nepal Disaster Report: Policies, Practices and Lessons*. Kathmandu, Nepal: Ministry of Home Affairs.

[2] Action Aid (2015) *The South Asia Women's Resilience Index: Examining the Role of Women in Preparing for and Recovering from Disasters*. London: The Economist Intelligence Unit and Canberra: Australian Government Department of Foreign Affairs and Trade.

[3] Alexander, D, Bayley, P. Curtis, S, Gill, J, Horwell, C, Malamud, B, Sharpe, J, Dominelli, L, Pelling, M (2015) Disaster Risk: A Future Agenda for Integrative Science. *Paper launched at the ISDR Session, UNISDR Third World Conference on Disaster Risk Reduction*, 13-18 March 2015, Sendai, Japan.

[4] CPPR (Community Platform for Resilience) (2015) *Resilient Women: Integrating Community Resilience Priorities in the Post-2015 Agenda*. New York: Huairou Commission.

[5] Dominelli, L (2012) "Social Work in Times of Disasters: Practising Across Borders", in M. Kearnes, F. Klauser, and S. Lane (eds), *Critical Risk Research: Practices, Politics and Ethics*. Wiley-Blackwell, pp. 197-218.

[6] Dominelli, L (2013) "Mind the Gap: Built Infrastructures, Sustainable Caring Relations and Resilient Communities in Extreme Weather Events", *Australian Social Work*, 66(2): 204-217. DOI: http://dx.doi.org/10.1080/0312407X.2012.708764

[7] Dominelli, L. (2013) "Environmental Justice at the Heart of Social Work Practice: Greening the Profession", *International Journal of Social Welfare*, 22(4): 431-439. DOI: 10.1111/ijsw.12024.

[8] Dominelli, L. (2013) "Empowering Disaster-Affected Communities for Long-term Reconstruction: Intervening in Sri Lanka after the Tsunami", *Journal of Social Work in Disability and Rehabilitation*, 12(1-2): 48-66.DOI:10.1080/1536710X.2013.784175.

[9] Dominelli, L (2013) "Gendering Climate Change: Implications for Debates, Policies and Practices" in Alston, M. and Whittenbury, K. (eds.) *Research, Action and Policy: Addressing the Gendered Impacts of Climate Change*. London: Springer, Chapter 6, pp. 77-94.

[10] Dominelli, L (2014) "Invisible Women: Examining Women's Experiences of Aid in the 2004 Indian Ocean Tsunami in Sri Lanka" in Sven Hessle (ed.) *Environmental Change and Sustainable Development: Social Work–Social Development, II*. Aldershot: Ashgate, pp. 53-60.

[11] Enarson, E and Morrow, B (1998) *The Gendered Terrain of Disaster: through Women's Eyes*. Miami: Florida International University.

[12] GAR (2015) *Global Assessment Report on Disaster Risk Reduction: Making Development Sustainable, The Future of Disaster Risk Management*. New York: United Nations.

[13] GDN (Gender and Disaster Network) (2015) *Doing Gender and Disaster: Women' Voices*. Christchurch: GDN.

[14] German Red Cross(2015) *Framework: Action Plane of the Federal Foreign Office for Humanitarian Adaptation to Climate Change*. Berlin: German Red Cross.

[15] IFRC (International Federation of the Red Cross and Red Crescent Societies) (2015) *A Guide to Mainstreaming Disaster Risk Reduction and Climate Change Adaptation*. Geneva: IFRC.

[16] ISDR (International Strategy for Disaster Reduction) (2015) *Review and Prospects of China's 25 Year Comprehensive Disaster Reduction*. New York: ISDR.

[17] JDF (Japan Disability Forum) (2015) *Report on the Great East Japan Earthquake and Support for People with Disabilities: Activities and Proposals of the Japan Disability Forum and Related Organisations*. Tokyo: JDF.

[18] JICA (Japan International Cooperation Agency) (2015) *Toward Mainstreaming Disaster Risk Reduction: Building Disaster Resilient Societies*. Tokyo: JICA.

[19] JWNDRR (Japan Women's Network for Disaster Risk Reduction) (2015) *Women as a Force for Change: Gender Equality and Disaster Risk Reduction*. Tokyo: JWNDRR.

[20] Lovell, E and Masson, V (2014) *Equity and Inclusion in Disaster Risk Reduction: Building Resilience for All*. London: ODI and CDKN.

[21] Oven, K.J, Curtis, S.E,Reaney, S, Riva, M, Stewart, M.g,Ohlemüller, R, Dunn, C.E, Nodwell, S, Dominelli, L and Holden, R (2012) "Climate Change and Health and Social Care: Defining Future Hazard, Vulnerability and Risk for Infrastructure Systems Supporting Older People's Health Care in England". *Applied Geography*, 33(2l): 16-24.

[22] Pyles, L. (2007). Community organising for post-disaster development: locating social work. *International Social Work, Special Issue on Disasters*, 53(5), 321–33.

[23] Qin, D, Zhang, J, Shan, C, Song L (eds) (2015) *China National Assessment Report on Risk Management and Adaptation of Climate Extremes and Disasters (Refined Edition)*. Beijing: Science Press.

[24] UNCRD (United Nations) (2006) *Proceedings on the International Workshop on Keeping Schools Safe from Earthquakes*, 1-2 June 2006. New York: UNCRD.

[25] Wang, M, Ye, Tao, Shi, P (2015) Global Assessment of Adaptive Capacity for Disaster Risk. *Paper for UN Third World Conference on Disaster Risk Reduction*, 14-18 March 2015, Sendai, Japan.

[26] Wistow, J., Dominelli, L., Oven, K., and Curtis, S.E. (2013)."The role of formal and informal networks in supporting older people' s care during extreme weather events", *Policy and Politics*, 2013,http://dx.doi.org/10.1332/030557312X655855.

[27] World Vision (WV) (2015) *Committing to Child-Centred Disaster Risk Reduction*. Sendai: WV.

防灾减灾中的社区参与

——以爱德基金会汶川地震灾后重建为例

谭花

（爱德基金会）

摘要 2015年4月25日在尼泊尔发生的8.1级地震，因震级高、伤亡重引起国际社会的广泛关注。在紧急开展各类救援工作的同时，有关尼泊尔当地行动缓慢、救援不力的声音也不断见诸报端，尼泊尔政府成为首当其冲的问责对象。事实上，尼泊尔救援行动缓慢，除了政府的因素外，与基层社区较低的治理水平也有很大的关联。根据爱德紧急救援队从尼泊尔前线反馈的信息，尼泊尔的村庄领导由政府指派的公务人员担任，他们并不住在村里，对村庄情况知之甚少。基层组织不能发挥作用，很难在灾害背景下发挥应有的社区自救或者协助开展社会救援的功能。众所周知，在重大灾难背景下，交通、通信等基础设施往往遭到破坏难以迅速恢复，大范围的受灾地区分布，这些客观因素，都使得外部救援力量很难一下子覆盖所有的灾区。因此，在偏远的乡村，社区自救才是黄金72小时的紧急救援期的主要途径。而社区自救的实现，一方面取决于社区的硬件水平；另一方面则有赖于社区的软实力水平，包括社区组织、社区精神和社区文化等各个层面。本文以爱德基金会的汶川地震重建工作为例，从社区硬实力和软实力两个角度，阐述如何通过社区参与，提升社区的综合防灾减灾能力。

关键词 防灾减灾，社区参与，社区硬实力，社区软实力

1. 社区硬实力建设

2008年汶川地震发生后，爱德基金会即刻投入抗震救灾工作。在完成紧急救援阶段的工作后，通过前期评估，确定以绵竹市广济镇卧云村为核心，开展社区灾后恢复和重建工作，并于2008年7月23日在卧云村设立了灾后重建办公室。汶川地震共导致卧云村23人死亡、50人重伤，95%的民房倒塌或严重损毁，不能居住。

经过调研，民房重建是村民们最为急迫的需求，而如何重建也成为爱德基金会最为慎重考虑的问题。户型怎么设计？外观有何要求？施工队统一修建还是农村土工匠施工？经过数次的专家论证和内部讨论，最终，爱德基金会对卧云村民房建设工作提出了唯一的硬性要求：8度设防！户型方面，村民可以根据需要自主选择；外观方面，爱德基金会倡导村民统一风格，为日后村庄发展奠定基础；建设模式方面，爱德基金会倡议村民自由组合，联合选择施工队，爱德基金会协助进行施工队资质审核、合同审核等技术支持……所有这些都交由村民自主决策，爱德基金会提供必要支持，唯有8度设防的要求必须执行。

8度设防的标准，是当地地震局经过测算提出的，四川省也专门就抗震房建设专门出台了一个技术导则。问题是，在当时的卧云村，没有人知道8度设防到底是什么意思，如何将纸面上的标准落实为行动？

爱德基金会通过香港建筑师协会联系了一名专家志愿者。专家于2008年12月连续在卧云村驻扎了15天，首先对四川省农村居住建筑抗震设计技术导则进行了研究，随后深入村里已经开始民房建设农户，了解当地民房建设流程和习俗，研究如何将技术导则落实为行动。

15天后，他交出了两项成果，一是符合8度设防要求的“民房建设质量要点”手绘图册，二是民房建设阶段性验收表，分为基础完工、顶圈梁完工和全部完工三个阶段。

紧接着，爱德基金会组织卧云村灾后重建委员会接受了民房建设质量要点的培训，并将民房验收环节的任务交付给了灾后重建委员会，而村委会和爱德基金会员工将会对民房质量进行不定期的抽查。

尽管如此，实际民房建设过程中仍然问题不断：有的民房因为先于爱德基金会质量标准发布之前开工，房屋构造柱缺失；有的构造柱过短，不能与顶圈梁有效连接；有的构造柱箍筋间隔过大，等等。

对于在建设过程中出现的质量问题，爱德基金会也一一督促进行整改。并且规定，只有整改合格，才能领取爱德基金会的民房补助。

图为外加构造柱案例

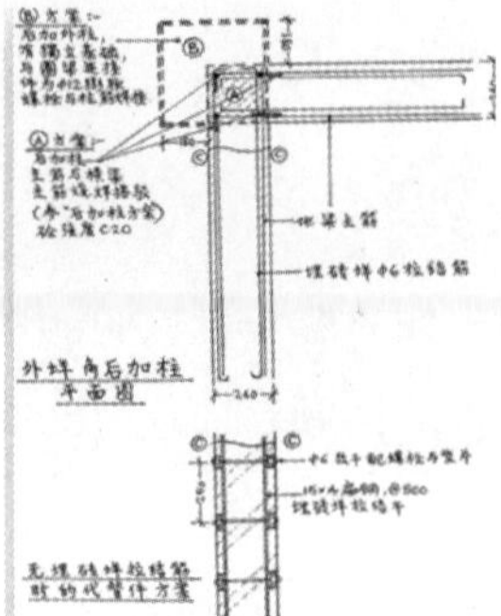

图为加长构造柱案例

图为最后建成的民房

最终，在村民自己、重建委员会、村民委员会、爱德基金会的共同监督下，卧云村民房建设顺利完成。尽管从外观上看，卧云村的民房与别的村庄并无本质区别，甚至没有其他民房漂亮；但因为将工夫花在了看不见的地方，让卧云村的民房成为周边最内秀最坚固的房屋！

2. 社区软实力建设

上文说到，防灾减灾是一项全方位、全过程的系统工作。鉴于社区自救的重要性，社区软实力的提升，也是防灾减灾工作中不可忽视的话题；而这，却是比民房等硬件建设更为复杂的工作。

我们还是回到2008年的四川省绵竹市广济镇卧云村，爱德基金会灾后社区重建项目所在地。

如上文所述，民房重建是爱德基金会在卧云村重建工作中的重点，这一方面是源于安全居所对于地震带群众的重要意义，另一方面，则是因为民房建设为社区建设提供了最好的平台。换句话说，爱德基金会建房本身并不仅仅为了建房，而是如何以民房建设为平台，建设更有韧性的社区。

因此，爱德基金会在卧云村的民房建设过程中，除了对质量的要求外，还依托卧云村灾后重建委员会，对民房建设作了以下部署：

（1）由农户主导，农户可以邀请土工匠自建房屋，也可以联合邀请施工队统一建设，但所有的施工合同由农户自行签订，灾后重建委员会及爱德基金会为村民提供施工队资质审核和合同审核服务；

（2）由培训后的灾后重建委员会负责民房质量监督的第一关，村委会和爱德员工对民房质量进行不定期检查；

（3）爱德提议村民选举困难家庭，并对困难家庭给予小幅度额外补助，倡导“扶贫济困”的社区精神；

（4）爱德对与老人合建住房的家庭给予小幅度额外补助，倡导“尊老爱幼”的社区精神。

除了以民房建设为平台进行社区组织、精神建设外，爱德还依托卧云村原有的“夕阳红”文艺队，开展了各类社区文化活动，包括中秋晚会、春节期间的春联创作大赛、家庭游戏大赛、小组合唱比赛、元宵联欢会，社区自发组织的为台湾“莫拉克”台风举办的筹款联欢会，以及防灾减灾知识竞赛等。

村民为灾后重建委员会选举妇女代表

社区文化活动之春联创作大赛，小模特们的表现也让村民特别自豪

至此，卧云村的灾后重建工作，以民房等硬件建设为平台，实现了社区防灾减灾硬实力和软实力的同时提升：

在硬实力方面，卧云村民房和饮水系统均按相关抗震设防标准建设。

在软实力方面：①卧云村灾后重建委员会和“夕阳红”文艺队分别承担卧云村的行政和文娱生活功能，即便在重建项目结束后，仍以不同形式发挥其作用。②卧云村团结互助的社区精神得以巩固。2009 年台湾“莫拉克”台风灾害发生后，卧云村村民自发组织在全村开展了救灾募捐活动。③社区文化助推社区凝聚力、发挥社区活力成效显著。在项目期间开展的各类文娱活动中，起初是由爱德基金会主导、后期则完全由村民自主推动，村民的热情几度让相关活动不断地延时。而卧云村村民也因此对卧云村有越来越多的认同，他们为身在卧云村而感到无比自豪。

有了硬实力的铺垫，又有了软实力的保障，重建后的卧云，不再是坚强，而是强大！

关于防灾减灾，有意见认为，中国减灾投入偏重紧急救援和灾后重建，应向灾前预防转移。对此，爱德基金会想说，如何真正利用好现有的较为充沛的重建及其他建设资源，也是一个极具挑战的课题。抗震设防标准的真正落实到位，还有较长的路需要走。

就地震灾害而言，房屋抗震性能差是中国地震减灾的一大短板。然而，地震带分布广泛、非抗震房屋数量庞大，怎么做？重建过程中的民房建设资源，以及农村地区现有的危房改造、新农村建设等项目，是现有框架下最能快速发挥效益的资源之一。如能充分利用现有政策框架下的资源，提升地震带上农村社区的房屋质量，同时通过社区参与，发掘社区潜在力量，提高社区综合能力，将对我国系统的、全方位和全过程的综合防灾减灾救灾能力的提升，起到关键的作用。

美、日两国防灾减灾社区参与机制的经验与启示

陶书毅

（北京社会管理职业学院）

摘要 国际防灾减灾的发展趋势是把防灾减灾的单元逐渐聚焦在社区层面，本文重点介绍了美、日两国在防灾减灾的社区参与机制上的做法和经验，最后结合我国实际，提出重视防灾教育、引导公众参与、培育社区互助组织等三条建议。

关键字 防灾减灾，社区参与，国际经验

自从 1987 年联合国大会 169 号决议确定 1990—2000 年为“国际减灾十年”以来，防灾减灾在世界范围内得到广泛重视。1992 年，联合国在巴西召开的世界环境与发展大会上提出了可持续发展的战略，并把防灾减灾与扶贫、环保一起作为实现可持续发展的重要工作。在“国际减灾十年”活动的开展过程中，针对灾害的频繁发生以及随之造成的经济损失的增加等问题，联合国提出了“国际防灾战略”（ISDR）——“在 21 世纪建设更安全的世界”。该战略在工作方针上发生了三大改变，即：（1）把防灾的重心从灾后的应对转向灾前的预防；（2）从重视防灾硬件设施的建设转向强化对灾害的管理；（3）从强调政府的作用到推进建设灾害应对能力强的社区。到 2005 年，第二届联合国减灾大会上发表《神户宣言》，强调应提高社区抗御灾害风险的能力。纵观全球范围内的防灾减灾，其从 1987 年正式提出至今，不过短短二十余年的时间，但是却迅速成为联合国以及世界各国灾害管理政策的重中之重，防灾减灾的单元也渐渐聚焦在社区层面上。在建立防灾减灾的社区参与机制方面，美国、日本两国已形成了一套较为完整的机制，富有借鉴意义。

1. 美国防灾减灾的社区参与机制

美国作为当前世界上处理公共危机和防灾减灾的典范，其防灾减灾工作是具体落在社区层面进行操作的，其社区应急管理发展极为成熟。

1.1 “防灾型社区”

美国在近年来，尤其是“9 · 11”恐怖主义袭击发生以后，美国政府积极创建“防灾型社区”，来提高社区成员的防灾意识，增强社区防救灾能力。根据美国联邦紧急事务管理局给出的定义，防灾型社区是指长期以社区为主体进行减灾工作，促使社区在灾害来临前，做好预防灾害的措施，以减低社区的易致灾性，避免让灾害变成灾难事件。除了硬件设施建设的措施外，还必须从居民、社区组织与实施方案等方面着手，通过制度的拟定及居民减灾意识的形成，使社区向可持续发展的方向迈进。[1] 美国“防灾型社区”的建设的基本步骤主要分为四步，如图 1 所示。

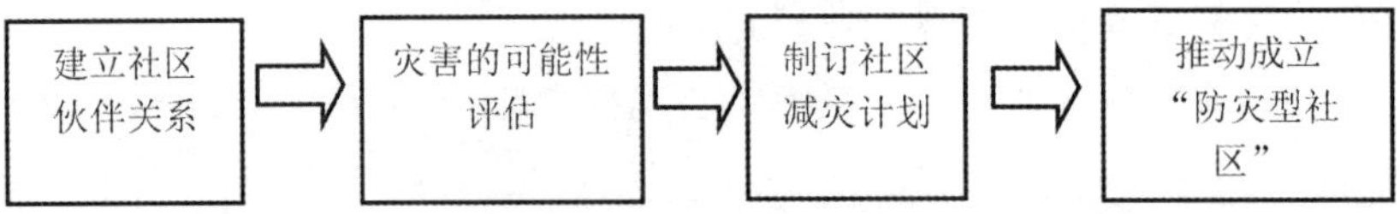

图 1　美国建设“防灾型社区”的基本步骤

1.2 居民防灾教育

“9 · 11”事件后，美国联邦紧急事务管理局于 2002 年公布了《你准备好了吗？——市民灾害准备工作的详细指南》，并在 2004 年推出了修订版，为个人、家庭、社区的灾害准备工作提供了最全面的指导。《指南》把国家应急管理系统视为金字塔（如图 2 所示），它的底座是公众，第二层是社区，政府居于上层。这一《指南》向市民们详细介绍了灾害的相关准备工作，以及如何应对各个不同种类的灾害。

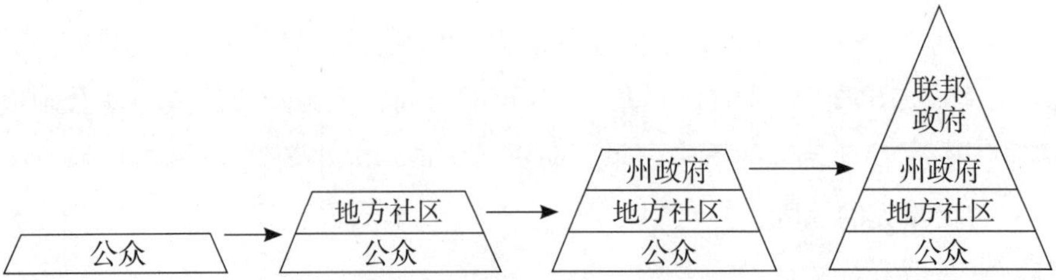

图 2　灾害应急管理金字塔[1]

1.3 “社区应急反应队”与“公众服务队”

社区应急反应队（Community Emergency Response Team，CERT）是美国重要的市民组织队伍，最早是在1985年由洛杉矶市消防局提出并加以完善。联邦紧急事务管理局于1993年开始在全国范围内推广此项培训工作。[2] 社区应急反应队强调以社区为基础，通过制订详细的救灾培训计划，向市民、私人雇员、政府雇员提供救灾培训，引导市民发挥主动性，使市民明白他们在灾难准备上所应承担的责任，增强相互救助的能力。[1] 当灾害发生时，CERT的成员能给予灾害现场的第一反应者大力支持，向处于危急状态的市民提供即时援助，并且在灾害现场组织起自发而来的志愿者。CERT的成员还帮助处理非紧急状态的事件，以保障社区和居民的安全。CERT培训课程总共20小时，培训的内容涉及灾害准备、灭火、急救医疗基础知识、轻型搜索与救援和行动。除此之外，还包括救灾模拟演习，结合在课程中所学的理论进行实践。

公众服务队是社区应急反应队的好搭档。它是美国国土安全部发起的一个计划，旨在充分发挥公众志愿者精神，通过教育、培训和志愿者服务等方式，提高公民的危机防范和社区参与意识。它为来自全国的公众提供了一个可以参与到保护他们的家庭、家园、社区免遭犯罪、公共卫生问题及其他灾害袭击的机会，让每个人都承担灾害准备的责任。公众服务队由当地的公民服务队理事会管理。理事会组织有关灾害消减及准备工作的公共教育、公众培训、志愿者项目等活动，以让各个年龄阶段的、不同社会背景的人得到一个支持社区应急服务、保护他们自身及财产的机会。[1]

2. 日本防灾减灾的社区参与机制

日本作为太平洋上的一个岛国，其位置、地形、地质、气象等自然条件的综合作用，使其成为地震、台风、暴雨、火山等多种自然灾害频发、易发国家。[3] 日本建立了相对健全的管理机制，即从国家到地方直至社区的各级减灾机构；同时，也制定出了较为完善的各类灾害事件与灾害管理法律制度，并具有配套的灾害管理预算与财政金融措施；针对不同灾害，比如自然灾害和事故灾害的应对计划，从中央到地方公共团体、再到社区都有针对灾害的防灾对策；成立专门的灾害救援机构；面向社会的灾害管理教育；使用相对先进的灾害预警预告系统、国家通信系统网络覆盖以及完备的灾害保险体系等等。

2.1 全民防灾教育

2011年东日本大地震后日本人民表现出来的井然有序震惊了全世界，这在很大程度上得益于日本长期以来所进行的深入、持久的防灾教育。日本的防灾教育在1995年阪神—淡路大地震后得到了很大的发展，这是因为此前日本民众认为科学技术能够战胜自然灾害，但1995年的这场大地震用残酷的事实打破了人民的看法。[4]以此为契机，日本的减灾范式转向"减少损失、与自然共存、全民参与"，并于2002年设立"灾害减少与人类革新协会"，着重于推动减灾方面的教育。

日本防灾教育的主要内容包括：

（1）法律保障。以《日本东京都震灾对策条例》为例，其在第32条规定"知事必须与市、町、村合作，共同积极开展有关防灾的宣传合作，努力提高市民的防灾知识和防灾意识"。此外，日本每年都有特定的"防灾日""防灾周"以进行固定的防灾演习，一年之中还设有多个防灾教育日。

（2）内容广泛。日本的防灾教育内容覆盖了地震、风灾、水灾等当地常见的自然灾害类型，具体包括上述自然灾害的预警、自救互救以及个人、家庭、社区防灾救灾的预案机制等。

（3）形式多样。日本的防灾教育尽可能以生动形象的方式使复杂的灾害知识变得易于接受，从而更好地达到教育的目的。除了学校的教育外，日本多个城市均建有防灾教育中心，供市民进行灾害体验和防救训练；当地政府还制定了防灾手册，并供免费索取。

（4）覆盖全民。日本的防灾教育面向各个年龄群体开发了不同的教育内容，在年龄层次上实现了自幼儿园学童至老年人的全覆盖。

然而，2011年东日本大地震揭示了日本防灾教育的一些劣势，例如：（1）从日本全国的普及程度来看，防灾教育仅在曾经发生过大规模灾害的地区展开；（2）教育形式十分单一，简单地将防灾教育等同于避难训练；（3）防灾教育宣传容易产生"恐惧、痛苦、悲惨"等消极印象。基于此，日本一位学者认为，防灾教育首先应当"重视科学地了解自然现象和自然灾害的区别与联系"；其次要"结合本地区的地理地貌特点绘制防灾避难路线图"；最后要"进行多种多样实际可行的避难训练"；防灾教育的目的是使接受过教育的人"在地震发生后的有限时间里，无论在怎样的状况下，都能够作出独立判断，并迅速作出应对"。[5]

2.2 自助、共助、公助三位一体的防灾策略

为了打造一个廉洁高效的政府，日本政府遵循“民间能够办的事民间办，地方能够办的事地方办”原则，将防灾减灾责任明确到与此有关的各个主体。其防灾策略是：国民与企业在灾害发生时的自我救助（自助），国民与企业之间的互助（共助）与国家地方公共团体等行政机构（政府）的减灾对策（公助）的责任的合理分割，即对国民、企业、社区、公共团体及行政单位等相对应的责任进行分割。[3]

（1）“自助”是指灾害发生时，每位国民都应当进行自救，即在日常生活中做好非常时期必需品的准备、参加防灾训练、选择高安全性的家具、加强住宅的耐震化建设等。一篇调研报告描述了日本一对普通老年人的家庭防灾措施：“我们（调研者）看到老人家里的家具都有专门的装置和房屋墙壁固定在一起，防止地震时家具倒下伤人；老妇人随手拿出一些储藏的干粮，她说这些防震食品是她昨天刚刚从超市买回来的；他们随后又把我们（调研者）带到他们家的库房，抬出一个大箱子，里面水、食品、手电筒等几乎所有应对灾害的必需品都一应俱全。”[6]

（2）“共助”主要体现在社区防灾能力上。它是指灾难发生时，社区居民相互协作，本着“自己的区域自己来守护”的精神，通过社区的自主防灾组织、志愿者组织进行灾害初期的防救、信息的收集与传递、避难引导等活动。截至2005年年底，日本2418个市町村中有1988个市町村成立了115814个自主防灾组织。其中，有13012个妇女防火俱乐部组织，成员约200万人，有5632个少年消防俱乐部，约43万人，有14461个幼年消防俱乐部，约126万人。[7]此外，日本全境几乎各个町（街道）和社区都有“居民防灾议会”的自愿组织，通过政府资金援助和各学术机构的支持开展工作，包括帮助规划每个街区的防灾区划图，让居民们可以自主找到避难场所，进行日常防灾演练等。[8]

（3）“公助”是指政府在防灾中的责任，包括平时要保障和提高基础设施的抗灾性能，建立防灾与危机管理体制，保障“自助”与“公助”的顺利进行。日本政府在灾害发生后30分钟内根据其严重程度成立不同级别灾害对策总部，采取首长负责制。日本《灾害救助法》中明确规定了具体救助的方式，如提供临时住处、食品及生活用水、生活必需品、借贷、医疗、救生、住宅的紧急修理、必需的生活资金、学生用品以及埋葬用品等。

2.3 “灾害弱者”避险支援计划

21世纪开始，随着人口老龄化与高龄化的加剧，日本政府展开了“灾害弱者”避险支援计划，并把这个救援计划纳入地区性的防灾计划之中。[9]该计划的缘起是2004年在日本发生了一系列的风、水灾害，其受害者半数以上是老年人，为此，2005年3月日本内阁府制定了《发生灾害时需要援助者的避难支援指南》，并于2007年3月编制了“关于发生灾害时需要援助者对策的推进方法”，介绍了先进事例用于指导，对市町村制订总体计划（说明需要援助者的避险支援的推进方针等的计划）等提供支援。

“灾害弱者”救援支援计划（即“发生灾害时需要援助者对策”）的操作方法是，针对身体虚弱的老人、身心障碍者、孕妇、婴幼儿等，由于这些人在灾害发生时无法像普通人那样回避危险或及时避难，往往需要居住在附近的人员的救助，因此，为了达到有效救助的目的，有的社区在得到本人同意后，建立了“灾害弱者”名单，对其定期家访，进行防灾检查、防灾信息传达等，保证这些人在灾害时得到救助。“灾害弱者”避险支援计划的指导方针概要如下表所示。

表1 “灾害弱者”避险支援计划指导方针概要[10]

1. 灾害信息传达体制的整备	1-1 避险准备信息的发布； 1-2 灾害弱者避险支援小组的设置； 1-3 采用互联网、灾害用留言拨号等多种方法保证通信等。
2. 灾害弱者信息的共享	2-1 通过同意方式、志愿方式、相关机构共享方式收集和共享灾害弱者信息； 2-2 相关机构共享方式的积极运用等。
3. 灾害弱者避险支援计划的具体化	3-1 每一位灾害弱者的避险支援计划的制订； 3-2 抗灾型城市建设重要性的明确化等。
4. 在避险地点的支援	4-1 促进在避险地点设置灾害弱者专用窗口； 4-2 促进设置、运用福祉避险地点等。
5. 相关机构之间的协作	5-1 福祉服务的继续； 5-2 保健师、护师的广域型支援； 5-3 灾害弱者避险支援联络会议的设立等。

3. 总结与建议

前文概述了国际防灾减灾的现状与趋势，着重介绍了美、日两国在防灾减灾的社区参与机制上的做法。社区作为居民生活的共同体，它既是受灾害影响的一个公共单元，同时也是处理灾害事件的主要单位。[1] 社区既是政府的灾害政策的落实之处，也是社区组织和社区居民自助互助的主要场所；灾前预防、灾时救援、灾后重建以及灾害教育都要依托社区展开，因此，以社区为核心的防灾减灾战略的重要性凸显。2001 年国际减灾日的行动口号就是“发展以社区为核心的减灾战略”。以社区为核心的减灾战略其主导思想是依靠社区组织，在政府和非政府组织的协助下，动员所有居民参与社区防灾减灾建设。[1] 这里尤以美国的“防灾型社区”建设为代表，其在建设和运营上取得了良好的效果，其在社区防灾教育和建立社区内的伙伴关系（包括政府部门、民间组织和企业间的伙伴关系）方面值得借鉴。日本经验则表明，社区灾害风险评估和防灾减灾策略的制定步骤，应当是政府与社区居民一同，或以社区居民为主体，基于政府提供的科学的基础资料进行制定。

结合上述国际经验与国内实际，本文对我国建立防灾减灾的社区参与机制提出如下建议。

3.1 重视防灾教育

世界各国都已认识到减低灾害风险的重点在于事前预防，而预防灾害的最佳途径就是教育。推行普及全民的防灾教育，让每一个人了解灾害的知识、培养防灾减灾的意识、掌握防灾减灾的技能是其根本目标。鉴于当前国内民间流传着多种版本的防灾读物，有的是专家撰写的正式出版物，有的则是个人的心得，这些防灾资讯虽能起到一定的普及作用，但难免鱼目混杂、混淆视听。因此，建议参考美国的做法，由政府部门出版权威的防灾教育读本。在防灾教育的手段和方法上，也可以借鉴国外经验，运用多手段、多载体的复合式做法，以期不断提高社区居民的防灾减灾知识储备。

3.2 引导公众参与

美国、日本都在有关政策或法律中明确了国家、组织和个人在应对灾害中的权利、职责和义务。以日本这个灾害多发的国家为例，根据日本 1999 年的一项调查结果显示（见表2），准备了灭火器、三角水桶的居民比例从10.8%到26.7%不等，做好将贵重物品迅速带离准备的居民比例从10.8%到28.5%不等，准备了携带式收音机、手电筒和药品的居民比例从34.0%到55.0%不等，反映出日本人的灾害应对意识较高。

表2　各年龄段的大地震应灾对策调查[11]

（单位：%）

	准备了灭火器、三角水桶	做好将贵重物品迅速带离的准备	准备了携带式收音机、手电筒和药品
20—29岁	10.8	10.8	34.0
30—39岁	14.3	17.3	44.9
40—49岁	21.5	17.5	54.4
50—59岁	24.8	21.4	55.0
60—69岁	26.7	28.5	55.0
70岁以上	25.3	26.5	47.8

除了居民自觉的提高之外，参与灾害志愿活动也是公众参与的一种途径。根据日本总务省统计局的统计，与2006年相比，2011年（即平成二十三年）东日本大地震后，各年龄段参与灾害志愿服务的比例均有所上升（如图3所示）。

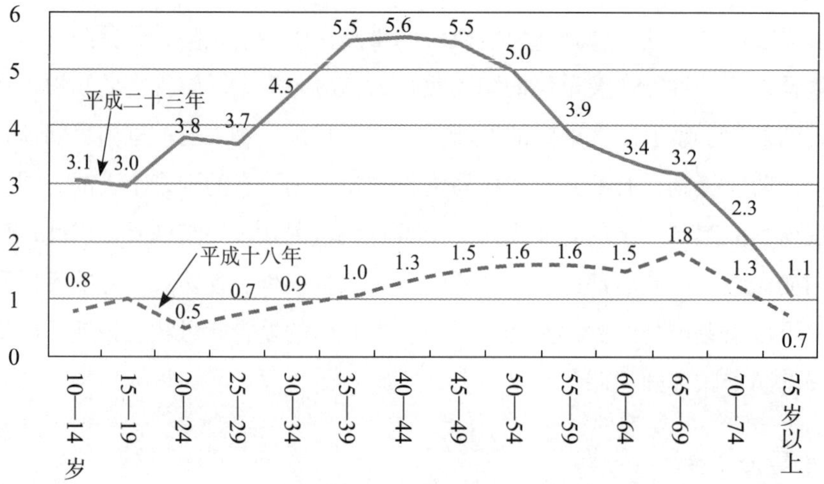

图3　2006年与2011年日本各年龄阶段灾害志愿活动的参与率（%）[12]

注：图中平成十八年即公元2006年，平成二十三年即公元2011年。

3.3 培育社区互助组织

除了防灾教育之外，灾前预防的另一个有效措施是成立社区互助组织。如美国的“社区应急反应队”与“公众服务队”，日本的“消防俱乐部”“居民防灾议会”等自主防灾组织。这些组织在灾前的预防与演习、灾时的及时反应与互助、灾后的社区重建等环节均发挥了重要作用。美国由政府部门推广的社区自主组织建设极具借鉴意义。美国联邦紧急事务管理局在推动“社区应急反应队”的过程中，制定了统一的培训课程，并在全国范围内开展了大量的培训工作，此举极大地避免了社区居民自组织的零散性、非专业性弊端，有效提升了此类社区互助组织的灾害应急管理能力。

参考文献

［1］沙勇忠，刘海娟 . 美国减灾型社区建设及对我国应急管理的启示［J］. 兰州大学学报（社会科学版），2010（3）.

［2］山丘 . 美国的社区应急管理［J］. 现代人才，2008（4）.

［3］毛德华，何梓霖，秋山道雄 . 日本自然灾害现状与新态势［J］. 世界地理研究，2006（6）.

［4］薛二勇 . 教育应对自然灾害的战略选择——以日本、印度、伊朗三国为例［J］. 比较教育研究，2008（10）.

［5］秋原 . 东日本大地震后日本防灾教育重点的转变［J］. 北京规划建设，2013（3）.

［6］白岩松 . 日本：无处不在的防灾意识［J］. 中国减灾，2011（2）.

［7］刘延棠 . 国外成熟的应对危机决策［J］. 瞭望新闻周刊，2005（24）.

［8］刘亚娜，罗希 . 日本应急管理机制及对中国的启示——以“3 · 11”地震为例［J］. 北京航空航天大学学报（社会科学版），2011（9）.

［9］高燕 . 从社会管理视角看日本社会的防灾应急制度体系与对策［J］. 浙江社会科学，2011（6）.

［10］日本内阁府政策统括官（防灾担当）:《日本的灾害对策》，http://www.bousai.go.jp/kyoiku/pdf/saigaipanf_c.pdf，2011.

［11］改编自日本内阁府防灾情报网站:《大地震に備えてとっている対策》，http://www.bousai.go.jp/kaigirep/hakusho/h13/bs2001/zuhyou/tb1.1.4.3.html.

［12］日本总务省统计局网站，http://www.stat.go.jp/data/topics/topi671.htm. 查询日期：2013年9月1日。

创新社会治理视角下灾害社会工作实务模式研究

——以鲁甸地震灾区专业社会工作服务介入为例 *

周小燕

（深圳市慈卫公益事业发展中心）

摘要 结合十八届三中全会有关创新社会治理体制等重要议题，反思我国社会工作介入地震灾害救援和恢复重建服务的制度化建设和专业化服务，具有重要的现实意义。文章以专业社会工作介入鲁甸地震灾区服务的实践为例，探讨集党委政府、基金会、高校、社工机构、爱心企业和当地社区等多元主体合作下的灾害社会工作推进路径，探讨在创新治理新视角下的灾害社会工作实务模式建设。

关键字 灾害社会工作，社会治理，鲁甸灾区，多元主体

中国共产党十八届三中全会出台的《中共中央关于全面深化改革若干重大问题的决定》中，提出了"推进国家治理体系和治理能力现代化""创新社会治理体制""建立科学有效的社会治理体制"等重大决议。从"社会管理"到"社会治理"，体现执政党理念的根本转变，是我党在社会建设理论与实践方面的重大创新。"创新社会治理体制"已成为新常态下我国社会建设领域内全面深化改革的核心内容之一。

我国现阶段救灾工作的管理体制为"政府统一领导，部门分工负责，上下分级管理"。这种救灾工作模式存在着政府包揽过多，其他社会主体的力量发挥不够，救灾社会化程度低等弊端[1]。2008 年汶川地震发生后，部分专业社会工作服务机构进入灾区，积极开展社会工作介入地震灾害救援和灾后恢复重建服务。由于当时全社会对社会工作缺乏认识或认识不足，导致各级政府在灾后重建规划

---

* 文章收录在 2015 年 3 月中国社会工作联合会举办的"创新社会治理背景下社会工作发展战略研讨会"论文集中。

中没有将社会工作列入。因此，当时的专业灾害社会工作介入服务缺乏必要的制度化建设，社会工作组织介入灾后重建存在着资金、人才、制度等方面的困境[2]。2014年，鲁甸地震后，在党和国家各级政府的重视和推动下，这种困境有很大改变。社会工作介入鲁甸灾后救援和恢复重建机制初步纳入到国家和政府的制度安排中。通过政府、专业灾害社工服务机构、基金会、爱心企业和当地社区等多元行动主体的合作，有效帮助灾区民众恢复民生，缓解社会矛盾，维护灾区秩序稳定，达到促进社会和谐的治理目标。本文作者试以专业灾害社工服务队介入鲁甸灾区服务的实践为基础，探讨在创新社会治理新模式下的灾害社会工作实务模式建设。

1. 专业社会工作服务介入灾区社会治理的创新思考

2014年8月3日，云南昭通市鲁甸县发生6.5级地震，造成昭通市4个县区46个乡镇369个行政村95.39万人受灾；605人死亡，112人失踪，2773人受伤，27.76万人紧急转移安置。地震导致大量房屋倒塌，灾区民众经济受损，贫困加剧。原有的社会生态系统被突如其来的地震灾害打破，因此，当地民众和各级政府亟须重构灾区社会关系，恢复灾区民众的社会功能以适应灾后的社会生态环境。

从国际惯例来看，社会治理的内涵体现在8个方面，即：参与、协商、责任、透明、回应、有效、公正与包容以及法治精神[3]。“8·3”鲁甸地震发生后，国家迅速启动鲁甸地震灾区社会工作服务支援计划，发挥社工专业优势成立灾区社会工作服务队，实现跨省、跨地域的合作模式，集政府、基金会、专业灾害社工服务机构、高校等相关组织资源，挖掘当地社区资产，与灾区民众一道应对灾难和挑战。在笔者看来，以政府牵头组织、支持政策引导和社工专业元素为依托的多元主体之间的参与、协商、互动，是本土化灾害社会工作服务介入实务的重要创新。

2. 创新社会治理视角下的灾害社会工作服务介入

2.1 搭建多元主体参与的援建模式

鲁甸地震发生后，党中央、国务院高度重视，紧急部署抗震救灾。国际及国内在汶川、玉树、芦山地震等重大灾害救援和灾后恢复重建的经验表明，专业社会工作者通过运用专业方法和技巧，能有效安抚灾区民众情绪，进行物质救援和资源整合，帮助灾区困难群众，形成强大的合力，有序推进灾后恢复重建工作，助力灾区社会治理。

为有效回应鲁甸地震灾区民众心理和社会服务需求，民政部组织实施了鲁甸地震灾区社会工作服务支援计划。全国建立了五支分别由北京市民政局、上海市民政局、广东省民政厅、四川省民政厅和中国社会工作协会组建的支援鲁甸社会工作服务队。五支社工队从政府、高校、社工组织等部门和单位抽调成员，设有领导小组、团家督导团队、一线社工、后援及宣传团队、资源链接团队等。社工服务队组建体现多元主体参与性、专业性和及时性的特征。

2.2 开展多方联动的灾害需求评估

地震给灾区民众带来多重创伤，有些民众陷入无助、恐慌、焦虑的困境，难以从地震阴影中走出来；有些儿童、老人、残障人士等困难群体缺乏有效的生活照料和精神关怀。作为外援的社工服务队，需尽快适应灾区环境，与灾区民众建立信任关系并做好把脉诊断。各社工服务队在当地政府部门的协助下，对受援地区的受灾情况、政策落实、民众诉求等方面进行总体评估，广泛提取灾区困难群体和民众的心声，了解他们的真实诉求、实际困境和自身优势，调动灾区民众作出重建家园的思考和规划，转变民众的思维和观念，增强自身的主体性地位以积极主动的角色参与到家园重建。将部分民众存在的“等、靠、要”的被动受援观念转变为主动与外来援助力量通力合作，共同制定服务策略和方案，回应灾区需求，缓解社会矛盾和冲突。

2.3 直接介入服务与受援地人才培养相结合

为充分发挥外来支援社工的带动作用，加强本土专业社工人才培养。各社工服务队努力借助援建力量培育受援地区的社工人才。如中国社工协会服务队在镇雄县、盐津县、彝良县直接孵化地方社工机构5个，在曲靖市、永善县培育及共建地方社工机构3个。四川社工服务队与当地政府共同选拔出19名由民政专员、大学生村官、妇女主任、学校教师、医生及热衷公益事业的志愿者组成的本土社工人才队伍致力灾害社会工作服务，以帮、传、带的方式带动受援地区社工参与服务设计和开展，并引进省内外高校、社工组织的专家力量面向党政干部及社工开展专业培训，深化党政干部及社工人才对社会工作的认识和理解，增强本土社工队伍的实务能力和服务水平。借助本次行动的经验，进一步贯彻落实《民政部关于加快推进灾害社会工作服务的指导意见》，发挥社会工作在灾前预防、灾害应急与恢复重建的专业作用，2015 年 2 月 28 日发布的《四川省民政厅关于组建四川省灾害社会工作服务队的公告》中，已着手组建一支省级灾害社会工作服务队，促成灾害社会工作专业介入的机制化和常态化，改变了以往队伍组建的临时性特征。

2.4 尝试“资产为本”的社区重建思路

社工队以“资产为本”为视角，挖掘灾区民众的潜能，建立其内生关系，重组社会支持网络，帮助他们走出心理阴影，进行心理康复，重拾生活信心，开展生产力恢复，提升应对灾害的能力，以积极乐观的心态面对未来的生活。广东社工队与灾区民众联动，建立老人协会，发展葫芦娃志愿服务队、妇女手工小组，增进社区活动，促进民众参与社区建设。四川社工队发动安置点三个社的 46 户村民自发成立生产自救互助小组。小组成员积极开展生产自救，实施因地震耽误的花椒、玉米等农作物的抢收行动。自救互助小组由村民主导，从报名到行动形式、采摘顺序、后勤保障等方面由小组成员决策进行。社工引导有序，灾区民众逐渐恢复生活和生产。并通过成立社区议事会讨论恢复重建、生计发展、社区基础建设、家庭展望规划、山体排险、冬季过冬等问题，进一步培育村民的社区参与意识，为灾后恢复重建的有序进行奠定基础。

2.5 强化资源链接与社会爱心联动

社会工作者是灾害救助中的资源输送者。在灾害救助中，社会工作者并不是单独行动的，而是集体地、有组织地通过社会工作者协会、慈善组织、基金会等各种非政府组织或政府福利部门展开行动[4]。在民政部，各支援省市及受援地区政府部门的支持和指导下，各社工服务队积极为灾区社工服务、人才培养、本土社会组织培育等筹款筹资，并发起实施创新型公益慈善项目，深受灾区民众和社会各界好评，赢得社会各界对灾区的关注和支持。中国志愿服务联合会、中国志愿服务基金会、中国人民保险公司北京分公司为社工服务队提供资金支持并为服务队社工购买社保；中国社工协会服务队发起“人间温暖”大型过冬物资捐赠活动，为“昭通市空巢老人——留守儿童关爱热线”筹集资金 50 万元；广东社工服务队开启了“云南鲁甸公益部落”淘宝店服务项目并为项目筹款筹资；在北京市民政局领导和支持下，将北京社会各界爱心人士捐赠价值约 520 万元物资及专款用于骡马口板房学校的“涌泉”援助项目。上海社工服务队开展了就业技能培训、创业资源整合、信息平台搭建等[5]。

2.6 推动受援地政府的相关政策落地

社会工作的目标不仅是帮助有困难或有需要的个人和群体，帮助他们解决现实生活和发展的困难，而且要改善他们的社会功能，促进他们融入社会。社会工作还要致力于通过制度建设和政策改革，来推动社会进步，促进社会发展，实现平等和公正[6]。外来支援的社工服务队通过搭建政府与民众的沟通平台，充当政府与民众之间的纽带和桥梁，以走村入户、政策咨询会等方式将了解灾后相关政策和福利保障及时地向灾区民众做好解说、宣传和回应。此外，社工服务队还影响受援地区建立社会工作体系。以四川社工服务队为例，在省民政厅的指导下，社工与当地政府部门积极联动，运用四川省在汶川、芦山地震灾害社会工作的政策和实务优势参与搭建本土社会工作平台，推动受援地区社会工作事业发展。受援助的包谷垴乡政府认识到社会工作在应对社会问题中的重要性，将社会工作纳入灾后恢复重建的制度安排中。成立巧家县包谷垴乡社会工作领导小组，并创办成立巧家县包谷垴乡社会工作服务中心，出台了《加强巧家县社会工作专业人才队伍建设的实施意见》。外来支援队伍通过有效服务和提供信息等方式，让受援地区对进一步开展社会工作产生信心和决定，后续提供督导、培训、资金等多方面支持协助当地政府完善社会工作体系。

3. 灾害社会工作专业介入模式的成效分析和发展建议

3.1 鲁甸灾后专业社工介入模式的成效分析

在三个多月的实务工作中，通过援建灾害社工服务队的专业介入，有效地促进了受援地区原有的社区关系重建，积极地回应了灾区民众的心理和社会需求，融洽了灾区民众之间的关系，促进灾区和谐稳定发展。笔者亲身感受到鲁甸地震灾区社会工作服务支援计划成效显著。

第一，作为灾后应急支援计划，是政府、基金会、企业、社工组织等多元力量参与灾后重建的重要实践，给灾区民众带去政府的温暖和社会的关心，帮助他们走出困境，共同推动灾区社会治理。

第二，地震后，很多家庭面临家园重建和生产自救的困境。社工通过挖掘灾区民众的资产和优势，建立生产自救互助小组、公益部落淘宝店、就业技能培训等方式不断激发民众潜能，加强民众之间的邻里互助，实现民众自我管理、自我教育、自我服务为主要目的的民主管理实践，改善家庭生活质量和经济水平。

第三，专业社会力量在支援过程中发挥社会黏合剂的作用。社工协助政府和社会对灾区资源的善用和配置，防止和减少干群关系紧张所带来的内耗，形成促进灾区发展的动力，协助政府进行有效治理，成为新型的社会治理途径和手段。

第四，社工支援计划的顺利开展，是社会工作实务领域的重要实践。这是我国首次有组织、有计划地实施跨省跨地域的灾害社会工作服务支援计划，初步建立一支具有跨省援助经验的灾害社会工作实务人才队伍，为今后国家灾害社工服务队积累了宝贵的经验。

第五，此次支援计划探索出一条适应灾区可持续发展的路子。通过政策出台、资源链接、资金保障、人才培养等方式，使受援地区和援助地区的社会工作形成良性互动。

3.2 专业反思和发展建议

第一，建立全方位多层次的专业介入体系。全国五支社工服务队组成人员均长期在政府、高校、专业社工组织开展直接或间接服务。对于全国首次大规模的灾害社会工作服务支援计划，今后更需强调全方位的支援，包括人力支援、物力支援、专业团队支援、后勤保障支援、财力支援和行政协调工作等。此次不同省份派驻的社工支援队伍均有不同的实践经验。以广东社工服务队为例，采取首批先锋队作需求评估，后从广州、深圳、佛山、东莞、中山建立五支分队分批次进驻灾区。四川社工服务队则采取从 12 个社工组织中抽调 12 名一线社工深入灾区开展服务，后续分批引进来自高校、社工组织专家进驻灾区开展督导培训工作。政府、高校、社工组织达成共识，发挥相辅相成的效果。

第二，培育一支国家级专业灾害社工服务长效队伍。从汶川地震的专业社工介入发展到鲁甸地震发生时的国家统一调配进行社工介入。事实证明，在政府以及社会各界力量的联动与合作下，专业灾害社工服务机构可以有效回应灾害地区民众的需求。近几年来，灾害频繁发生，新形势下对社会工作介入灾害服务提出新的议题。借助本次行动经验，应尽快将社会工作介入灾害服务纳入国家和政府制度安排和体系建设中，尤其是应该首先建立一支高素质、高效率的国家级灾害社工专业服务队伍。

第三，建立专业援建队伍与本土化培育人才的衔接机制。此次支援计划为期

3 个月，派驻支援的社工服务队现已撤离灾区。借助支援阶段所培育的本土社工组织以及社工人才队伍得以继续扎根灾区，开展灾后可持续的社工介入。支援地区与受援地区均通过专业督导、项目购买、人才互动等方式建立援助地区与受援地区的本土化衔接机制。灾害恢复重建是个漫长的过程，合作衔接机制应在重建阶段发挥重要作用，陪伴支持当地社工组织和社工人才发挥作用，促进灾后恢复重建工作的顺利推进。

第四，完善灾害援助的志愿服务管理制度。近几年来，随着我国的公益慈善文化不断传播，越来越多的人加入到志愿服务行列中。目前，广泛发动志愿者参与到灾害救助服务也是世界各国的成功经验。当前，我国志愿者缺乏组织、协调，因缺乏防灾减灾培训机制和志愿者管理制度，很多志愿者到灾区并未发挥应有的作用和力量。在灾害服务中，应建立“社工 + 志愿者”的联动机制，设立灾害志愿者服务管理制度，动员全社会力量参与抗震救灾和后续服务，扩大参与主体，让整个社会连接成支持网络体系。

总之，从汶川“5 · 12”地震灾害、芦山“4 · 20”地震灾害到鲁甸“8 · 3”地震灾害，我国的灾害专业社会工作介入服务在实践中艰难摸索成长，初步形成了具有本土化专业模式的援建服务形态。培育了一批具有实践经验的专业人才队伍，形成了具有实务指导意义的工作手册，积累了大量优秀服务案例。在创新社会治理的全新格局下，专业社会工作者必将为防灾减灾和灾害援建工作作出更大的贡献。

参考文献

[1] 谢永刚，张佳丹 . 我国当代救灾制度综述 [J]. 北京林业大学学报（社会科学版），2006（5）：90-93.

[2] 韦克难，黄玉浓，张琼文 . 汶川地震灾后社会工作介入模式探讨 [J]. 社会工作，2013（1）：56-64.

[3] The Independent Commission for Good Governance in Public Services，The Good Governance Standard for Public Services，http://www.coe.int/t/dghl/standardsetting/media/doc/Good_Gov_StandardPS_en.pdf.

[4] 邓宁华 . 社会工作在自然灾害救助中的介入 [J]. 湖南工程学院学报，2008（4）：29-32.

[5] 彭迪，葛江霞 . 鲁甸灾后重建，社工在行动 [J]. 社会与公益，2015（2）：28-37.

[6] 社会工作综合能力（中级）. 中国社会出版社，2010（1）.

美国救灾捐赠工作规程初探*

——以俄勒冈州为例

王瑛[1,2]，邹振华[1,2]，王宇渠[3]

（1. 北京师范大学环境演变与自然灾害教育部重点实验室；2. 民政部 – 教育部减灾与应急管理研究院；3. 华南师范大学地理科学学院）

摘要：本文通过查阅美国FEMA志愿者管理条例及俄勒冈州救灾捐赠工作的系列法律、政策，对美国救灾捐赠工作的具体程序、各方角色进行了介绍，总结了美国救灾捐赠的主要特点为：美国救灾捐赠作为公益慈善的一部分，已经形成了一种社会化、制度化的长效机制。救灾捐赠工作由各个民间志愿者组织开展完成，这些组织之间的协调工作由VOAD完成。美国各级政府，主要是提供信息发布平台，参与救灾捐赠的一些辅助决策、协调工作。

关键词：救灾捐赠，工作机制，美国，俄勒冈州

救灾捐赠是指自然灾害发生时，有组织、有管理、有发动的，以救灾为目的的捐赠活动[1]。救灾捐赠中，救灾是目的，捐赠是手段。救灾捐赠是社会救助事业的一部分，是一项社会公益事业[2]。

救灾捐赠所获得的各种资金、物资，始终是我国灾民救助的有益补充。2008年汶川地震后，全国各种渠道所获得的救灾捐赠资金，截至2009年4月30日，国内外捐款659.96亿元，捐赠物资折合人民币107.16亿元，共计767.12亿元，创下了我国捐赠历史新高[3]，乃至世界救灾捐赠的新高。目前我国在救灾捐赠工作方面存在的问题有：非政府组织参与救灾捐赠缺乏监督、规范，政府行政干预功能过强，救灾捐赠信息公开缺乏规范性等[4-6]。

* 基金项目：国家自然科学基金（41271544）；民政部课题："救灾募捐需求信息发布和支援响应机制研究和实践"。

美国是世界第一大慈善捐赠国家，救灾捐赠也是其慈善捐赠的重要内容之一，从法律法规到操作规程，美国已经形成了一套独具特色的救灾捐赠工作规程。了解这些工作规程，对我国救灾捐赠工作的建立与完善，具有重要的借鉴价值。目前我国对美国的慈善捐赠研究，主要集中在美国的慈善组织管理[7]、监督机制[8]方面的宏观讨论。但是，关于美国在自然灾害后如何进行救灾捐赠工作方面的具体介绍，还较为缺少。

俄勒冈州是美国飓风灾害发生较多的州，俄勒冈州政府制定了《志愿者和捐赠管理政策（Volunteer and Donations Management）》[9]，写明了各个参与志愿服务和捐赠相关部门的角色和职责。本文通过查阅俄勒冈州上述政策，结合美国联邦紧急事务管理署（FEMA）的《志愿机构在应急管理中的角色（The Role of Voluntary Agencies in Emergency Management）》[10]，以及美国捐赠管理网站（National Donations Management Network）[11]的相关内容，对美国的救灾捐赠工作机制进行具体的研究和讨论。

1. 美国救灾捐赠工作的角色分析

1.1 救灾捐赠工作的协调者——VOAD

在美国救灾捐赠工作中发挥最重要作用的组织机构就是VOAD（Voluntary Organizations Active in Disaster）[10]。既有国家级的VOAD，称为NVOAD，也有各个州的VOAD，例如俄勒冈州设立的ORVOAD（Oregon Voluntary Organizations Active in Disaster）。

VOAD可以视作为“志愿者组织救灾工作联盟”。自1970年创立以来，目前NVOAD已经有50多个声誉最好的全国志愿者组织参与，包括基于信仰的组织、基于社区的组织、非政府组织等多种组织，以及55个州或领土的地方VOAD，因此NVOAD能够代表美国绝大多数的志愿者组织。同样的，ORVOAD由俄勒冈州各种志愿者组织参与，可以代表当地绝大多数志愿者组织的意愿。

VOAD的核心原则是“4C”，即合作、沟通、协调、协作（Cooperation, Communication, Coordination, Collaboration）[12]，具体如下：

合作原则，合作意味着互相需要彼此。因为没有哪个志愿组织能单独解决灾害期间出现的各种挑战。只有大家在共同目的指导下，共同工作或行动时才能将社区的共同目标最好地实现。在操作层面上讲，合作，哪怕只是在某一项服务或货物运送上的合作，也能充分认识到共同工作的价值，这与下文提到的“协作”原则不同，“协作”更综合、更广泛。

沟通原则，对待正式会员如同合作伙伴一样，并培养一种开放的氛围去提升成员组织间常规的信息分享，包括成员的能力、成就、不足、承诺等。各成员组织必须发展并保持有效的信息分享渠道，仔细地倾听彼此，并关切地公开讨论。

协调原则，各成员组织向着在整个灾害周期输送有效服务的目标，以非竞争性的姿态，致力于一起工作。通过精心策划和准备，各家活跃在灾区的志愿组织成员从战略伙伴关系到以一个协作的、可预见的方式工作，更高效地利用资源去完成一系列的任务。

协作原则，会员组织建立共同的目标，并积极努力，在整个灾害周期共同实现特定的目标和开展具体项目。他们在整个灾害周期里结成战略合作伙伴关系。

1.2 民间志愿者组织的工作

在俄勒冈州的志愿和捐赠管理政策中，ORVOAD 的一些民间志愿组织除了参与捐赠工作外，还有一些不同的救灾工作需要承担，每个 ORVOAD 的成员组织都会有自己的服务区域与服务内容。

基督复临社区服务（Adventist Community Services）：负责捐赠仓库的管理，并为各种捐赠设施的运行提供志愿服务。

美国俄勒冈州的浸信会教会（American Baptist Churches of Oregon）：负责灾区基本应急需要的食品、衣物和优惠券。

美国红十字会（ARC，American Red Cross）：为 ORVOAD 的紧急协助中心 ECC（Emergency Coordination Center）与接受中心（Reception Center）提供联络，并协助紧急协助中心的代表作出需求方面的决策。具体可分为以下几个方面：查阅捐赠仓库已获得的捐赠提供，作出接受决定、需求决定并安排货物运输；将灾区志愿组织的电话号码汇总后统一管理；协助当地官员并识别出没有得到满足的需求；作为与美国红十字会有合约机构的联系人。

美国天主教慈善机构（Catholic Charities）：提供救济补助金以补充本地灾害响应支出，同时促进长期恢复过程的开始；提供临时住房援助；提供志愿者去为儿童、老人和灾害工作者作心理咨询。

基督教友爱会教堂儿童照顾志愿网络（Church of the Brethren Disaster Child Care Volunteer Network）：为美国红十字会和 FEMA 避难中心提供儿童照顾服务。

俄勒冈州的普世基督教大联合部（Ecumenical Ministries of Oregon）：向民众

提供饮食和避难所。

路德教会灾害响应机构（Lutheran Disaster Response）：按要求为 ORVOAD 在 ECC 处的代表和接受中心提供联络；由摩西搬运者（Moses Movers）将物资运送到受灾个人、家庭、救助中心和别的分配地点；有需要的话会向捐赠电话银行提供志愿组织捐赠电话号码。

门诺教灾害服务机构（Mennonite Disaster Service）：提供专业劳工帮助受灾家庭维修或重建受损房屋。

1.3 政府部门在救灾捐赠中的工作

联邦紧急事务管理署（FEMA）：管理捐赠过程中所需要的 800 个电话线路和相应的设备，为捐款信息的发布和收集提供基础。由联邦紧急反应小组负责，协助识别和建立必要的经营基础设施。协助、联系、协调提供确定商品和服务。协助制定一个联合战略，管理捐赠物品和媒体的信息发布。依据 JFO（联合现场办公室）人员每日简报的相关内容，进行最新的捐款活动和需求评估。向国会事务和公共事务的人员定期汇报。协商捐赠的政策和程序。

俄勒冈州政府：与 ORVOAD 合作，尽量合理评估所有受影响社区的需求，包括货物，志愿者和服务影响。预估接待仓库、配送中心，在灾难发生时使用。与当地的志愿者、社会和宗教组织合作，协调管理和经营本地的配送中心。

俄勒冈州的军事部门（OMD）：当被认定为紧急情况时，并且其他非军事的途径不存在、不适合或不充分时，军事部门会参与到捐赠管理中。例如运输捐赠物品到偏远的地方，或者搬运器材到紧急地区。

俄勒冈州的应急管理部门（OEM）：它是军事部门中的一个部分。它是州政府在捐赠协调团队 DMT（Donation Management Team）中的核心领导机构，为 DMT 的应急协调中心（Emergency Coordination Center，简称 ECC）和现场办公室（Joint Field Office，简称 JFO）之间提供联系，也与政府办公室、紧急管理机构等联系。主要工作包括：负责 ORVOAD 主席和联邦受灾区域各个部门的协商；对受灾地区的物资需求提出相关的建议；对灾区提供必要的援助；救灾物资的储存、运输和管理。

应急协调中心（ECC）：当一个州内有很多县或辖区受灾时，俄勒冈州的应急协助中心（Emergency Coordination Center, ECC）将被激活，或部分激活。它主要负责州一级各部门之间的协调。ORVOAD 将会派一位代表作为 ECC 的成员，负责将需求、主动提供的货物和服务给予 ORVOAD 的成员组织或别的非营利组织匹配起来。

现场办公室（JFO）：灾害现场办公室（Joint Field Office，JFO）设立在灾害区域的中心位置，主要负责灾害现场的应急处理，每日向上级发送灾情简报，包括捐赠物资、服务的需求情况。

2. 美国救灾捐赠工作的启动

一旦俄勒冈州有自然灾害发生，将由 ORVOAD 决定是否成立捐赠协调团队 DMT（DMT，即 donation management team），DMT 成立后，作为 ORVOAD 的一个下属委员会开展工作。

DMT 由各种志愿组织的代表组成，包括州的应急管理组织（Oregon Emergency Management，简称 OEM）、基督社区服务组织（Adventist Community Services）、美国红十字会州分会（American Red Cross Oregon Trail Chapter）、医疗队（Medical Teams International）、州食物银行（Oregon Food Bank）、救世军组织（Salvation Army）、州志愿网络中心（the Volunteer Center Network of Oregon）。这些代表们有权作决定，以确保更高效、快捷的捐赠管理操作。

是否启动捐赠程序主要由灾害的严重程度和灾害性质决定，一旦激活，DMT 就是俄勒冈州救灾募捐信息发布的主体。救灾捐赠开展后，捐赠仓库协调员（Warehouse Coordinator）将会在 DMT 的帮助下对 ORVOAD 每日定期汇报，使其随时掌握捐赠物资的需求量、拨付量。同时，DMT 的各个成员还将对自己的组织也进行汇报，并根据协商意见，开展捐赠工作。

灾害发生后，ORVOAD 还会建立俄勒冈州的捐赠管理系统，系统主要用于管理相关捐赠物品的信息。该系统将由俄勒冈州应急管理组织（OEM）任命的代表，和 ORVOAD 的代表共同管理。

救灾捐赠信息的收集、协调和宣传，离不开网络、电话等通信设备。灾害发生后，FEMA 将会提供国家灾害信息系统 NDIS（National Disaster Information System）给现场办公室（JFO）的联邦（州）公共信息工作人员。NDIS 由 800 个电话号码、基于 FEMA 总部或卫星办公室的通信中心、管理软件，和一个捐赠中央网络（National Donations Management Network，简称 NDMN）组成，从而给公众提供机会进行登记捐赠的货物、服务，并且将这些信息及时分享给州和 DMT 的使用者。捐赠号码等信息会显著、及时通过媒体向公众宣传。

捐赠中央网络 NDMN 是由 FEMA 与 Aidmatrix 基金会和企业赞助商合作推

出的一个虚拟门户国家捐赠管理网络，允许公司或个人在网上向人道主义救援组织给予支持。这个门户网站可以让用户根据意愿选定捐赠的地点（联邦或具体到某个州）和捐赠的对象（各种慈善组织基金会），提供现金捐赠、产品捐赠，或向活跃在灾区的非营利组织捐赠技能和时间[11]。通过国家捐赠管理网络，公司或个人可以浏览联邦或各个州志愿组织发布的捐赠需求清单，选择与自己提供相符的需求信息，填写捐赠货物的详细信息。在提交捐赠信息后，受赠志愿组织会主动联系捐赠者，协商货物的运输等问题。

3. 美国救灾捐赠工作的具体程序

救灾捐赠工作根据灾害发生前、发生中、发生后三个时间阶段，有不同的工作流程，如图 1 所示。下面对各个阶段逐一进行介绍。

（1）准备：创建并维护一个数据库，管理可用的资源和捐款。制定一个货物运输机制，控制货物进出、分期运输和货物分布。制定每种潜在风险类型所需的救灾物资清单，并进行年度培训，确保系统在灾难来临时有效运行。

（2）响应

确定发生自然灾难。

灾害志愿组织（ORVOAD）决定是否成立捐赠协调团队 DMT。

DMT 成立后，协同地方政府，确定需要受捐的物资。

捐赠协调团队（DMT）向公众信息官员（PIO）报送需要受捐的物资和资金。PIO 通过媒体向公众传达。国家捐赠管理网络（NDMN）会实时更新发布需求信息。

联邦紧急事务管理署（FEMA）激活国家灾害信息系统（NDIS）。NDIS 包括 800 个捐赠电话号码、设在 FEMA 总部或卫星办公室的呼叫中心、管理软件和中央捐赠数据库。

800 个电话号码接受公众关于捐赠的询问并提供完成捐赠的指导。

捐赠者根据国家捐赠管理网络（NDMN）提供的需求信息进行捐赠。捐赠人与接收者协商决定货物运输方式。

捐赠协调团队（DMT）接受救灾物资并放入仓库。设立物资分配中心，并在当地应急管理员（Local Emergency Manager）的帮助下分配物资给灾民。

ORVOAD 决定捐赠管理事务的费用支出，包括机构费用、设施费用、人事管理费用、仓库供应费用等。ORVOAD 也决定捐赠管理工作的启动和停止。

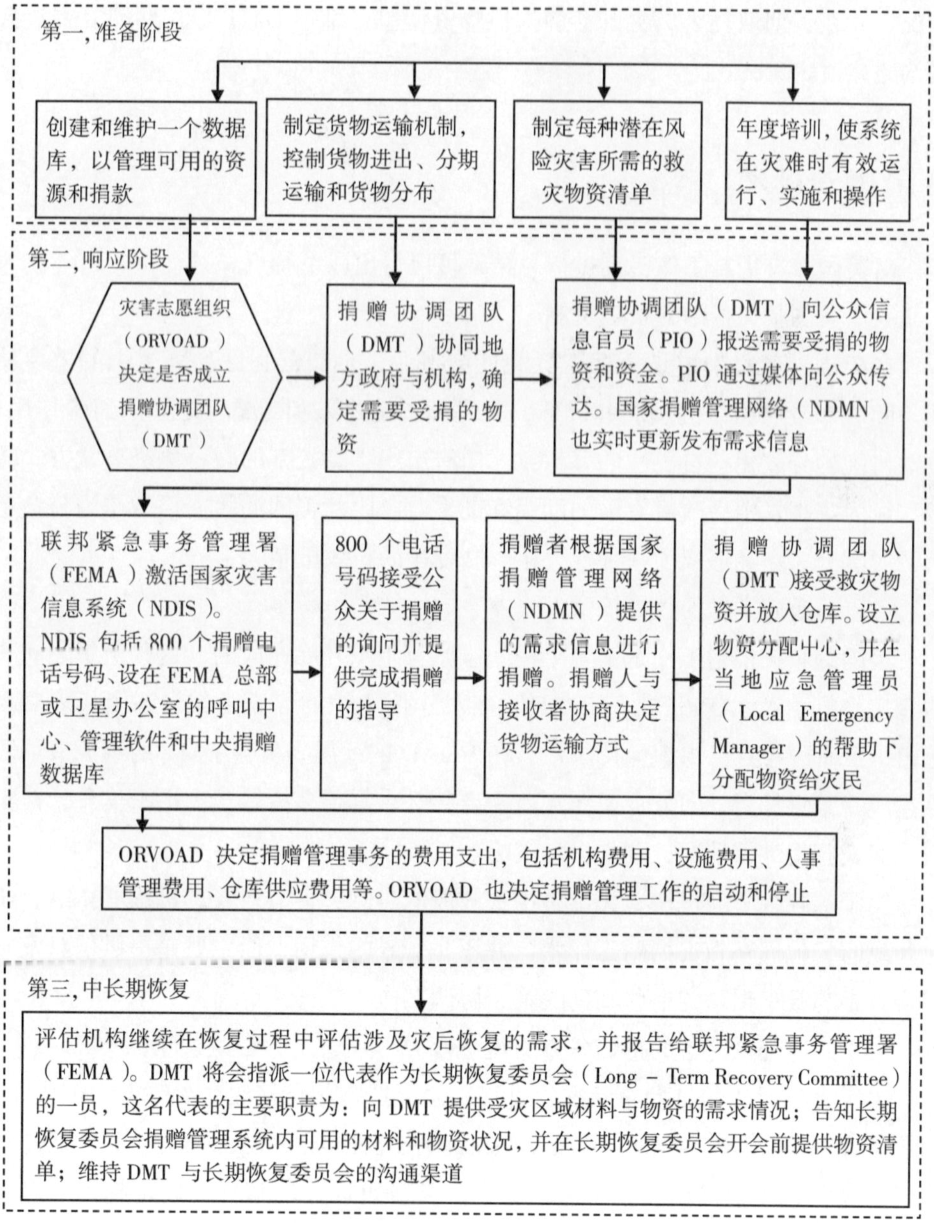

图1　美国救灾捐赠工作流程

（3）恢复

评估机构继续在恢复过程中评估涉及灾后恢复的需求，并报告给联邦紧急事务管理署（FEMA）。DMT将会指派一位代表作为长期恢复委员会（Long-Term Recovery Committee）的一员。DMT代表的主要职责为：向DMT提供受灾区域材料与物资的需求情况；告知长期恢复委员会捐赠管理系统内可用的材料和物资状况，并在长期恢复委员会开会前提供物资清单；维持DMT与长期恢复委员会的沟通渠道。

4. 结论与讨论

对美国救灾捐赠工作机制进行总结，可以得出以下特点。

（1）美国救灾捐赠的长效机制

在美国，慈善捐赠是一个广泛的社会事业，是非营利性慈善组织的重要功能。随着非政府组织的发展和成熟，其发挥了捐赠人和受赠人之间的纽带作用，推动传统的分散化、自发性的募款方式向有组织、高效率的联合集资募款方式转变，成为灾害发生后政府有力的助手和助推器。因此美国的救灾捐赠作为公益慈善的一部分，已经形成了一种社会化、制度化的长效机制。

（2）非政府主导的救灾捐赠

美国的救灾捐赠工作是由各个民间志愿者组织开展完成的，这些组织之间的协调工作则由VOAD完成。VOAD由各种志愿组织的代表组成，各个代表对自己组织负责，与自己组织保持联系。在VOAD的下属委员会DMT的组成成员协商达成一致意见后，向外界发布灾区需要什么、需要多少等救灾捐赠信息，并实时掌握最新的供需情况，调整捐赠策略。

美国的各级政府机构，无论是中央政府的自然灾害应急管理机构FEMA，还是州政府，他们在救灾捐赠工作中，并不是领导的作用，而主要是提供信息发布平台，参与救灾捐赠的一些辅助决策、协调工作。

（3）政府提供完备的捐赠各方交流平台

灾害发生后的信息发布状况，直接决定了捐赠信息接收、处理能力的大小。国家灾害信息系统NDIS（National Disaster Information System），可以让公众及时、充分地了解灾情及捐赠需求信息，并且可以让捐赠者在确定捐赠信息及接受者后，才开始收集捐赠货物，安排运输，避免重复捐赠造成的物资囤积与浪费[13]。

通过上述总结，可以知道美国的救灾捐赠工作是由民间主导、政府协助完成的。由于救灾捐赠的紧迫性、大范围性，美国各个志愿者组织又成立了OVAD，来专门进行救灾工作中各民间志愿者组织的协调、合作，这样有效地促进了救灾捐赠工作的高效、规范。

我国灾害发生后的救灾捐赠工作，通常由有救灾宗旨的全国性基金会开展募捐。民政部门对他们的救灾捐赠活动进行组织、指导，但是由于法律依据、职能定位等问题，这些基金会的救灾捐赠工作在运营、监管上都有待进一步完善。因此，如何吸取他国的经验教训，扬长避短，将更有利于我国救灾捐赠工作的开展。

参考文献

[1] 民政部救灾司 . 社会捐助基本术语 [S] . 北京：中国标准出版社 , 2009:1.

[2] 中华人民共和国民政部 . 中华人民共和国公益事业捐赠法 [S] . 北京：中国法制出版社 , 2000:2.

[3] 新华网 . 截至 4 月 30 日全国共接受抗震救灾捐款 659.96 亿元 [EB/OL] . (2009-05-11) [2013-05-13] . http://news.xinhuanet.com/politics/2009-05/11/content_11353751.htm.

[4] 韩颖 . 1978 年以来中国救灾捐赠研究 [D] . 北京 : 中共中央党校 , 2011:114-115.

[5] 蒋积伟 . 1978 年以来中国救灾减灾工作研究 [D] . 北京 : 中共中央党校 , 2009:126-128.

[6] 林守钦 . 浅议社会捐赠存在的问题与对策 [J] . 中国民政 , 2008 (11): 32-33.

[7] 高鉴国 . 美国慈善捐赠的外部监督机制对中国的启示 [J] . 探索与争鸣 , 2010 (7): 67-70.

[8] 莫格 . 当代美国慈善事业演变研究（1980—2009 年）[D] . 广州 : 暨南大学 , 2012:28-33.

[9] State of Oregon EOP. Volunteer and Donations Management [EB/OL] . (2011-08-21) [2013-04-04] . http://www.oregon.gov/OMD/OEM/Pages/plans.aspx.

[10] FEMA. The Role of Voluntary Agencies in Emergency Management [EB/OL] . (2012-10-21) [2013-05-11] . http://training.fema.gov/EMIWeb/IS/is288lst.asp.

[11] National Donations Management Network. Welcome to the National Donations Management Network [EB/OL] . (2013-01-15) [2013-05-10] . http://www.aidmatrixnetwork.org/FEMA/.

[12] National Voluntary Organizations Active in Disaster. What is National VOAD [EB/OL] . (2013-05-09) [2013-05-20] . http://www.nvoad.org/.

[13] FEMA and NVOAD. When disaster strikes [EB/OL] . (2007-08-17) [2013-05-14] . http://www.fema.gov/pdf/donations/when_disaster_strikes.pdf .

防灾减灾社会力量参与方式探索研究

李春杰，韩海涛，闫彦军
（山东省济宁市嘉祥县民政局）

摘要：我国地域广阔，灾害频发，随着全球气候变化及我国现代化、工业化和城市化进程加快，我国气候及生存环境不断恶化，传统的单靠政府包办的方式已经不适应现代社会发展的需要，各种弊端逐渐暴露。借鉴现代西方国家减灾救灾实践中公众高度参与所带来的良好效果的事实，我国急需构建防灾减灾社会力量参与机制，吸纳社会力量，调动社会资源协同应对灾害，充分整合社区、社工和社会组织资源，多渠道提供社会公众参与实践，更好地预防灾害发生，降低损失率，形成我国政府主导、社会协同、公众参与的防灾减灾体制。

关键词：防灾减灾，社会力量，参与方式

1. 研究综述

随着全球气候变暖及资源紧缺和环境污染压力加大，自然灾害形势严峻，威胁着全球人类的生命安全，因此，自然灾害的研究引起了国际社会的高度关注。自然科学和社会科学领域学者进行了一系列的研究，分析灾害发生和预防，开发灾害遥感和灾害信息处理科技技术，探讨灾害应急管理理论，预估灾害风险研究，灾害与可持续发展关系研究等，都取得了很好的成果。以美国、日本、澳大利亚和欧洲部分国家为代表，灾害研究自 20 世纪 60 年代以来已由发展期进入成熟期，代表着国家先进水平。中国是在 80 年代中后期才进入快速发展期。在科技技术方面，美国、日本和加拿大等国家开始将航空遥感用于灾害信息调查中；在公共危机应急管理方面，有巴顿著的《组织危机管理》和希斯著的《危机管理》，我国学者王宏伟也研究了从主体、过程和客体三个方面构建了重大突发事件应急机制的框架。在灾害信息处理方面，黄崇福等引入了信息扩散的模糊数学方法，[1]李祚泳、邓新民则提出了物元分析的新方法。[2]关于自然灾害的危害性，于庆东、沈荣芳根据自然灾害经济损失的特点，对自然灾害经济损失进行了界定和分类，探讨自然灾害直接和间接经济损失的评估理论和方法。[3]还有很多学者针对单项灾害进行研究，例如，火灾、气象及地震等。综上所有关于灾害的研究，主要集中在灾害风险、应急管理及科技应用方面，偏重于自然科学研究，社会科学方面尽管在风险理论和灾害分类处理上也有涉及，但是在灾害防御机制特别是社会力量参与机制研究方面较少，而在应对灾害的实践中，社会参与越来越受到各个国家的重视。“如 1993 年印度马哈拉施特拉邦地震、1994 年美国加州地震、1995 年日本阪神大地震、2005 年美国卡特里娜飓风及 2010 年海地地震，社区组织均在紧急救援中扮演关键角色。”[4]尤其是在灾害发生以后，当地政府职能可能出现瘫痪状态，这时民间的力量及时发挥作用，可以极大地降低损失率。由此，在全球范围内都在探索社会参与减灾救灾的重要性及减灾救灾过程中有效社会参与管理、组织与技术方法。

中国是世界上自然灾害最为严重的国家之一，面积大，人数多，地形复杂，特别是在当前社会转型期，治理污染和环境保护还处于起步阶段，环境和资源压力等都促成了各种灾害发生；另一方面，社会分化加速，单位人变成了社会人，民间财富不断积累，我国公民越来越关注环境和灾害，民间组织快速成长，公益组织持续发展，因此，可以说，社会力量参与防灾减灾有了机遇和条件。

2. 社区参与防灾减灾实践路径

2.1 加强社区减灾意识教育

通过社区广播、电视、互联网、便民宣传栏、宣传单、海报等形式宣传教育社区居民防灾减灾知识，提高社区居民对自身安全的高度重视，引导社区居民关心社区安危。特别是新建居民区，需要帮助居民尽快熟悉社区防灾减灾资源，了解防灾减灾资金来源与物质储备情况。宣传防灾减灾工作信息，鼓励阅读防灾减灾科普读物，增长安全防患知识，借助“防灾减灾日”开展知识讲座，提升社区居民防灾减灾意识，增长防灾减灾知识，提高生活质量，增强居民社区认同感、归属感，认识到防灾减灾从我做起的重要性。普及防灾减灾知识。针对广大基层民众的知识背景、文化程度和接受能力的差异，在宣传教育中要采用不同的方式，重点加强对青少年和老年人防灾减灾知识宣传教育。要把预防和减少灾害知识宣传进家庭，适当配置家用防灾减灾装备，提高家庭自我防灾减灾能力。

2.2 培育社区减灾人才

加大学校教育中关于灾害知识和自救技能的比重，让学生将防灾自救的技能带回家庭之中，进而提高每个家庭的抗灾能力。了解政府预防灾害的政策，推行防灾人才体系建设。防灾人才建设具体到农村社区就是把村干部、社区内外减灾志愿者、减灾技术专家、减灾政策顾问均纳入农村社区防灾人才队伍中，形成农村防灾减灾工作的中坚力量。建立一支具有监测预警能力、应急准备能力、先期处置和协助救援能力、灾害恢复能力的减灾队伍。发展社区应急救援志愿者队伍，发挥其辅助作用。

2.3 实施培训演习

社区内防灾减灾的重点在于防治那些能够直接对社区居民的生命财产安全造成威胁的灾害事故，要根据不同类型社区的特点，需要规划重点不同的公共防灾减灾资源布局。每个社区都应该设立一个灾害应急办公室或者是指挥部，社区要设置紧急避难和安置场所，定期、定灾种、定人员进行社区防灾、减灾、避灾、救灾演练，使社区居民了解应急避难场所的分布状况、如何使用该场地等问题，掌握救灾减灾技能，提高自我救护能力。我们可以配备灾害信息员，利用专业培训灾害信息员，专业排查社区灾害隐患，根据社区人员数量和抗灾能力制定应急预案，定期进行灾害演习，让社区居民熟悉防灾减灾流程，发展社区资源，引进专业人士做顾问并培育居民骨干，指导社区防灾减灾工作，培养居民防灾减灾技能，通过防灾减灾模拟演练迅速提高居民防灾减灾能力，防患于未然。

2.4 完善应急预警机制

在澳大利亚，灾害发生时，遍布于社区的“应急响应志愿者”是抗灾的生力军，他们来自于社区，服务于社区，积极参与社区的减灾和备灾活动。[5]街道社区要普遍建立避灾场所，为楼座配备安全逃生绳，为家庭配备应急灯、灭火器、应急包。我国应借鉴其经验，要加大救灾物资储备力度。对于农村社区防灾减灾工作，可以由村干部组织村民进行逃生演习，并在演习中总结避灾经验和技巧。在日本，各个社区为了在面对灾难时把损失降到最低，都会根据自己区域的历年灾害情况和区域地理特征来制订本区域的防灾计划。我们要借鉴国外先进经验，推进弹性社区建设，实现社会参与减灾救灾时序上的全过程化，使社会参与由过去的单纯重视应急救灾的阶段性、一次性和应急性转向全过程、常态化和持续性。[6]因此，要完善自然灾害灾情上报与统计核查系统，尤其要重视县级以下灾害监测基础设施建设，增加各类自然灾害监测站网密度，优化功能布局，提高监测水平，构建自然灾害立体监测体系，建立灾害监测—研究—预警预报网络体系，健全自然灾害预报预警和信息发布机制，加强自然灾害早期预警能力建设。

3. 社会工作介入防灾减灾策略

3.1 社工介入实践与方式

汶川特大地震发生后，社会工作专业队伍根据灾区群众的迫切需要，迅速动员、积极投入到抗震救灾中，反应迅速，地震发生后不到3天，有的社会工作组织机构就利用自身优势面向社会各界发出倡议，协调社会资源，专业服务贯穿了汶川特大地震紧急救援、临时安置和恢复重建各个阶段，服务对象涵盖了灾区失依儿童、青少年、妇女、残疾人、老年人以及普通受灾群众和基层干部等各类人群，服务内容囊括了物质资源协调、心理情绪辅导、社会关系重建、志愿服务管理、信息平台建设等多个类别。[7]社工介入后，灾区的群众有了生活的信心，积极面对人生。我国现有的社会工作专业机构，由于其特有的“助人自助”的社会工作专业价值理念及方法，在整合社会资源，解决社会问题，化解社会矛盾，为老人、妇女、儿童、残疾人、农民工、单身家庭、下岗人员、受灾群体等困难人群提供专业服务方面，具有得天独厚的专业优势。政府购买社会服务，社会工作机构承接社会公共服务项目，使其在各类社会公共服务项目竞标、实施、评估中有更多机会施展。社工机构以项目合作的方式参与到紧急灾害救助中，由于社会工作专业服务的专业性和职业化特征，吸引政府越来越多的购买社工服务，在地震、干旱、重大事故等灾害救助活动中，社工可以从多个角度与方面介入到灾害救助活动中，通过链接资源、组织志愿者、策划救助方案、灾民意见反馈、动员公益力量、心理疏导、恢复重建等多个方面开展社工救助活动。服务项目多样，服务质量更专业，其公益服务的性质也广受群众信任和行政部门的青睐。特别是在广州、上海等发达城市地区，社工介入服务已经发展逐步成熟，民政部也逐步出台各项社工意见和政策，不断推动社工发展，充分发挥社工在补充社会治理中的重要作用，可以说，社工是重要的减灾救助社会参与力量，也是专业化水平较高的参与力量。

3.2 灾害救助社工介入技巧

当前我国自然灾害频发，受害范围大，需要更高的专业要求，掌握救灾介入策略，才能及时、高效缓解危机，快速恢复生产、生活秩序，更好地维护社会稳定，团结社会凝聚力，激发、培养社会慈善力量，促进社会和谐。灾害救助方法主要包括危机介入、物质支持、心理疏导和恢复重建。首先，危机介入可以解除困境 。当发生重大自然灾害，如洪水、地震、山体滑坡、火灾时，需要灾害紧急救援。应急救援最主要的原则是保护生命，减少财产损失，组织有关力量及时快速抢救受灾者，由于危机的意外性强、造成的危害性大，而且时间有限，需要社会工作者及时处理，尽可能减少对服务对象及其周围他人的伤害，抓住有利的、可改变的时机。把精力集中在目前有限的目标上，与服务对象共同协商和处理面临的危机。运用输入希望技巧稳住受害者情绪，去除迷茫、无助、失望、绝望的状态，让服务对象重新找回生存动力；其次，物质支持保稳定。生命危机解除后，物质支持是受灾群众基本生存的基础，他们有持续获得生存的权利，社会工作者应当协助政府部门，统筹安排好社会救助生活物资，解决好灾民的吃饭、穿衣、住宿、饮水、医疗等基本生活问题。为受灾群众提供基本的生活保障；再次，心理疏导调节情绪。灾害发生后，原有的社会秩序遭到破坏，人们的生命财产遭受巨大损失，受到生命、残疾威胁及失去亲人、财产破坏、惊吓等冲击，心灵受到重创，容易出现绝望、焦虑、委屈等感受，救灾救助社会工作运用心理疏导、情绪控制、谈话等技巧帮助受灾群众走出阴影，重建心理，减轻压力，恢复生活的动力，重建自信，健康成长；最后，恢复重建促进了和谐。危机过后，如何安置受灾群众，重建社会秩序，是灾害救助社会工作的重要内容，我国实行“政府统一领导、部门分工负责、地方分级管理”的方式，民政系统主要负责灾后民房的恢复重建，能源、交通、建设等相关部门负责基础恢复建设。需要专家介入、科学规划、整合资源，调动社会慈善力量帮助恢复重建，注重质量与公平，以促进社会和谐。社工参与监督管理社区重建工程进展，帮助受灾群众恢复生产能力，解决居民失业等问题，恢复社区社会经济、生活秩序。

3.3 地震灾害社工介入策略

汶川地震和雅安地震灾害给国家和群众造成了巨大的伤亡和损失，为了更好地安抚灾民身心，减少悲伤，需要专业社工策略介入。由于每个灾民或家庭独特的生活背景和情况，以及个人对突然灾害承受能力不同，需要社会工作者针对独立个案采取不同技巧与方法；小组工作的互动情感支持功能对于缓解由于地震丧失亲人群体有很好的作用，让灾民互相提供心理支持。地震发生区域受到破坏后需要重建，社区策划方法应用可以科学有序实现灾区重建。可以组织社工人员及时掌握可能发生地震灾害地区的情况，了解灾害来临前的征兆，平时注意定期举行灾害演习，掌握自救技巧。聘请专家定期分析地震风险，调查隐患及做好规划。地震灾害发生后需要紧急救助，特别是在黄金 72 小时内，要紧急救援，保护生命。社工介入科学评估灾民紧急转移需求，帮助政府部门制定转移方案，针对丧失亲人的灾民进行心理辅导和服务，利用音乐治疗、悲伤辅导、陪伴倾听、心理疏导等方法协助灾民走出悲痛，减轻灾民的绝望、焦虑和委屈感受，稳定情绪。同时整合社区资源、民间慈善组织及社会爱心力量帮助灾民渡过难关。灾后重建需要社工介入协助地方政府监督管理重建工程，帮助灾区恢复生产和生活。

在地震灾害社工介入模式选择上主要有危机介入、人本主义、互动发展模式和社会策划模式。危机介入模式主要是紧急介入。地震对于受灾家庭来说是巨大的危机，需要社工及时介入处理，减少危害，同时对受灾群众输入新的希望，激发受灾群众生存意志，减少无助，帮助受灾群众走出失去亲人与财产的悲痛，恢复生活的自信。及时做好对受灾群众的心理疏导，稳定不安情绪。人本主义模式的人本主义相信人的理性，社工要充分相信受灾群众有能力适应环境的变化，要给受灾群众温暖与尊重，帮助调节心理适应，快速进入到新的生活中去；存在主义强调生命的意义，痛苦是生命的一部分，帮助受灾群众从痛苦中找到生活的意义。互动与发展模式的方法主要是通过受灾群众群体的情感互动，得到各自的心理支持，相互关心、相互分享、相互依靠，帮助受灾群众充分表达对亲人的思念，给予情感发泄，协助受灾群众找到生活的目标。挖掘灾民自身潜力，让受灾群众感到自己是有价值的，找到生活的希望，促进受灾群众个体成长。

3.4 运用社区参与技巧

强调社区参与，调动居民积极性参与解决社区问题，防灾减灾工作是社区事务的重要内容，参与社区活动，提高居民的防灾减灾的潜能，开拓社区居民防灾减灾实际经验，挖掘社区防灾减灾资源，提高居民防灾减灾自助能力，动员居民集体参与解决灾害安全问题，促进居民交流沟通，参与策划抗旱、防涝、防火等活动，解决社区共同性问题，例如，面对大规模的干旱和洪涝灾害，利用居民代表或者居民关注问题小组依靠集体力量，整合社区防灾减灾资源集体抗旱、防涝。自发组织灾害巡逻员队伍定时巡逻，及时上报灾情，并申请救助资金及组织灾后重建等工作，全面培育社区居民防灾减灾文化，通过互动交流分享社区居民防灾减灾经验组织社区居民开展座谈会，用小组互动方式鼓励居民广发言论，讲述自己曾经遭遇或者身边人遇到的灾害故事，开展经验交流，分享防灾减灾经验，也可讨论从阅读防灾减灾科普读物学到的知识，或者通过集体观看灾害录像与防灾知识讲座，然后共同讨论交流，促进沟通，更好地分享经验，增强自身避险能力。

4. 社会组织参与防灾减灾实现方式

4.1 引导公益组织力量参与灾害救助

民间公益组织参与救灾实践早在民国时期就已经实现了规模化和专业化的发展，“中国华洋义赈救灾总会”就是突出代表。20世纪90年代开始，中国民间救灾在国际组织的支持下，有了一定的试点和发展。特别是2008年的汶川地震中，民间救灾呈“井喷”之势，引起了政府和社会的广泛关注。经过数年的沉淀与发展，2012年民间救灾开始作为一个公益行业逐步显现，成为大小灾害中积极参与的一支常规力量。[8] 根据我国的社会主义特色特点和行政职能优势，那些有政府行政背景和公益性社会组织是主要的社会参与争取对象，通过多种优惠政策和方式引导公益组织参与到灾害救助中，可以通过登记、分类、培训、补助等方式将社会组织纳入到各类减灾救灾体系当中。这样做既不增加社会成本，又可以增加灾害发生后的后备力量。社会组织要根据救灾的特点，吸纳具有志愿精神和一定专业素养的志愿者，通过他们去募集资金、储备救灾物资，招聘与管理志愿者适当分摊经济责任，共同承担社会风险，也为社会力量参与灾害应对提供了正式途径。

4.2 应用民间组织科研成果

在灾害研究领域，科技应用越来越受到重视，卫星和遥感技术在国际上普遍被应用到救灾领域，例如，美国的学术机构也参与到减灾救灾工作中，利用自身学术优势，借助先进的专业技术和现代信息技术优势，广泛开展大学周边社区防灾减灾方面的教育，并通过出版物和学术会议为政府决策部门提供具体参与建议。可见，社会组织中科研学术成果在灾害救助方面还有很大的开发空间，应该建立灾害救助科技学术应用机制，让科技成果作用最大化。

4.3 发挥志愿者的辅助作用

志愿者群体是重要的参与主体，不但在参与意识上可以达成共识，提升社会整合、社会凝聚力，又可以在救灾实践中发挥很好效果。国际上，志愿者参与救灾工作有先进的经验。以 2009 年的美国官方统计数据为例，16 岁以上美国人中共有 6340 万人约 26.5%参与了社区志愿服务。从 2002 年到 2009 年，全国平均志愿者参与率均在 26.5%以上。[9] 瑞典在具体救灾实践中主要是以民防志愿者为主，瑞典民防局是瑞典民防系统防灾的中央权力机构，除一般民防事务外，主要从事于研究制定国家级防灾救援应急预案。瑞典现有 800 万人口，就有 10 万民防志愿者。[10] 这些都充分说明，志愿者是救灾活动中不可或缺的参与群体，发挥着不可替代的作用。所以，我们应该扩大志愿者队伍，平时注意社会主义核心价值观的培育，宣传减灾救灾知识，学习国际先进志愿者服务经验，引导积极参与防灾减灾救助活动。从而带动全社会参与灾害救助意识，营造全民参与文化，汇聚民族凝聚力。

4.4 形成联合行动新常态

在长期的救灾实践中，人们越来越认识到单靠一个民间组织的力量是远远不够的，效果是有限的，多个组织联合行动才是未来发展趋势，例如，“蓝天救援队”和“壹基金救援联盟”为典型，都吸纳了数百支救援队参与。“华夏公益”开展的救灾信息平台，已经有 200 多家公益组织参与，在救援中收集和共享各方信息，沟通民间救灾行动。我们可以从灾害信息共享上、资源链接上、志愿与专业服务上等联合起来，实现有序救灾，逐渐形成民间组织救灾联合行动的新常态。

5. 全民参与防灾减灾探索

除了社区、社工和社会组织之外，企业、妇女和儿童等群体参与防灾减灾力量也不可忽视，积极与企业达成共赢，参与灾害救助为他们自身赢得信誉的同时，也可缓解政府压力，引导企业在内部组建抗灾义工队伍，灾害来临时为群众提供避灾场地(场所)，出资为社区配备必要的救灾设施，为开展相关教育培训提供帮助和捐助防灾减灾专项救助金等形式不断提高企业的参与度。扩大妇女和儿童在灾害救助活动中的参与，发挥他们特有优势，挖掘潜能，增强他们为社会作贡献的意识和能力。全面营造防灾减灾文化环境，特别是在教育系统增加防灾减灾宣传实践，潜移默化地培育新一代防灾减灾意识。

6. 结语

社会力量参与防灾减灾是未来社会灾害救助的发展趋势，社区应该成为主要的防灾减灾阵地，提升居民减灾意识和健全应急系统，利用专业的职业化社工理念和方法介入到防灾减灾实践中，提高救灾效果和服务水平。积极引导公益组织和社会企业在技术、信息和行动到参与防灾减灾，扩大妇女和儿童在防灾减灾中的作用，努力形成全民参与防灾减灾的局面。

参考文献

[1] 黄崇福等.以历史资料为依据的农业自然灾害风险评估方法[J].自然灾害学报，1998(2).

[2] 李祚泳，邓新民.自然灾害的物元分析灾情评估模型初探[J].自然灾害学报，1994(2).

[3] 于庆东，沈荣芳.灾害经济损失评估理论和方法探讨[J].灾害学，1996(2).

[4] 臧雷振，黄建军.减灾救灾社会参与机制的国际比较及启示.应急论坛.

[5] 郭跃.澳大利亚灾害管理的特征及其启示[J].重庆师范大学学报，2005(4).

[6] 张晓曦.国外社区防灾减灾的经验及启示——以日本社区防灾减灾建设为例[J].环境与可持续发展，2013(6).

[7] 孙建春.大力发展灾害社会工作充实防灾减灾专业力量[J].中国减灾，2010(13).

[8] 李健强.2012年民间力量参与救灾综述，中国减灾，2013(2).

[9] 臧雷振，黄建军.减灾救灾社会参与机制的国际比较及启示[J].中国应急管理，

2011（10）.

［10］周荣，吴巍．试谈非战争灾害民防救援体系的构建［J］．广州人防，2007(3).

［11］陈徐东．防灾减灾社会参与机制的创新［J］．城市与减灾，2011（3）.

［12］社会协同 公众参与——民间社团参与社区防灾减灾经验分享，中国社会工作教育协会［J］．中国减灾，2012（10）上．

［13］易亮，张亚美，黄维，朱伟．社区防灾减灾资源评价体系探讨［J］．灾害学，2012，27（1）.

［14］汪万福，齐芳．社区防灾减灾能力培育［J］．中国减灾，2011（8）上．

［15］肖超．减灾救灾的社会参与机制重建［J］．江西社会科学，2013（2）.

民间灾害救援行动推进灾害管理机制创新

伍国春

（中国地震局地球物理研究所）

摘要　社会系统遭受灾害打击后，其功能能否恢复到受灾前的水平，因为社会不同花费的时间也不相同。较高的应对灾害的能力，既包括政府，也包括民间的应对能力，是一个组织、制度和机制不断完善的过程。在我国，汶川地震后社会组织参与灾害救援已经常态化，这符合国内社会发展的现状，也和社会组织参与救灾的全球化趋势一致。在日本，社会组织参与救灾已经被吸纳到灾害管理制度中并形成了一套较为成熟的机制。最后，本文结合中国民间灾害救援行动的发展现状，提出推动灾害管理机制创新的政策建议。

关键词　社会组织，全球化，制度化，协调机制，创新

不是所有的自然灾害（hazard）都被称作灾害（disaster），社会科学关注作用于社会，并导致社会功能损失的灾害研究。社会系统遭受灾害打击后，其功能能否恢复到受灾前的水平，因为社会不同花费的时间也不尽相同。社会功能从灾害打击中恢复过来的能力即“恢复力”，一个社会恢复力的高低取决于该社会受灾前准备度的高低。恢复力高的社会大多具有政府、社会和个人应对自然灾害的能力较高、准备比较充分的特点。较高的应对能力不是一蹴而就的，是一个不断学习总结的过程。本文把这种学习、总结称之为“制度化”。本文中所讲的制度化，包括组织、制度和机制的完善。这种制度化既可以是政府的、也可以是社会的。2008 年汶川地震后，在我国志愿者参与救灾已经成为常态，而且伴随我国社会发育以及其后灾害频发，涉及灾害救援的志愿者组织越来越多，有了组织储备。2015 年 10 月 8 日，《民政部关于支持引导社会力量参与救灾的指导意见》发布，社会组织纷纷表示“期待已久”。这标志着在我国，社会组织参与救灾、减灾开始步入制度化的新阶段。社会组织参与灾害救援，符合我国国家治理的新

要求，也推动灾害管理机制的创新。

本文关注组织化的志愿者活动，由于参与灾害救援的志愿者组织存在多样化的组织形态，为行文方便，本文统称为“社会组织”。通过国外的案例分析，探讨社会组织参与救灾制度化的关键问题。首先，回顾社会组织参与救灾的全球化趋势以及救灾全球化。其次，通过对日本案例的分析，探讨社会组织参与救灾的制度化的机制。最后，回顾我国社会组织参与救灾的发展历程及其社会意义，并讨论我国社会组织参与灾害管理创新的政策对策。

1. 社会组织参与救灾的全球化趋势

近些年来，社会组织在减灾中的作用受到重新评价。

首先，伴随城市化的发展，社会系统不断复杂化导致灾害规模扩大，仅靠政府机关等个别组织难以应对大规模的灾害。因此多种多样的志愿组织“对于发展中国家或是发达国家的灾害应对都越来越重要”。这一观点通过大量的事例研究得到证实。林春男等对阪神—淡路大地震后灾害对策本部的研究表明：地震发生后“整个兵库县政府能够进行统一地组织应对至少花了 2 周时间”。巨灾发生后会有大量的新业务产生，仅仅依靠政府无法及时处理。

由于在救灾中多种多样的社会组织“对于发展中国家或是发达国家的灾害应对都越来越重要”，在灾害治理中人们期待社会组织发挥作用，在实际的灾害应对中，社会组织确实发挥了作用，比如阪神—淡路大地震、三宅岛火山灾害等的案例研究都证明了这一点。

同时，我们应该看到“人们对公共灾害管理组织的不满在增大”，不论在发展中国家或发达国家，都存在对政府机关灾害应对的批判 。这种现状和人道主义观念的普及导致大家对政府救灾期望值的提高有关，也和上文提到的灾害规模扩大，政府不能及时救助有关。

其次，今天灾害支援越来越全球化。灾害支援全球化的背景之一在于世界规模的经济差距的扩大。在富裕国家，灾害发生后往往发生人员、物资和信息集中到灾区的现象 。伴随全球化的深化，灾害支援从资源丰富的地区向第三世界流动，但是，对发展中国家的支援并不稳定。往往“受到媒体关注的灾害得到高额捐助，得不到媒体关注的灾害被人们遗忘，人员、资金都集中不起来”。虽然存在灾害报道不均的问题，但是通过灾害报道，灾区的画面传达给处于非灾区的受众，从而引起超越国界的共鸣、增加跨国界的支援。比如，印度洋海啸得到来自世界各地的破纪录金额的捐助，其受灾非常大是原因之一，但是在世界各地不停播放的有视觉冲击力的画面使遥远的非受灾区的人们也“间接受灾”。

灾害支援全球化的背景之二源于跨国界的志愿者和 NGO 活动的增加。根据联合国人道问题协调办公室（OCHA：United Nations Office for the Coordination of Humanitarian Office）统计，2007 年“约有 260 个日本和各国 NGO 参加世界支援活动”。其中，通过自己的海外分部开展国际化活动的 NGO 也很多，这些团体虽然以人道支援为主开展活动，但是从事灾害支援的也不少。因此，在灾害支援中，基于基本人权观念的灾害支援理念，逐渐得到普及。

最后，灾害支援全球化成为现实的理由在于，灾害时的“社会和政治界限模糊”的事实。当发生像 SARS 一样的超越国境的大规模灾害，或者“即便是小规模的灾害由于发生在不同社会，也会有人员受灾”，可以预计“未来这样的非社区灾害（Noncommunity disaster）将增加”。一方面超越社区的灾害增加；另一方面社区中外来人口增加，社区内灾害应对新课题不断涌现。在灾害应对中，多个人道支援团体间的协调受到关注，更有学者指出，在这样的灾害中与其考虑哪个机构发挥调节作用，“不如考虑根据不同的情况进行调节的方法更现实”。灾害救援时多组织参与成为现实，组织间如何协调是重要的研究课题。

灾害研究往往基于实例的研究，同时，通过研究事例总结经验并上升为制度，是灾害研究不可忽视的功能。下文将分析日本案例，探讨灾后救援中社会组织参与救灾如何建立协调机制。

2. 日本社会组织参与防灾减灾制度化情况

在日本，阪神—淡路大地震后，志愿者参与灾害救援和恢复重建成为常态。为了有序引导志愿者参与灾后救援，经过尝试，日本建立了以灾害志愿者中心为核心的志愿者协调机制。

首先，有核心社会组织承担灾害志愿者中心的设立。根据内阁府《平成 16 年度设立灾害志愿者中心》的调查，2004 年日本全国设立了 60 处灾害志愿者中心，其中 36 处由社会福祉协议会设立，另外有 46 处负责人是社协职员，足见灾害志愿者中心的设立和社会福祉协议会有很深的渊源。另据内阁府《平成 18 年度设立的灾害志愿者中心》的调查所示，2006 年设立了 23 处灾害志愿者中心，其中有 7 处由社协单独设立，社协和志愿者团体共同设立有 10 处，社协和政府、志愿者团体共同设立的有 3 处。所有这些调查都表明，社会福祉协议会在灾害志愿者中心的设立中发挥了核心作用。社会福祉协议会是类似于中国慈善总会的有官方背景的社会组织，核心运营组织的存在，有利于灾害志愿者中心的平稳运行和经验的传承。

其次，专项资金保证灾害志愿者中心的运营资金。根据内阁府调查，回答“初始资金”2004年为“0日元”的有18处；回答“从市町村社会福祉协议会日常经费筹集”的有17处；回答“共同募金补贴”的有8处；对“运营时的资金筹措来源”回答最多的是“共同募金补贴”，有26处；回答“市町村社会福祉协议会日常经费”的有13处。总之，灾害志愿者中心的设立运营经费来源于社会福祉协议会和共同募金会。在日本，志愿者在灾害志愿者中心登记，即可以获得志愿者保险。据内阁府2005年实施的《都道府县防灾担当部局问卷调查》显示，自治体或社会福祉协议会对是否“有灾害志愿者活动专用基金”问题，47个都道府县中回答有“专用基金”的仅7个，14个回答“有可灵活使用的基金”，两者共计有21个自治体有志愿者活动基金。多来源的资金，用途也是多样的。根据笔者调查，灾害志愿者中心的资金除了用于中心的运营，也用于志愿者，主要是志愿者保险。运营费用主要包括中心启动初期所需的各种器材以及对长期支援者提供的补贴。

再次，灾害志愿者中心的功能主要是协调受灾者、政府和志愿者。调查显示，对“政府和志愿者中心合作内容”回答最多的是“有关受灾者的需求信息”，共计49处；其次是“对志愿者活动的物资支援”有26处；最后是“志愿者中心的运营”有24处；还有21处回答“为了实现与政府的信息共享，定期开会”。

最后，日本通过地方防灾计划，规范、明确灾害志愿者中心设立的程序、组织责任，并在防灾规划中把活跃于紧急期的志愿者的活动延伸到平时。在《都道府县地域防灾计划》中记载有灾害志愿者条款的有44个，有41个自治体回答有“自治体和志愿者团体合作的协议会、研究会等”。日本不仅在防灾计划中明确志愿者职责，并通过项目培养参与防灾减灾的志愿者。根据平成十八（2006）年度对都道府县防灾负责部局、市民活动负责部局和都道府县社会福祉协议会实施的《防灾志愿者人才培养问卷调查》显示，2005年度日本全国实施防灾人才培育项目共计168个，实施防灾志愿者人才培养项目的都道府县社会福祉协议会有39个、防灾负责部局有29个。从“防灾志愿者人才培养事业的课题内容”看，55%回答“充实预防对策”，55%回答“顺利设立、运行灾害志愿者中心”，48%回答“充实灾害应对”。2005年3月日本内阁府主办了“防灾志愿者活动研讨会”，并在内阁府网页上公布了其中部分成果。

可以说日本通过制度化的方式，积极引导社会组织或志愿者有序参与救灾和恢复重建，明确了志愿者参与防灾减灾的机制。换个角度，民间救援力量的发展，促进了灾害管理机制的创新。目前，我国社会组织参与灾害救助的现状，也到了同样的阶段。下文将探讨建立符合我国志愿者活动现状的灾害管理机制的政策对策。

3. 我国社会组织参与防灾减灾的现状及协调机制的建立

随着中国越来越深地卷入全球化，一方面，在国内社会组织参与减灾救灾的活动受到关注；另一方面，社会组织参与救灾减灾不断得到国外的支持，这种支持包括资金、智力等的支持。同时，随着中国组织参与救灾能力的提升，也开始尝试参与全球化的人道主义救援。 在我国，社会组织参加灾害救援、救助的活动经历了一个逐渐发展的过程。具体经历了萌芽、井喷、社会组织的自我发展和完善的阶段，目前面临制度化的课题。

九江地震案例研究显示，像红十字会、慈善总会这样的官办 NGO 的救援能力不足、仅见少量的志愿者参与灾后救援。但是，九江地震后以政府为主、官办 NGO 为辅的灾害救援，伴之以处于萌芽状态的志愿服务，“中国诞生了志愿领域”。汶川地震后破纪录的志愿者涌入地震灾区，在地震救灾实践中形成了局部的志愿者调节机制。雅安地震后，积极构建了各种协调平台 。2015 年尼泊尔地震，社会组织开始走出国门，尝试在国外开展大规模救援和救灾活动，代表我国社会组织参与灾害救援和恢复重建，进入了新的阶段。有序引导社会组织参与减灾救灾，成为政府和社会组织都不能回避的问题，现实要求灾害管理的制度创新。

社会组织能够参与减灾、救灾和我国社会结构变化以及与社会结构变化相适应的社会治理方式的变化有关。改革开放政策实施一定时期后，到 20 世纪 90 年代后半叶产生了“自由流动资源”和“自由流动空间”。虽然政府没有放开对社会的控制，但是“社会开始作为独立于国家的相对自律的一部分而存在”。社会性“自由流动资源”的诞生意味着本来的“国家—单位—个人”的社会结构发生了变化。“自由流动空间”意味着“在不同所有制之间的流动、在不同工作单位之间的流动和在不同职业间的流动。单位组织已经无法有效地保证对其成员的控制”。与此相适应，在地理上也发生了大规模的人口移动，这是不同于单位时代的现象。在这种状况下，“国家如何找到一种有效的方式使得国家的意志和命令能够到达涉及的个体，就成为一个重要的问题”。《2014 年中国慈善捐助报告》

显示，2014 年全国社会捐助达到 1042 亿元，占 GDP 的 0.16%，这表明我国社会发育的情况，社会可支配资源的提高。伴随社会发育，以前通过单位直接动员的方式虽然在一定范围内仍然存在，另一方面，社会组织等能够动员的力量在不断增长。

2008 年 12 月修订的《中华人民共和国防震减灾法》(全国人民代表大会常务委员会，2008）总则第 8 条规定："国家鼓励、引导志愿者参加防震减灾活动。"志愿者作为防震减灾治理的新主体受到关注。在防震减灾法修改之前，《中华人民共和国减灾规划 (1998—2010)》以及《国家突发公共事件总体应急预案》都提到社会团体要参与减灾的目标，可以说在中国灾害治理中，社会组织作为政府、企业之外的主体是存在于制度设计中的，但是，对于社会组织如何发挥作用还缺乏具体的措施和制度设计。

为适应社会结构的变化，国家开始提倡社会治理的理念。十七大报告提出"要健全党委领导、政府负责、社会协同、公众参与的社会管理格局"。十八大报告提出"加快形成政社分开、全责明确、依法自治的现代社会组织体制"，到十八届三中全会进一步明确要"激发社会组织活力。正确处理政府和社会关系，加快实施政社分开，推进社会组织明确权责、依法自治、发挥作用"。

适应国家社会治理现代化的需求，社会组织参与救灾也成为灾害管理部门改变管理方式，积极参与社会治理的重要方式。引导、规范社会组织参与防灾减灾，实质是要解决社会资源动员的问题。伴随国家经济发展，我国灾害治理的目标应该从满足受灾群众的基本生活需求，向满足社会的公共安全转变。未来我国减灾目标，应该是保证巨大灾害发生后，社会功能的持续或尽快恢复的能力，即具有较高的灾害恢复力。保持较高的灾害恢复力，既需要政府不断强化防灾减灾的制度化建设，也需要不断提高社会减灾能力和公民个人的减灾能力。后两者都离不开社会组织的动员和参与。

4. 小结

民间灾害救援行动的发展，对推进灾害管理机制创新提出现实需求。多元主体的动员方式，是适应中国社会发育的必然，是社会治理受到重视的重要原因。提高社会治理水平，有序规范社会组织并积极发挥社会组织的作用，是灾害管理部门面临的课题。通过制度化的方式，将社会组织的灾害治理能力内化为防灾减灾的一部分，是现实提出的课题。

在我国减灾实践中，出现了减灾救灾协调平台。比如雅安地震中社会资源协调平台，尼泊尔地震中的基金会协调平台。但是协调平台的建设需要有个有效的机制。

首先，我们要明确志愿者服务的位置和作用。志愿者服务和政府应急管理能力的提高密不可分，政府对受灾群众提供支援的原则是公平公正，需要统一标准，保证受灾之后不会产生厚此地轻彼地的援助方式的出现。志愿者服务是对政府能够提供的支援提供辅助作用的，政府服务往往涉及面广，受灾群众中的小群体的需求容易成为政策缝隙，志愿者服务的空间即在此。

其次，要规范志愿者服务。在今天志愿者服务受到关注的情况下，志愿者的有序服务需要进一步规范，以保证今后志愿者服务的良性发展。当大量的志愿者涌入灾区后，有组织的志愿者服务才是有效的，这种有组织的志愿者服务可以是临时性的，通过在志愿者中心登记，临时结成服务小组。要区分专业服务和非专业服务，根据灾区需求实时发布志愿者需求信息，解决媒体报道既受关注、物资等也集中，不被媒体报道的地区缺乏援助的现象发生。同时，加大灾前志愿者培训，提高志愿者在灾区实施救助服务的针对性。

再次，需要建立中国的灾后服务协调机制。汶川地震后很多地区出现了志愿者协调组织，玉树地震后也出现了一些志愿者协调组织，但是都没有形成统一的灾区协调机制。首先，确立协调平台的核心组织；其次，协调平台的运营需要资金支持，可以学习日本的做法在受灾之前即设立相关基金。然后，要把协调机制的建设纳入预案中，通过地方减灾预案明确协调平台的主体运营组织及其职责，理顺社会组织和政府的责任及合作方式等。

最后，要根据预案，加强社会组织参与减灾救灾的培训和协调演练，实现信息共享。这种信息共享既包括各种社会组织之间以及政府与社会组织之间的信息共享，也包括受灾群众和志愿者之间的信息共享，还有灾区群众受助需求和非灾区的救助愿望之间的信息共享。

通过建立统一的协调机制，在保持志愿者服务独立性的同时，通过多方信息共享实现提供贴近受灾群众需求的灾后服务，切实提高社会资源的利用，通过政府和社会的共同努力，促进中国社会成为一个强灾害应对的社会。民间积极参与灾害救助的现实，对我国灾害管理的制度创新提出切实的需求。

参考文献

［1］James K. Mitchell, The Crucibles of Hazard：Mega-cities and Disasters in Transition（《巨大都市と変貌する災害》中林一樹等译）［M］. 东京：古今書院 2006 年版。

［2］林春男，草野公平，牧紀男 .《阪神·淡路大震災における兵庫県の組織運用の分析—災害対応のための人材確保》《地域安全学会論文集》，No.4，2002,p.297.

［3］山下祐介，菅磨志保 . 震災ボランティアの社会学［M］. 京都：ミネルヴァ書房 2002 年版.

［4］今野裕昭 .《震災対応とコミュニティの変容—神戸市真野地区》，岩崎信彦等編《阪神淡路大震災の社会学》，京都：昭和堂 1999 年版，第 204-215 页 .

［5］浅野幸子 . 2007. 三宅岛喷火灾害（全岛避难）. 浦野正樹、大矢根淳、吉川忠寛編《復興コミュニティ論入門》，东京：弘文堂 2007 年版，p175.

［6］James K. Mitchell, The Crucibles of Hazard：Mega-cities and Disasters in Transition（《巨大都市と変貌する災害》中林一樹等译）［M］. 东京：古今書院 2006 年版 , p.38.Ipid.,p.38.

［7］Beverley Raphael, When Disaster Strikes: How Individuals and Communities Cope With Catastrophe,（Basic Books New York.1986 年版本，石丸正译）［M］. 东京. みすず書房 2004 年版。

［8］野野山忠致 . 2007. 人道支援 - 志愿者心得 . 集英社：70 田中重好：《大都市災害の無力感にどう対処するのか一後衛の災害研究》，《自然災害科学》Vol.18,No.1,1999.

［9］野野山忠致 . 2007. 人道支援——- ランティアの心得 . 集英社：128 E.L.Quarantell, "A Social Science Research Agenda For The Disasters of The 21st Century，p.378.

［10］野野山忠致 . 2007. 人道支援 - 志愿者心得 . 集英社：144 内阁府，《平成 16 年度灾害志愿者中心对象问卷调查》，HP （http://www.bousai-vol.jp/hint/index.html#kanren，2008.1.17）.

［11］内阁府 .《平成 18 年度灾害志愿者中心对象问卷调查》.HP（http://www.bousai-vol.jp/hint/index.html#kanren，2008.1.17）.

［12］这个调查不包含"仅面向政府工作人员"和"市区町村各个组织单独实施的事业"。

［13］伍国春 .《準組織化動員と災害援助における NPO の役割と課題》《日本都市社会学会年報》. Vol.25，2007，D95-110.

［14］伍国春 . 2013. 中国灾害志愿者的作用和问题研究——以汶川地震为例 . 陈立行等编著，《地震救援重建的中日比较研究》，吉林出版集团 / 吉林文史出版社 . 76-92。

［15］孙立平，晋军，何江穗 . 以社会化的方式重组社会资源［M］. 第 36 页。

［16］田中重好 . 中国社会構造の変動と社会的調整メカニズムの喪失［M］. 东京：勉誠出版 2006 年版，《アジア遊学》，No.83，p25-39.

［17］李路路 . 变迁社会中的风险与社会控制［M］. p385、382.

［18］伍国春，高孟潭 . 2014. 地震重点监视防御区社会组织作用研究［J］. 中国地震，2014, 30 (3): 317-323.

［19］胡锦涛 . 高举中国特色社会主义伟大旗帜 为夺取全面建设小康社会新胜利而奋斗——

在中国共产党第十七次全国代表大会上的报告．北京：人民出版社，2007年，p40-41.

［20］胡锦涛．《坚定不移沿着中国特色社会主义道路前景 为全面建成小康社会而奋斗——在中国共产党第十八次全国代表大会上的报告》北京：人民出版社，2012年，p34.

［21］中国中央关于全面深化改革若干重大问题的决定．北京：人民出版社，2013，p50.